LES GENS DE MÉTIERS, d'après Herbé (Bibl. nationale) et P. Lacroix. —
Le Louvre sous Charles V (dans le fond).

A. ALEXIS MONTEIL

HISTOIRE

DE

L'INDUSTRIE FRANÇAISE

ET DES

GENS DE MÉTIERS

INTRODUCTION, SUPPLÉMENT ET NOTES

PAR

CHARLES LOUANDRE

ILLUSTRATIONS ET FAC-SIMILE PAR GERLIER

TOME PREMIER

PARIS

BIBLIOTHÈQUE NOUVELLE

LIBRAIRIE PAUL DUPONT
41, rue Jean-Jacques-Rousseau, 41

LIBRAIRIE E. LACHAUD
4, place du Théâtre-Français, 4

1872

Monsieur,

« Lorsque les deux premiers tomes de l'*Histoire des Français des divers états* parurent, un grand étonnement et bientôt un vif intérêt s'éleva autour de ce livre; en pleine Sorbonne, et du haut de la chaire écoutée où M. Guizot parlait en maître, il fut lu un passage du *quinzième siècle.* »

Ces lignes sont empruntées à l'éloquente étude que vous avez consacrée à Monteil et à sa famille, étude dans laquelle vous avez réuni

les fragments épars d'une vie admirablement remplie par la science et le travail.

Couronnée deux fois par l'Institut, connue de
tous ceux qui s'intéressent aux choses du passé,
et presque introuvable aujourd'hui, l'*Histoire des
Français des divers états* n'a pas été réimprimée
depuis 1851 ; la génération actuelle n'a pas lu
cette œuvre si vaste, si riche en faits, si féconde
en enseignements. Ce n'est pas que l'oubli soit
venu pour ce livre, mais depuis trop d'années
déjà les esprits se sont détournés des fortes
études; il faut les y ramener.

Au printemps dernier, alors que la guerre
civile achevait à Paris l'œuvre de destruction
commencée par la guerre étrangère, que le
travail, cette *loi sainte du monde*, suivant la belle
parole d'un grand poëte, s'imposait à tous comme
le salut suprême, l'idée nous vint de relire dans
Monteil les pages qu'il a consacrées aux *Métiers*
et aux *Corporations ouvrières de l'ancienne
France*, et de chercher dans le passé des espé-
rances pour l'avenir ; car rien n'est plus propre
à relever les esprits que le spectacle des épreuves
que nos aïeux ont traversées, et dont ils sont

sortis victorieux, grâce au labeur patient qui relevait toutes les ruines et réparait tous les désastres.

Au travail!... tel est encore aujourd'hui le cri de ralliement de toutes les intelligences, de toutes les forces actives de notre cher pays. — *Labor improbus omnia vincit.*

Nous avons trouvé dans Monteil, l'*Histoire du travail* à tous les degrés de la hiérarchie sociale; c'est cette histoire que nous tentons aujourd'hui de remettre en pleine lumière.

Voici tout d'abord *l'Industrie française et les Gens de métiers*, avec introduction, notes et résumé des progrès industriels au XIXᵉ siècle, par M. Ch. Louandre; puis paraîtront successivement dans une série de volumes spéciaux : les Gens de finance, — le Cultivateur, — le Magistrat et les gens de loi, — le Médecin, — le Prêtre, — l'Homme de science, — les Gens de mer et les gens de guerre, etc.

Vous avez connu, Monsieur, vous avez aimé ce travailleur modeste dont le pays s'honore; confident et dépositaire des projets de son arrière-saison, « vous n'avez pas voulu le laisser disparaître dans l'ombre et dans le silence, entre deux révolutions (¹) comme on le fait justement pour les gloires inutiles ; » nous avons donc l'assurance que vous accueillerez avec sympathie cette réimpression partielle des œuvres d'un écrivain qui vous fût cher, comme un nouvel hommage rendu à sa mémoire.

Veuillez agréer, Monsieur, l'expression des sentiments respectueux de votre très-dévoué serviteur.

L. Séris,
Directeur de la *Bibliothèque nouvelle*.

Décembre 1871.

(¹) Monteil mourut en 1850, au village de Cœly, près Fontainebleau.

AVIS SUR CETTE ÉDITION

Amans-Alexis Monteil, l'auteur de l'*Histoire des Français des divers états aux cinq derniers siècles*, est né à Rodez en 1769; il est mort en 1850 et, dans le livre que nous venons de citer, il a laissé une œuvre qui lui assure dans l'érudition française un rang supérieur, et qui sauvera sa mémoire de l'oubli aussi longtemps que les hommes s'intéresseront aux choses du passé.

« Ce livre est, à proprement parler, a dit M. Jules Janin dans la notice qu'il a consacrée à Monteil, le recueil des monuments des petits et des grands métiers de l'ancienne France, et pendant que le père Montfaucon, dans ses quatre volumes in-folio, s'attache surtout aux solennels témoignages de la grande histoire, où les rois, les princes et les capitaines illustres sont appelés à jouer le rôle principal, l'historien *des divers états* s'attache aux débris plus humbles que laissent après eux, en passant sur cette terre vouée aux disputes, la bourgeoisie et le peuple de France. Ouvrez au hasard un des tomes du père Montfaucon, vous rencontrerez, à coup sûr, l'image fidèle des pompes, du luxe et de la majesté des royaumes d'autrefois : les couronnes, les armes, les devises, les blasons, les coupes d'or. M. Monteil, au contraire, dans ses *monuments de la bourgeoisie*, s'attache à tout ce qui a vécu, à tout ce qui a servi, à tout ce qui a souffert bourgeoisement. Au-dessous des gloires, des pourpres et des trônes, dans l'univers qui travaille et qui se résigne, dans le peuple des artisans et des artistes, dans l'échoppe, dans la ferme et dans le marché, M. Monteil a placé sa tente, il n'en veut pas sortir : là il vit, il règne ; là il entasse avec un acharnement incroyable toutes sortes de détails, de formules, d'accents, de formes, au milieu d'un monceau de chartes, de comptes, de fragments, de poussières. Tout compte ici; pas un feuillet qui n'apporte sa découverte, et pas une ligne qui ne soit une révélation; — tout sert ici, même un parchemin roussi, un grain de sable, un fragment, un écho. Dans cette laborieuse reconstruction des temps d'autrefois, il n'y a pas une loi abolie, pas un usage oublié, pas un métier renversé, pas un droit périmé, pas un feuillet où la main d'un artisan ait tracé quelques lignes au hasard, qui ne devienne à la longue une précieuse trouvaille. C'est ainsi que M. Monteil a composé ses huit tomes de l'*Histoire des Français des divers états* de ces voix, de ces rumeurs, de ces prières, de ces blasphèmes, de ces chartes déchirées, de ces lois en lambeaux, de ces tessons et de ces haillons du temps passé que la révolution de 1792 avait jetés aux quatre vents du ciel ».

Pour donner à son œuvre un plus grand cachet de vérité, Monteil a mis en scène les hommes des siècles dont il raconte l'histoire. Ce n'est point l'érudition qui discute, ce sont des morts ressuscités qui parlent.

« J'ai longtemps médité sur la forme, dit Monteil

« Je n'ai peut-être pas choisi la plus usitée, la plus grave, la plus académique ; j'ai dû préférer la plus naturelle, la plus vraie.

« A chaque siècle je l'ai variée; mais je l'ai toujours appropriée au génie, à la physionomie des temps.

« J'ai reconstruit cinq anciens mondes, qui dé plus en plus s'enfoncent dans le passé.

« Je les ai reconstruits avec leurs propres ruines. Il n'y a aucun fait qui ne repose sur une preuve... »

Nous ajouterons qu'il n'y a pas non plus un seul mot qui ne soit l'écho fidèle des sentiments, des passions et des préjugés du vieux temps, et qu'il est impossible de peindre sous des traits plus saisissants et plus vifs, ces rudes travailleurs des corporations qui ont fait la France moderne, et qui pour prix de leurs souffrances et de leur dévouement aux devoirs que leur imposait une humble destinée, ont attendu si longtemps en vain la justice de l'histoire.

Quatre éditions successives ont consacré le succès justement mérité de l'*Histoire des Français*. Mais depuis la première publication de ce livre, de nouvelles recherches ont agrandi le domaine de la science. D'autre part, la critique a reproché à Monteil, non sans quelque raison, d'avoir jeté dans son œuvre une certaine obscurité par l'entassement même des faits. Nous avons pensé que nous rendrions un véritable service aux amis de notre histoire nationale en introduisant dans ce livre, plus vaste encore par le sujet qu'il traite que par le nombre des volumes, un ordre méthodique, rigoureux, soumis lui-même à l'ordre chronologique; et voici ce que nous avons fait pour cette cinquième édition :

1° Nous avons divisé l'ouvrage en séries qui renferment chacune un sujet particulier et distinct : l'industrie, l'agriculture, les finances, la magistrature, le clergé, l'armée, la science, les livres, le théâtre, etc. En donnant ainsi dans des volumes spéciaux les portraits de nos ancêtres à tous les degrés de l'échelle sociale, nous avons formé comme une sorte de musée de famille où chaque branche a pour ainsi dire son cadre à part, le cadre obscur ou brillant où s'est écoulée sa destinée.

2° Nous avons complété par des indications générales les la-

cunes que Monteil avait laissées dans son livre en le commençant seulement au quatorzième siècle, lacunes regrettables sans
doute, mais qui s'expliquent par l'insuffisance des documents antérieurs à cette époque, car l'auteur, ayant voulu retracer jusque
dans ses moindres détails la vie intime et populaire de nos
ancêtres, n'aurait point trouvé dans les monuments écrits des
premiers siècles les éléments de la reconstruction à laquelle il
a dévoué sa vie.

3º Nous avons ajouté au texte primitif des notes qui portent
principalement sur les faits généraux que Monteil n'a point
toujours mis en relief suffisant.

4º Nous avons supprimé quelques passages, en très-petit nombre du reste, qui contenaient quelques erreurs que l'érudition
mieux informée a rectifiées dans ces derniers temps.

5º Nous avons pensé qu'il était inutile de reproduire les indications de sources que Monteil donne pour ainsi dire à chaque mot. Il suffit, pour les personnes qui font de l'érudition
l'objet spécial de leurs études, que ces indications soient con-
signées dans les quatre éditions précédentes.

6º Enfin nous avons placé, en tête de chaque volume, des intro-
ductions qui résument le sujet, et, à la suite, des conclusions
qui le complètent pour les temps modernes.

Nous espérons que cette nouvelle réimpression de l'*Histoire
des Français*, ainsi complétée et élucidée, obtiendra le succès
qui ne fait jamais défaut aux œuvres fortes et consciencieuses,
et que le nom de Monteil, déjà si populaire, gagnera encore
en estime et en popularité.

LE TRAVAIL

ET

LES CLASSES LABORIEUSES

DANS L'ANCIENNE FRANCE [1]

I

CONSTITUTION DU TRAVAIL DEPUIS LA CONQUÊTE ROMAINE JUSQU'A L'AFFRANCHISSEMENT DES COMMUNES. — LES PREMIERS CODES DE L'INDUSTRIE FRANÇAISE.

L'histoire du travail, dans l'ancienne France, peut se diviser en quatre périodes nettement tranchées. Dans la première, à partir de la conquête romaine

[1] Cette étude a paru dans la *Revue des Deux-Mondes*, numéro du 1er décembre 1850. Nous rappelons cette date pour constater qu'elle est antérieure de plusieurs années aux divers ouvrages qui ont été publiés depuis vingt ans sur le même sujet et presque sous le même titre. Sauf le commencement et la fin, nous la reproduisons telle qu'elle a paru dans la *Revue*.

jusqu'aux invasions barbares, nous trouvons l'esclavage, mais l'esclavage déjà adouci. Dans la seconde
période, c'est-à-dire depuis la chute de l'empire d'Occident jusqu'à la fin du règne de Charles le Chauve,
l'esclavage est remplacé par la servitude domestique.
L'esclave est propriétaire de sa vie, et se trouve,
dans une certaine limite, usufruitier du travail de ses
bras. Plus tard, à la fin du neuvième et dans le cours
du dixième siècle, la servitude se transforme en ser-
vage. Dans cette condition nouvelle, l'homme, moyennant l'abandon d'une certaine partie des revenus de
sa terre, d'un certain nombre de journées de travail,
se possède soi-même, ainsi que la terre qu'il cultive
ou les objets qu'il fabrique ; il n'est plus qu'un tribu-
taire. Enfin, dans la quatrième période, que nous ap-
pellerons la période d'affranchissement, et qui commence au douzième siècle, on voit naître, avec un
nouvel ordre dans l'État, une nouvelle constitution de
l'industrie, ou plutôt on voit naître l'industrie elle-
même. Le serf devient l'homme des métiers ; il travaille pour lui-même, perçoit pour lui-même et sa
famille le prix de son labeur. Le noble n'est plus le
maître absolu qui s'empare de tout ce qui se trouve à
sa convenance ; ce n'est plus l'homme armé qui pille,
c'est le consommateur qui paye. Les classes laborieuses, régies par des lois fixes, comptent pour la première fois parmi les forces sociales.

Comment s'était opérée la transition du travail servile au travail affranchi et salarié ? Comment s'étaient
formés ces corps de métiers qui apparaissent en
France au douzième siècle constitués comme des associations déjà anciennes ? C'est ce qu'on ne peut déterminer d'une manière précise. Ce qu'il y a de posi-

tif, c'est que, dans les derniers temps de l'empire romain et dès le règne de Dioclétien, les associations d'ouvriers libres étaient nombreuses et puissantes, qu'elles s'administraient par elles-mêmes, et qu'elles travaillaient à leur profit, imposant même quelquefois aux consommateurs des conditions tellement onéreuses que le pouvoir impérial crut devoir tarifer les salaires et le prix des objets de fabrication. Un grand nombre de ces sociétés d'artisans ou de marchands se maintinrent, au milieu des ravages de l'invasion, dans les vieux municipes gallo-romains, et l'association entre des hommes unis par une communauté d'intérêts, de travaux et de souffrances, fut encore favorisée par les mœurs barbares et le souvenir des ghildes germaniques. Les liens de famille, la nécessité pour toutes les forces privées de se chercher et de se soutenir en l'absence d'une force publique organisée, contribuèrent, autant et plus peut-être que les traditions romaines ou germaniques, à réunir dans une même agrégation les hommes qui se livraient à une même industrie. Des travaux, des besoins analogues durent nécessairement rapprocher les individus auxquels ces travaux et ces besoins étaient communs, et ces individus s'associèrent non-seulement pour s'aider, mais encore pour se défendre contre l'envahissement des intérêts qui leur étaient étrangers. Le christianisme, en réhabilitant le travail, en l'imposant tout à la fois comme un devoir, comme une épreuve, comme une expiation, favorisa aussi puissamment le mouvement ascensionnel des classes asservies, en même temps qu'il développa, par le dogme de la charité et de la fraternité évangéliques, les tendances à l'organisation corporative, qui, par malheur, échappa trop vite à l'influence chrétienne pour retomber sous le joug des intérêts. Après avoir proclamé la dignité morale du pauvre et de l'ouvrier, après avoir préparé dans l'affranchissement des serfs la liberté collective par la liberté individuelle, le christianisme sauvegarda l'industrie naissante en plaçant chaque métier sous le protectorat d'un saint. Défendue d'un côté par l'*immunité ecclésiastique*, de l'autre par les chartes de commune, la race affranchie des artisans remplaça peu à peu la race servile. En se groupant dans les villes, uniques centres de l'industrie au moyen âge, elle forma dans l'État un ordre nouveau, et de ce mouvement de concentration sortit bientôt la révolution communale faite par les classes industrielles et à leur profit. Ici le progrès est incontestable, et l'on n'a plus à discuter cette période de notre histoire, souverainement jugée par M. Augustin Thierry. Parmi les écrivains qui se montrent le plus disposés à faire le procès à notre époque, les plus sévères eux-mêmes, les plus hostiles à l'état de choses actuel sont forcés de reconnaître, dans la condition des classes laborieuses, une constante évolution vers le bien, ce qui ne les empêche pas de retrouver, dans les éventualités de la concurrence, *les chaînes de l'esclavage antique* et la *glèbe du serf du moyen âge;* contradiction singulière, mais inévitable pour l'écrivain de parti, qui, malgré l'évidence des faits, reste obstinément attaché à un système absolu.

Les corporations, dans le chaos de leur constitution première, n'eurent d'autres règles que des usages nés des besoins et des exigences du moment. Louis IX, le premier, sentit la nécessité de leur donner des lois écrites, de les soumettre à une police active et vigilante. Par son inspiration et sous ses yeux mêmes, le prévôt de Paris, Étienne Boileau, dressa pour la capitale un code industriel, dont le texte fut soumis à l'approbation exclusive des gens de métiers convoqués en assemblée générale ; il résulta de là que chaque métier, arbitre souverain de sa propre loi, fit constamment prévaloir son intérêt particulier sur l'intérêt général ; mais, quoi qu'il en fût de cet inconvénient, Louis IX et le prévôt de Paris atteignirent une partie du but auquel ils tendaient, et ce but, c'était, d'une part, de réprimer les désordres, les exactions et les fraudes qui déshonoraient l'industrie ; de l'autre, d'assurer aux gens de métiers toute sécurité pour leurs biens et pour leurs personnes, en les plaçant sous la double sauvegarde du pouvoir royal et de l'association. Le recueil des textes législatifs dressés par Boileau servit de modèle ou de guide à la plupart des villes du royaume.

Sous l'empire de cette législation nouvelle, qui ne faisait que consacrer en bien des points des usages préexistants, chaque métier forma comme un groupe à part, complétement isolé des autres. Chaque groupe fut investi du droit de fabriquer ou de vendre tel ou tel objet, mais sans pouvoir franchir, pour la fabrication ou la vente, les limites qui lui avaient été assignées. La corporation occupa dès lors dans la commune une place analogue à celle que la commune occupait dans l'État. Circonscrite et isolée comme elle, elle chercha dans des lois particulières les garanties, l'ordre qu'elle ne trouvait point encore dans le droit public. Elle prit pour emblème cette devise : *Vincit concordia fratrum ;* mais elle offrit cela de particulier, que, née de la démocratie et se développant

1.

contre le système féodal, elle s'organisa féodalement.
Elle eut comme la noblesse ses priviléges, sa hiérarchie, son organisation militaire, son blason (1), et,
dans ce monde où l'inégalité était partout, où des
barrières infranchissables séparaient toutes les castes, elle créa des castes parmi les travailleurs eux-
mêmes, et constitua, à côté de la féodalité nobiliaire,
une féodalité nouvelle, celle de l'industrie.

Désignés sous le nom de *statuts, règlements, brefs,
ordonnances*, les monuments de notre ancienne législation industrielle se divisent en deux catégories
principales, comprenant : l'une, les actes émanés des
corps de métiers eux-mêmes ou des échevinages;
l'autre, les actes émanés de la couronne et des grands
pouvoirs de l'État.

En ce qui touche les actes émanés des corps de
métiers, on y trouve jusqu'à la fin du quatorzième siècle l'application la plus large des principes démocrati-
ques et l'exercice du pouvoir législatif restreint aux
limites d'une profession. Ce sont les artisans eux-mêmes, ou les marchands réunis en assemblée générale, qui discutent les dispositions de leurs statuts et
qui en arrêtent la rédaction; ces statuts, il est vrai,
pour prendre force de loi, restent soumis, suivant les
temps et les lieux, à l'approbation des échevinages,
des juges royaux ou féodaux, à celle des parlements
ou des rois; mais, du treizième au quinzième siècle,
cette approbation ne fut jamais contestée, parce qu'on
partait de ce principe que les artisans ou les marchands

(1) On peut voir comme spécimen ce qui concerne le blason
des corps de métiers de Rouen, dans l'exact travail de M. Ouin-
Lacroix sur les anciennes corporations de cette ville.

qui avaient rédigé les statuts étaient mieux que personne en état de juger ce qu'il y avait de convenable.

En ce qui touche les actes émanés de la couronne, on peut dire qu'ils ne diffèrent en rien, et surtout dans les premiers temps, de l'esprit général des statuts rédigés par les métiers eux-mêmes. Ces actes, rares à l'origine, vont se multipliant et se généralisant de plus en plus au fur et à mesure que l'administration se centralise. Du treizième au seizième siècles, ils ne s'appliquent, comme codes particuliers, qu'à de certaines industries dans certaines villes; mais, du seizième siècle jusqu'à la Révolution, on trouve un grand nombre d'édits réglementaires qui soumettent le même métier à une même police dans toute l'étendue du royaume.

Les corporations d'une part, les rois de l'autre, voilà donc au moyen âge les législateurs les plus directs de l'industrie. Toutefois, dans le morcellement immense de l'ancienne monarchie, il était difficile que tout marchât d'un même pas et fût soumis à une règle uniforme; aussi retrouvons-nous dans le droit industriel la même confusion que dans le droit coutumier.

Dans les villes ou dans les portions de ville placées sous le régime féodal, le possesseur du fief était considéré comme le maître des métiers : c'était de lui qu'on achetait le droit d'exercer une profession, d'ouvrir une boutique, d'établir des étaux. L'industrie dans les localités de cette espèce n'était donc qu'une véritable inféodation, et à ce titre elle restait chargée d'une foule de droits onéreux. Les évêques, les abbés, les doyens, les officialités avaient aussi quelquefois sous leur dépendance certains corps d'artisans ; il en était de même de plusieurs ordres religieux; c'est ainsi qu'au treizième siècle les ouvriers en fer de Caen devaient faire approuver leurs statuts par le chapitre général de l'ordre des prémontrés.

Dans les villes de loi, c'est-à-dire dans celles qui avaient une charte de commune et qui étaient administrées par des magistrats à la nomination du peuple, le gouvernement et la police des métiers appartenaient en dernier ressort aux échevinages, et, à l'origine même de la création des communes, les officiers municipaux exerçaient sur l'industrie une autorité souveraine. Il suffisait pour que les statuts eussent force de loi qu'ils fussent transcrits sur les registres des échevinages. Peu à peu cependant les magistratures urbaines s'effacèrent devant la couronne; il fallut, pour que les règlements adoptés par les échevinages fussent exécutoires, d'abord la sanction des officiers royaux, puis la sanction directe de la royauté octroyée par lettres patentes registrées dans les cours souveraines.

A Paris, le régime était tout à fait exceptionnel, et la haute juridiction se partageait entre le roi, les grands officiers de la couronne, le prévôt des marchands, le prévôt de Paris et le parlement. Les grands officiers pouvaient vendre, en vertu de la délégation royale, le droit d'exercer les métiers correspondants aux charges qu'ils remplissaient à la cour, et, de plus, surveiller ces mêmes métiers. Ainsi le pannetier du roi avait la juridiction des boulangers, l'échanson celle des marchands de vin; le métier de cordonnier s'achetait du chambellan du roi et du comte d'Eu, par suite de l'abandon que saint Louis en avait fait à ces deux personnages. La con-

naissance des affaires contentieuses était attribuée
au prévôt de Paris, et celle de l'administration de la
police dans ses rapports avec la politique au prévôt
des marchands, qui était en réalité le chef de l'édilité
parisienne et comme le proconsul de la bourgeoisie.

Au-dessus des divers pouvoirs que nous venons
d'énumérer, au-dessus de l'Église, de la féodalité, des
communes, à Paris et dans toute la France, se plaça
peu à peu la royauté comme régulatrice souveraine
et même comme maîtresse absolue ; car, dans le
moyen âge, où la contradiction éclate sans cesse
entre les principes, la couronne, tout en respectant
à l'origine la constitution démocratique des corporations, tout en leur laissant le plus souvent l'initiative
de leurs propres lois, n'en déclara pas moins que le
droit du travail résidait en elle-même, comme un
droit royal et domanial, et les rois, en vertu de cet
axiome, dérogèrent au droit commun aussi largement
qu'ils le jugèrent convenable. Ils vendirent, pour une
somme une fois payée ou pour une redevance an-
nuelle, le droit d'exercer telle ou telle profession. Ils
aliénèrent ce même droit en faveur de ceux qu'ils
voulaient enrichir, créèrent des maîtres en titre d'office, substituèrent dans la police des charges vénales
aux charges électives, s'arrogèrent une part dans
les amendes et établirent au profit du fisc une foule
de redevances onéreuses. On peut même dire que la
loi du progrès, en ce qui touche la liberté industrielle,
est complétement intervertie. Charles V est plus
avancé que François Ier, François Ier plus avancé que
Louis XIV. La royauté, dans les premiers temps, se
montre toujours bienveillante pour les corporations,
sans doute parce qu'elle trouve en elles un utile

contre-poids à la puissance féodale ; plus tard, quand ces corporations se sont élevées et enrichies en raison directe de l'affaiblissement de la féodalité, la couronne les considère comme une matière imposable et les exploite avec une dureté extrême.

Les prétentions contradictoires des pouvoirs qui se disputaient l'administration de l'industrie, la variété de ces pouvoirs, créaient souvent des différences fort notables dans la condition des classes laborieuses, en même temps qu'elles donnaient lieu à d'interminables procès. De plus, à l'époque même où le système des corporations était dans toute sa vigueur, ce système n'était point universel et absolu, et, malgré les efforts tentés par les rois à diverses reprises, principalement dans le seizième et le dix-septième siècles, pour forcer tous les artisans à s'organiser en maîtrises, il y eut jusqu'aux derniers temps, et souvent dans les mêmes villes, des jurandes, c'est-à-dire des corporations où l'on entrait sous la foi du serment, en payant des droits, en faisant l'apprentissage et le chef-d'œuvre, et des métiers libres que chacun pouvait exercer sans formalités préalables. Il y eut de même des villes libres et des villes jurées. Il arrivait de là que dans les métiers organisés, dont l'accès était difficile et coûteux, le nombre des travailleurs ne se trouvait pas en rapport avec les besoins de la consommation, tandis qu'il y avait encombrement dans ceux où régnait la liberté. Telle était pourtant la salutaire influence de de ce dernier régime que, malgré l'encombrement, les métiers libres étaient beaucoup plus prospères, et, comme exemple, il suffit de citer à Paris le faubourg Saint-Antoine, dont la population, sous l'ancienne monarchie, ne fut jamais soumise au système des maîtrises ou des jurandes. C'est là un fait incontestable, qu'un grand nombre d'écrivains se sont cependant obstinés à nier en prenant, faute d'études suffisantes, des lois oppressives pour des lois protectrices, et le système corporatif, qui menait droit au monopole, pour l'application la plus large de la fraternité chrétienne.

II

LA HIÉRARCHIE DES MÉTIERS. — L'APPRENTISSAGE ET LA MAITRISE. — LE COMPAGNONNAGE.

De quelque source qu'ils émanent, les statuts des corporations, très-variés dans le détail, présentent tous un cadre uniforme, et chacun de ces règlements offre pour la corporation qu'il concerne un code distinct et complet qui fixe tout à la fois les attributions du métier, la condition des personnes, l'emploi des matières premières, la police de la fabrication et celle de la vente. Malgré le changement des temps et les besoins nouveaux que fait naître le développement de la civilisation, ces statuts, à la distance de plusieurs siècles, restent toujours les mêmes quant à l'esprit général, et c'est là surtout qu'on retrouve cette immo-.

bilité, cette répulsion vive contre toute innovation qui forme l'un des traits caractéristiques des institutions du moyen âge. Un grand nombre de corporations furent longtemps gouvernées par des règlements qu'elles ne pouvaient, à cause de leur date, ni lire ni comprendre, et à Paris, dans le dix-huitième siècle encore, quelques-unes étaient régies par les ordonnances du temps de saint Louis. On peut donc, en bien des points, faire abstraction de la différence des dates, quand il s'agit d'analyser ces curieux monuments de notre ancien droit industriel. Voyons d'abord ce qui concerne la condition des personnes.

Dans toutes les professions, on trouve quatre classes distinctes : les maîtres, les apprentis, les compagnons et les veuves. Au sommet de la hiérarchie sont placés les maîtres, c'est-à-dire les artisans qui avaient reçu l'investiture du métier par la *maîtrise*, et qui pouvaient travailler pour leur compte et faire travailler des ouvriers. Il fallait, pour être maître, professer la religion catholique, être enfant légitime, sujet du roi de France, quelquefois même natif de la ville où l'on voulait s'établir. Le libre exercice de l'intelligence et de la force se trouvait ainsi subordonné au hasard de la naissance, le droit de vivre à une question de foi, et la société décrétait la misère en multipliant les exclusions.

L'apprentissage était le premier degré de la maîtrise ; venait ensuite le chef-d'œuvre exécuté sous les yeux des gardes ou examinateurs, reçu par eux, soit en présence des officiers royaux, soit en présence des magistrats municipaux, qui donnaient à l'admission une sanction définitive. Les épreuves étaient des plus rigoureuses, et laissaient prise néanmoins aux plus

graves abus. Les examinateurs, pris parmi les maîtres, multipliaient souvent les obstacles pour res-
treindre la concurrence en limitant le nombre des
membres de la corporation, en rendant l'acquisition
de la maîtrise d'une difficulté presque insurmontable,
en portant les droits à des taux exorbitants ; car les
corporations formées pour reconquérir l'indépendance
du travail, cette indépendance une fois acquise,
s'étaient efforcées de la monopoliser à leur profit, jus-
tifiant ainsi cette parole de Dante : « Hélas ! vous
êtes si faibles, qu'une bonne institution ne dure pas
ce qu'il faut de temps pour voir des glands au chêne
que vous avez planté. »

La confection du chef-d'œuvre durait souvent plusieurs mois, et l'aspirant qui l'avait exécuté devait
quelquefois, pour en rester propriétaire, le racheter
aux gardes. Lorsque ce chef-d'œuvre était refusé,
l'aspirant recommençait une ou plusieurs années d'apprentissage ; lorsqu'il était admis, l'aspirant, devenu
maître, devait, avant d'ouvrir son atelier ou sa boutique, payer un banquet à tous ses confrères, et de
plus acquitter des droits qui, au quinzième siècle, va-
riaient de 5 sous à 12 livres, et qui furent successivement portés à un taux tellement exorbitant, que, dans
le dix-huitième siècle, la somme totale de ces droits
s'élevait annuellement pour toute la France à 13 millions de francs, qu'il fallait prélever sur le prix de
vente des divers objets de fabrication. La maîtrise
ainsi constituée présentait, par les épreuves exigées
de ceux à qui elle était conférée, certaines garanties
aux consommateurs ; mais, en limitant la production,
elle devait nécessairement élever le prix de la main-
d'œuvre. Elle assurait, par le privilége et la concur-

rence restreinte d'incontestables avantages aux artisans qui en étaient investis, et même une existence
plus stable, moins exposée aux crises qui frappent l'industrie moderne. Néanmoins, en constituant le monopole, elle finissait par tourner au détriment général,
et elle créait parmi les classes laborieuses une véritable
aristocratie qui s'emparait de tout le travail et de la
police administrative des corporations. A côté de cette
maîtrise légale, qui s'acquérait par l'apprentissage et
le chef-d'œuvre, c'est-à-dire par le surnumérariat et
la capacité, il y avait encore ce qu'on pourrait appeler
la maîtrise privilégiée et la maîtrise fiscale. Les rois,
les plus proches parents des rois, les princes étrangers à leur passage en France, les premiers magistrats des échevinages, pouvaient, en certaines circon-
stances solennelles, créer des maîtres en les
dispensant du chef-d'œuvre et de l'apprentissage.
C'était là dans l'origine un don purement gratuit, une
sorte de charité, une utile dérogation à l'esprit exclusif de la loi industrielle ; mais, à partir du règne de
Henri III, la création des maîtrises fut exploitée par
le pouvoir royal comme une ressource financière, et
donna lieu, principalement sous le règne de Louis XIV,
à de nombreuses exactions. Les corps de métiers,
pour empêcher l'adjonction de nouveaux venus, rachetèrent souvent, sous des noms empruntés, les maîtrises royales, ou forcèrent par des procès ruineux
ceux qui les avaient acquises à s'en dessaisir. Il y
eut ainsi dans les corporations deux classes distinctes perpétuellement en lutte, arrivées à la propriété
du métier l'une par l'apprentissage et le chef-d'œuvre,
l'autre exclusivement par l'argent ; mais dans l'un ou
l'autre cas les droits acquis n'étaient pas toujours

respectés. Le travail étant considéré comme un droit royal et domanial, la propriété des maîtrises resta constamment sous le coup de l'arbitraire le plus tyrannique. En 1623, un édit royal déclara offices domaniaux et sujets à revente les plus humbles métiers. En vertu de cet édit, il fut arrêté que tous les possesseurs de ces offices se rendraient à Paris pour payer la somme à laquelle ils seraient taxés, et que, faute par eux de se soumettre à cette injonction, leurs métiers seraient revendus. Cet édit atteignit à Rouen seulement plus de quatre mille individus, sur lesquels un grand nombre gagnaient à peine quelques sous dans une journée entière, et occasionna dans cette ville, comme dans la plupart des grands centres industriels, une agitation très-vive.

Au second degré de la hiérarchie, nous trouvons l'apprentissage. L'apprenti comme le maître devait être enfant légitime et professer la religion catholique ; il devait de plus, en certains lieux, donner *vraye cognoissance de sa personne*, prouver qu'il n'était ni *rogneux* ni *raffleur*, et qu'il n'avait jamais été repris de justice. Le nombre des apprentis étant limité pour chaque métier, et chaque chef d'atelier ne pouvant ordinairement en occuper qu'un seul à la fois, ceux-ci n'étaient point libres de choisir leurs maîtres, et ils étaient souvent forcés d'attendre longtemps avant de trouver à se placer. La durée de l'apprentissage, qui variait depuis un an jusqu'à dix, était la même pour l'ouvrier actif et d'une conception facile et l'ouvrier paresseux, maladroit et dépourvu d'intelligence, pour les métiers les plus simples et les métiers plus difficiles, car elle se réglait avant tout sur l'intérêt des maîtres, qui la prolongeaient bien au delà du temps néces-

saire, afin de garder près d'eux des ouvriers qu'ils ne
payaient pas ou qu'ils ne payaient que faiblement (1).
Outre les droits qu'il acquittait à son entrée dans la
corporation, l'apprenti était quelquefois astreint à
fournir un cautionnement. Il devait à son chef, et cela
sans aucun salaire, tout son temps, tout le profit de
son travail et même, en cas de maladie, une indem-
nité pécuniaire (2). S'il le quittait sans motif légitime,
il perdait tout le temps qu'il avait passé près de lui;
s'il se rendait coupable d'une faute grave, il était
chassé du métier et par cela même privé de la faculté
de travailler. La dépendance des apprentis était quelquefois si grande, qu'à Paris, en 1384, dans certaines
professions, en cas de décès du maître, la veuve ou
les héritiers pouvaient louer l'apprenti, l'engager et
même le *vendre à d'autres*. Ces conditions étaient
rigoureuses sans doute, mais il est juste de reconnaître qu'elles avaient leur bon côté, car l'apprentissage n'était pas seulement une affaire d'habileté pratique, mais aussi une épreuve morale, un essai de la
vocation comme le noviciat monastique. Le jeune
homme qui entrait dans le métier sous la foi du serment jurait de sauvegarder l'honneur et les intérêts
de la famille de son maître. Surveillé par les gardes,

(1) Dans le métier de bouquetier, où toute l'habileté consiste
à lier ensemble avec un fil une certaine quantité de fleurs, ce
qui peut s'apprendre facilement en quelques minutes, il fallait
faire quatre années d'apprentissage et deux années de compagnonnage. Dans le métier de boulanger à Paris, il fallait servir
cinq ans comme apprenti, quatre ans comme garçon avant
d'être admis à faire le chef-d'œuvre, qui consistait en un pain
mollet. (Guyot, *Répertoire universel de jurisprudence*,
etc., 1784-85, in-4°, au mot *Corps d'arts et métiers*.)

(2) *Recueil des Ordonn.*, t. VII, p. 116. Rouen, 1385.

il était tenu, pour avoir plus tard le droit de gagner sa vie, de rester honnête et probe, et il devait nécessairement contracter de bonne heure des habitudes laborieuses et se plier à une conduite régulière. Tout ce que nous avons fait de nos jours pour l'enfance et la jeunesse, c'est de limiter le travail de chacun à la force de ses bras ; plus prévoyantes et plus sages en tout ce qui touche la dignité de l'homme, les lois du passé cherchaient, quand l'ouvrier, tout jeune encore, avait franchi le seuil de l'atelier, à le défendre contre le vice : c'était aussi le défendre contre la misère.

Les fils du maître formaient, parmi les apprentis, une classe à part. La durée de leur apprentissage était moins longue, les droits qu'ils payaient à leur entrée dans le métier moins élevés ; quelquefois même ils étaient dispensés du chef-d'œuvre. Le privilége de la naissance se trouvait donc ainsi consacré jusque dans les rangs les plus obscurs. On avait vu des nobles donner à leurs enfants en bas âge l'investiture des bénéfices ecclésiastiques ; on avait vu un comte de Vermandois placer son fils, âgé de sept ans, sur le siége archiépiscopal de Reims illustré par Hincmar ; les mêmes abus se produisirent dans la féodalité industrielle, et l'on vit des maîtres faire conférer, dès l'âge de quatre ans, la maîtrise à leurs fils.

A côté des apprentis, nous trouvons les compagnons, c'est-à-dire les ouvriers qui, ne pouvant ouvrir un atelier pour leur compte et avoir directement affaire au public, travaillaient en sous-œuvre pour le compte des maîtres. Le compagnonnage, dans quelques professions, complétait pour ainsi dire l'apprentissage, et alors ce n'était qu'un état transitoire, mais le plus généralement c'était une condition tout à fait permanente, une condition secondaire dans laquelle se trouvaient rélégués pour toujours ceux qui, faute d'argent, n'avaient pu, l'apprentissage terminé, arriver à la maîtrise. Les compagnons étaient soumis au serment sous la foi duquel on exerçait le métier, à une épreuve de capacité et à quelques redevances en argent; mais l'épreuve était plus facile que le chef-d'œuvre, et les droits moins élevés que ceux de la maîtrise. Ils pouvaient en quelques villes, et par un privilége fort rare d'ailleurs, travailler en chambre pour leur propre compte, mais il ne leur était point permis d'ouvrir une boutique ou d'employer d'autres compagnons. Le plus ordinairement ils se louaient soit pour un temps fixe, soit pour une besogne déterminée. Il fallait, pour qu'ils changeassent d'atelier, qu'ils fussent libres de toutes dettes, de tout service, et qu'ils prévinssent le maître un mois à l'avance : quelquefois même ils ne pouvaient le quitter qu'après avoir obtenu son consentement formel, sauf quelques cas exceptionnels, tels que les voies de fait, le non-payement des salaires et le manque d'ouvrage pendant un certain nombre de jours. Quiconque employait un compagnon engagé ou endetté vis-à-vis d'un autre maître était passible d'une amende; quelquefois même il devait payer la dette. Cette dernière disposition a été consacrée de nos jours par la législation des livrets.

Écrasés par le monopole des maîtrises, les compagnons cherchèrent dans l'association les garanties que leur refusaient les lois. Ils s'organisèrent en vastes sociétés secrètes, se lièrent entre eux par des cérémonies mystérieuses et se placèrent sous la protection d'une légende biblique. A les en croire, Salomon, lorsqu'il fit construire le temple célèbre auquel il laissa son nom, rassembla de toutes les parties de l'Orient des maçons, des menuisiers et des couvreurs, qui travaillèrent sous la direction de l'architectecte Hiram, et auxquels il donna, sous le nom de *devoir*, un code qui devint, la règle du compagnonnage. Quoi qu'il en soit de cette légende, il est à peu prouvé que déjà au douzième siècle les tailleurs de pierre étaient, en France, organisés sous le titre d'*Enfants de Salomon ;* ils s'associèrent ensuite les menuisiers ainsi que les serruriers et forgerons. Une deuxième branche se plaça sous l'autorité des Templiers : Jacques Molay, le dernier grand-maître de l'ordre, leur donna un *devoir* nouveau. Enfin un moine bénédictin, du nom de Soubise, fonda pour les *charpentiers de haute futaie* une troisième société, et de la sorte le compagnonnage se divisa en trois branches : *les Enfants de Salomon, les Enfants de maître Jacques, les Enfants du père Soubise.* Cette division est encore celle qui existe de nos jours.

Comme toutes les institutions humaines, le compagnonnage avait ses avantages et ses inconvénients : d'une part, et c'était l'avantage, il établissait entre les affiliés une sorte de fraternité qui leur assurait quelques secours en cas de maladie ou de chômage, et les protégeait contre la tyrannie des maîtres ; mais d'autre part, et c'était là l'inconvénient, il faisait naître entre les divers métiers des rivalités souvent implacables, rivalités qui existent encore aujourd'hui, et, comme les confréries, il entraînait ses membres dans de graves désordres de conduite. Ces derniers faits sont formellement exprimés dans une *résolution* des docteurs de la Faculté de Paris, *résolution* promulguée en 1655, au sujet de certaines pratiques réputées superstitieuses et sacriléges auxquelles donnait lieu l'affiliation au compagnonnage dans les métiers de cordonnier, tailleur d'habits, chapelier et sellier. « Les compagnons de ces métiers, disent les docteurs de Sorbonne, injurient et persécutent cruellement les pauvres garçons du métier qui ne sont pas de leur cabale. Ils s'entretiennent en plusieurs débauches, impiétés, ivrogneries, et se ruinent, eux, leurs femmes et leurs enfants, par des dépenses excessives qu'ils font dans le compagnonnage, parce qu'ils aiment mieux dépenser le peu qu'ils ont avec leurs compagnons que dans leurs familles (1). » Deux siècles nous séparent de la *résolution* des docteurs de la Faculté de Paris, et de nos jours les mêmes abus ont déshonoré trop souvent une institution qui, soumise à une discipline plus sévère, peut donner des fruits utiles.

L'esprit d'accaparement et d'exclusion était porté si loin dans les statuts industriels, que les femmes se trouvaient constamment repoussées des travaux même les plus convenables à leur sexe, et, il faut le dire, les traditions de cet esprit, en ce qui touche les femmes, sont loin d'être effacées parmi nous. Sur cent métiers énumérés par Étienne Boileau, trois seulement leur sont réservés : ce sont ceux des *fileresses de soie à grands fuseaux,* des *fileresses de soie*

---

(1) *Recueil de pièces pour servir de supplément à l'Histoire des pratiques superstitieuses* du père Lebrun. Paris, 1778, t. VI, p. 54. On trouve dans le recueil que nous indiquons de curieux détails sur les cérémonies mystérieuses auxquelles donnait lieu l'admission dans le compagnonnage.

à petits fuseaux et des *fabricantes de chapeaux d'or-frois*. Cet ostracisme injuste fut maintenu jusqu'à la révolution française, et Turgot, dans le célèbre édit de 1772, accuse avec raison les lois qui depuis le treizième siècle régissaient l'industrie « de condamner les femmes à une misère inévitable, de seconder la séduction et la débauche. » Elles ne figurent en effet dans les statuts que comme filles ou comme veuves de maîtres. La maîtrise n'étant héréditaire qu'en ligne masculine, le seul avantage dont elles jouissent, comme filles, est de dispenser des droits de chef-d'œuvre et de réception les apprentis ou les compagnons qu'elles épousent. Comme mères, comme veuves, elles sont en général fort rigoureusement traitées. Il leur est permis dans le veuvage de tenir ouvroir et de faire travailler des compagnons ou valets, mais à la condition expresse qu'elles resteront veuves. Lors-qu'elles épousent en secondes noces un homme étranger à la profession de leur premier mari, elles sont déchues de leurs droits, ainsi que leurs enfants du premier lit. On punit donc du même coup le mariage et la naissance ; quelquefois même elles sont également déchues, quand l'aîné de leurs fils est en âge d'exercer pour son compte.

III

Sous l'empire de notre ancienne organisation, l'artisan, on le voit, est pour jamais immobilisé à la place
que lui a faite la hiérarchie du métier. Ceux qui sont in-
féodés à cette hiérarchie n'en peuvent sortir, personne
ne peut y pénétrer du dehors, et chaque association
n'est en réalité qu'un monopole. La défense d'exercer
plus d'une industrie à la fois est, pour ainsi dire, universelle et sans exception, et souvent le même métier
se partage en plusieurs branches, complétement iso-
lées les unes des autres, quoique à peu près semblables. Ainsi, les cordonniers qui travaillent les cuirs
neufs sont distincts des savetiers ou *sueurs de vieil*,
qui raccommodent la chaussure et emploient de vieux
cuirs. Les armuriers qui font la lame des épées ne
peuvent fabriquer les boucles des ceinturons, les garnitures des fourreaux. Les chirurgiens-barbiers rasent
et pansent les plaies qui ne sont point mortelles. Le
pansement de plaies qui peuvent entraîner la mort est
réservé aux chirurgiens de robe longue, mais il leur
est défendu de raser. Au sein d'une pareille organisation, ce n'était, pour ainsi dire, que par hasard que

le talent et l'aptitude pouvaient trouver leur véritable voie. Un grand nombre de capacités étaient mal employées, un nombre plus grand encore restaient perdues faute d'emploi. De plus, le morcellement des diverses industries, la difficulté de déterminer nettement les attributions de chacune d'elles, donnaient lieu à une foule de procès ruineux dont quelques-uns duraient souvent plusieurs siècles. Les tailleurs plaidaient contre les fripiers, les fripiers contre les marchands de draps, les corroyeurs contre les tanneurs ; les libraires étaient en querelle avec les merciers, qu'ils voulaient contraindre à ne vendre que des almanachs et des abécédaires, etc. Ces procès interminables et très-dispendieux étaient soutenus aux frais des corporations, et l'on a calculé que, dans les deux derniers siècles, ils coûtaient, aux communautés de Paris seulement, plus d'un million chaque année (1).

Aux causes déjà si nombreuses de rivalités et de discorde que faisait naître la difficulté de poser nettement entre chaque spécialité une limite précise, s'ajoutaient encore les priviléges. Les corporations les plus florissantes et les plus riches occupaient, dans les villes principales, la même situation que ces villes occupaient dans l'État, et jouissaient comme elles de franchises et d'exemptions. Les six corps de métiers de Paris rappelaient les grandes corporations de Florence connues sous le nom d'*arti maggiori*, et, de même que ces corporations formaient la haute aristocratie florentine, de même les six corps de métiers

---

(1) Vital-Roux, *Rapport sur les corps d'arts et métiers*, 1805, imprimé par ordre de la chambre de commerce de Paris.

formaient à Paris la haute aristocratie municipale. Il
y avait en outre des artisans et des marchands qu'on
désignait sous le titre de *privilégiés suivant la cour*,
et qui seuls travaillaient pour le roi et les grands officiers. Les orfévres, qui gardaient les joyaux de la
couronne ; les cordiers, qui fournissaient à la justice
des cordes pour les supplices ; les monnoyeurs, les
verriers étaient surtout favorablement traités, et ceux
qui exerçaient ces professions étaient souvent, comme
l'Église et la noblesse, exemptés de certaines charges
publiques, telles que le guet, le ban et l'arrière-ban,
le logement des gens de guerre et même les impôts ;
mais le fisc ne perdait jamais ses droits. Restreinte
entre un plus petit nombre de contribuables, les charges n'en devenaient que plus lourdes, et l'aisance, la
sécurité des classes admises aux priviléges, étaient
cruellement rachetées par la misère de celles qui ne
pouvaient y participer.

Les priviléges ! ce fut là, par une déplorable erreur,
le seul moyen que les rois les mieux intentionnés eux-
mêmes, Henri IV ou Louis XIV, les ministres les
plus habiles, Sully ou Colbert, employèrent constamment pour favoriser la prospérité du royaume. Égarés
dans la voie fatale du monopole et de l'exclusion, ils
plaçaient en dehors du droit commun les industries
dont ils voulaient favoriser le développement. Ils agis-
saient de même à l'égard des industries étrangères
qu'ils cherchaient à fixer dans le pays. L'histoire a
justement loué Louis XIV des efforts qu'il a tentés
pour mettre la France en état de se suffire à elle-
même et pour l'élever au premier rang des nations
commerçantes. L'établissement des manufactures
royales comptera toujours parmi les gloires de son

règne ; mais ce qu'on n'a point suffisamment remarqué, c'est le tort considérable qu'elles occasionnèrent aux petits fabricants. Les fabriques qui pouvaient leur faire concurrence étaient mises en interdit dans un rayon déterminé autour des lieux où elles s'établissaient. Ces manufactures avaient, outre d'importantes franchises de droits et des avances considérables en argent, un privilége pour l'achat des matières premières, un privilége pour la vente, le droit exclusif d'employer certains procédés de fabrication (1), et on allait souvent jusqu'à défendre aux consommateurs d'user d'autres produits que ceux qui sortaient de leurs ateliers. Le grand roi avait, pour ainsi dire, organisé la tyrannie des perfectionnements. Jamais, sous l'ancienne monarchie, les arts technologiques ne firent de plus rapides progrès ; jamais aussi, par une triste compensation, la misère ne fut plus grande parmi les classes ouvrières, et peut-être cette misère de l'homme et ce progrès de l'art découlaient-ils de la même source, c'est-à-dire du despotisme auquel tous deux étaient soumis.

Ainsi, de quelque côté que l'on envisage, sous l'ancien régime, l'histoire de notre industrie dans son organisation économique, — nous parlerons plus loin de l'organisation religieuse, — on n'y trouve que privilége, monopole, exclusion. Chacun est enfermé non-seulement dans sa profession, mais encore dans un grade distinct, et chaque profession elle-même est

(1) Voyez Guyot, *Répertoire universel de jurisprudence*, etc., 1784-85, in-4°, au mot *Manufacture.*—Voir également au même mot le *Dictionnaire de Commerce* de Savary.

2.

enfermée dans chaque ville. Chassé par la famine, la guerre ou le manque d'ouvrage, des lieux où il avait fait son apprentissage, où il s'était établi avec sa famille, l'ouvrier ne pouvait, comme aujourd'hui, aller librement chercher du travail là où il espérait en trouver, car le droit de travailler s'achetait, comme la bourgeoisie, par un impôt, une résidence plus ou moins prolongée, ou la participation pendant un certain temps aux charges publiques. Le domicile légal était appliqué dans toute sa rigueur à l'exercice des métiers. Jusqu'à la fin du seizième siècle, les maîtres ou compagnons qui passaient d'une ville dans une autre pour s'y fixer étaient souvent obligés de recommencer l'apprentissage ou le chef-d'œuvre. Ils ne pouvaient s'établir dans des villes étrangères sans l'autorisation des magistrats municipaux et le consentement des corporations elles-mêmes. Cette autorisation était presque toujours refusée par crainte de la concurrence, et on ne l'accordait que dans des cas tout à fait exceptionnels, par exemple, quand les forains apportaient avec eux une industrie nouvelle, ou quand les villes dépeuplées voulaient appeler de nouveaux habitants dans leurs murs. Ces villes alors proclamaient la liberté du commerce; mais, quand la prospérité publique s'était ranimée, on en revenait vite aux anciennes habitudes. Les rois furent souvent contraints de protester au nom du droit et de l'humanité contre ce déplorable égoïsme, et d'assurer un asile et du pain à des populations flottantes, en les faisant participer, par un acte d'autorité souveraine, aux priviléges des villes industrielles; mais cet établissement n'était que temporaire et limité par l'autorisation même en vertu de laquelle il avait lieu. Cette exclusion des forains fut, au moyen âge, l'une des principales causes de cette jacquerie permanente de pauvres dont le nombre augmenta considérablement du quatorzième au seizième siècle, et qui devinrent pour le royaume un immense embarras. Traqués sans cesse par des guerres impitoyables et surtout par les guerres contre les Anglais, qui, dès le moyen âge, avaient systématiquement organisé la destruction, les ouvriers, dépossédés de leurs maisons, de leur pécule, de leurs outils, étaient exclus par une législation égoïste des bénéfices du travail; ils retombaient comme mendiants à la charge de la société, ou se trouvaient comme vagabonds sous le coup d'une pénalité cruelle qui leur faisait expier la misère que les lois elles-mêmes leur avaient faite.

Travailler chacun chez soi, chacun pour soi, et faire loyalement sa besogne, telle est la formule par laquelle on peut résumer les principales obligations professionnelles des artisans soumis au régime des corporations. *Travailler chacun chez soi, chacun pour soi*, c'est là une prescription singulière sans doute, et qu'on s'étonne de trouver appliquée à des communautés fondées avant tout sur le principe de l'association; mais cette prescription n'en est pas moins positive, et ceux qui l'enfreignaient s'exposaient à perdre leur état pour cause de monopole et de coalition. L'association des capitaux n'était permise que pour le grand commerce exploité par les hanses; elle était sévèrement interdite, ainsi que celle des bras, dans la moyenne industrie.

Faire loyalement sa besogne, c'est là une loi uni-

verselle et qui fut toujours rigoureusement maintenue. Ce n'est pas seulement l'artisan qui doit être
probe, c'est la marchandise elle-même qui doit être
bonne et loyale. La législation, lorsqu'elle s'occupe de
prévenir les fraudes, semble s'inspirer de la morale
sévère des casuistes (1) ; ici l'intérêt de la corporation est sacrifié à celui du consommateur. Les statuts
règlent dans le plus grand détail la qualité des matières premières, quelquefois même leur provenance, et
déterminent avec minutie les diverses opérations de
la main-d'œuvre. Les fabricants de draps ne pouvaient, suivant les villes, employer que des laines de
tel pays, de telle qualité, de tel prix. Les gardes des
métiers examinaient les laines lorsqu'elles étaient en
toison ; quand il s'agissait de les filer, de les teindre,
de monter la chaîne, c'étaient encore de nouveaux
examens. On ne pouvait employer dans chaque pièce
d'étoffe qu'un nombre de fils déterminé. La longueur,
la largeur des pièces, quelquefois même leur poids,
étaient fixés d'une manière invariable, et, pour qu'il
fût toujours possible de constater les contraventions,
chaque ouvrier, chaque corporation, chaque ville avait
sa marque particulière, qu'on apposait successivement sur chaque pièce d'étoffe avant la mise en vente.
Les cordiers ne pouvaient filer en temps de pluie ou
de brouillard ; les mégissiers, les corroyeurs, ne
pouvaient acheter des peaux et les mettre en œuvre
sans au préalable avoir *vu la bête*. On poussait même
la précaution jusqu'à imposer quelquefois l'obligation
de travailler sur rue dans des boutiques ouvertes,
afin que chacun pût *voir et oïr les ostils*.

(1) Saint Thomas, *De Fraudulentia in emptionibus et ven-
ditionibus*.

Les procédés de fabrication étant ainsi minutieusement déterminés à l'avance, il était difficile d'y introduire des perfectionnements, attendu que les innovations même les plus profitables étaient regardées comme une infraction et punies comme telles. Pour avoir le droit d'employer un procédé nouveau, une machine nouvelle, il fallut plus d'une fois recourir à l'autorité royale, et ceux qui par hasard faisaient des découvertes avaient soin de les cacher ou de les utiliser à leur profit, parce qu'ils craignaient les poursuites, l'amende, quelquefois même la perte de leur industrie. Ce qui se faisait en dehors de la prescription des statuts restait à l'état de science occulte, et, jusqu'au seizième siècle, les traités des arts mécaniques ont porté le titre de *secrets*. « Toute découverte relative à un art faite hors de la communauté qui en avait le monopole, dit avec raison M. Dunoyer, restait sans application. La communauté ne souffrait pas que l'inventeur en profitât à son préjudice, et toute découverte faite dans le sein même d'une corporation était également perdue. Les membres à qui elle n'appartenait pas, sentant qu'elle ne pouvait que nuire au débit de leurs propres produits, ne négligeaient rien pour la faire avorter. » Sans aucun doute, c'est à cette haine contre toute innovation qu'il faut attribuer la perte d'une foule de découvertes sur lesquelles on n'a que des indications vagues, et qui sont restées comme ensevelies dans la barbarie du moyen âge. De plus, toute industrie nouvelle qui exigeait le concours de plusieurs métiers se trouvait paralysée par les prétentions rivales de ces métiers, qui voulaient s'en attribuer l'exercice exclusif. Ainsi, à une époque toute récente encore

quand la fabrication des tôles vernies s'établit en
France, les vernisseurs, les serruriers, tous les gens
qui travaillaient les métaux, la réclamèrent chacun
pour soi, et, au milieu de ces contestations, personne
ne pouvait exercer la nouvelle industrie. Il en est de
même des papiers peints , dont la fabrication fut
simultanément disputée par les imprimeurs, les gra-
veurs, les marchands de papiers et les tapissiers.

En présence de tant de mesures restrictives, la
production était nécessairement très-entravée ; mais
ce n'était point tout encore. Les règlements apportaient au travailleur un nouveau préjudice en lui
enlevant une partie de son temps , en paralysant
ses bras par l'interdiction du travail de nuit et la
stricte observation des jours fériés. La défense
de travailler à la lumière, qui avait pour but d'assurer
aux objets de fabrication une exécution plus parfaite,
se trouve pour la première fois dans un capitulaire
de Charlemagne, et elle fut rigoureusement maintenue jusqu'au dix-huitième siècle. Cette défense était
d'autant plus désastreuse qu'elle réduisait souvent le
gain de près de moitié dans la saison même où l'ouvrier a le plus de peine à vivre. L'observation des
jours fériés n'entraînait pas de moins graves abus.
Le respect pour ces jours était si grand que, dès le
samedi, on cessait le travail de bonne heure comme
pour se préparer à la solennité du lendemain. Dans
quelques professions même, les ouvriers se reposaient un certain nombre de jours après les fêtes
de Noël, de Pâques et de la Pentecôte. On ne pouvait déroger à cette loi du repos que dans le cas où
le travail était pour le roi, l'Église ou les morts. Les
pâtissiers de Paris formaient seuls exception dans

cette ville, — car, malgré la ferveur religieuse, les
solennités chrétiennes restèrent toujours, comme les
fêtes du paganisme, des jours de festin, *dies epu-
latæ;* — mais, tandis que les pâtissiers travaillaient
librement, les boulangers étaient contraints de chô-
mer, et, par cette distinction qui montre toute l'imprévoyance du moyen âge, on favorisait la production
pour un objet de luxe, on l'interdisait pour un objet
de première nécessité. Cette obligation du repos
pendant les solennités de l'Église remonte aux premiers temps de la monarchie, et on la trouve dans
des édits de Childebert et de Gontran. A cette date,
elle peut être considérée comme un bienfait pour les
classes laborieuses, en ce qu'elle constitue en leur
faveur une sorte de trêve de Dieu dans le ser-
vage; mais, après l'affranchissement du travail, ce
ne fut qu'une cause de ruine et de misère, et les abus
furent poussés si loin, que le clergé prit quelquefois
l'initiative de la suppression des jours fériés dans
l'intérêt des classes ouvrières.

Après avoir soumis la fabrication à des règles
invariables, après avoir déterminé dans l'année les
jours de travail et les jours de repos, notre ancienne
législation ne pouvait manquer de déterminer également pour chaque jour la durée du travail. Cette
durée, par cela même qu'il était défendu dans la plupart des métiers *d'ouvrer* la nuit, était nécessairement réglée sur celle du jour. Le soleil levant et le
soleil couchant marquaient à l'artisan le commencement et la fin de son labeur. Les ouvriers qui étaient
le plus favorablement traités avaient par jour trois
heures de repos, pendant lesquelles ils pouvaient
sortir pour prendre leurs repas, se baigner et dormir;

mais c'était là une exception. Dans un grand nombre
de villes, ils devaient rester dans l'atelier même
pendant les moments de repos qui leur étaient ac-
cordés, et leurs femmes étaient obligées de leur
apporter à manger. Une amende, dont le taux était
en général au quinzième siècle de 5 sous parisis, frap-
pait ceux qui se mettaient trop tard à l'ouvrage ou qui
prolongeaient leur travail au delà du temps fixé. La
besogne à la tâche, qui assure à l'artisan des profits
en rapport avec son habileté, était à peu près incon-
nue, et l'homme actif, expérimenté, donnait pour le
même prix le même nombre d'heures que l'ouvrier
chétif et maladroit. La théorie de M. Louis Blanc sur
l'égalité des salaires régnait dans toute sa vigueur.

Dans les villes de quelque importance, le commencement et la fin du travail étaient annoncés à son de
cloche. Ce droit d'avoir une cloche, soit pour convoquer les assemblées de la commune, soit pour appeler les artisans à leur ouvrage, constituait l'un des
priviléges municipaux les plus notables du moyen
âge. C'était une délégation directe de la royauté. Il
résultait de là que la cloche se trouvait en quelque
sorte investie d'une autorité souveraine. C'était au nom
du roi, au nom des magistrats municipaux, représen-
tants de la couronne, qu'elle appelait les ouvriers. A
Commines, et dans d'autres villes encore, ceux qui la
sonnaient en contrevenant aux règles établies étaient
punis de mort; ceux qui n'obéissaient point à son
appel étaient coupables, non pas d'un simple délit de
police, mais d'une véritable rébellion. Les magistrats
municipaux eux-mêmes, qui, de leur propre autorité
et sans avoir consulté les gens de métier, changeaient les heures auxquelles la cloche devait sonner,

s'exposaient à être traités comme violateurs de la loi.
C'est là, en effet, ce qui arriva, en 1275, à Guillaume Pentecoste, maire de Provins, qui était alors
une des principales villes *drapantes* du royaume. Pentecoste ayant de son autorité privée fait sonner une
heure plus tard que de coutume la cloche des ouvriers
drapiers, ceux-ci se portèrent en foule à sa maison
et le mirent à mort. Le châtiment fut terrible comme
l'émeute. La cloche avec laquelle les ouvriers avaient
sonné le tocsin fut brisée, l'échevinage mis en interdit, les priviléges suspendus. L'Église, qui s'était
émue, comme la royauté, de ce crime populaire, excommunia le bourgeois qui avait succédé à Pentecoste dans le gouvernement de la ville; le droit d'asile lui-même fut impuissant à protéger les coupables :
les uns furent pendus, les autres bannis, et sur la
tombe du maire assassiné on éleva une statue qui le
représentait en habit de chevalier, un poignard dans
la poitrine.

Le salaire du travail, comme sa durée, était fixé
par des règlements empreints de l'esprit le plus tyrannique. Ces règlements étaient, soit des statuts de
métier, soit des ordonnances de police locale, soit
enfin des édits royaux. Pour donner à de pareilles
lois une apparence d'équité, il eût fallu maintenir toujours un parfait équilibre entre le salaire et le prix
des objets de consommation; mais la prévoyance des
hommes du moyen âge ne s'étendait pas jusque-là.
La plupart des denrées étant tarifées, et ce tarif pouvant être modifié sans cesse par des pouvoirs différents les uns des autres, il arrivait souvent qu'on
augmentait le prix de ces denrées sans augmenter le
prix du travail. Les conditions s'en trouvaient ainsi

brusquement changées, et l'ouvrier était exposé de
par la loi à mourir de faim. Les ordonnances particulières de police, promulguées pour des localités res-
treintes, sous l'influence des besoins du moment, et
avec une connaissance parfaite des ressources que
présentait le pays, pouvaient, jusqu'à un certain point,
concilier tous les intérêts : mais il n'en était pas de
même des édits royaux, qui s'étendaient à la France
entière. Régler uniformément le salaire pour tout le
royaume, c'était supposer que les conditions de la vie
matérielle étaient les mêmes dans les grandes et dans
les petites villes ; c'était supposer une égale fertilité
au sol sur lequel étaient répartis les travailleurs, une
constante uniformité dans la production agricole, une
égale prospérité dans la production industrielle. Malgré les inconvénients d'une semblable législation, le
pouvoir central, en France et en Angleterre, chercha
longtemps, par des motifs qu'il est difficile de deviner,
à la faire prévaloir. On trouve parmi les monuments
de notre ancien droit un grand nombre d'édits royaux
relatifs aux prix des journées de travail ; mais ces
édits, instinctivement condamnés par la conscience
des intérêts, furent éludés pour la plupart, et, malgré
les prescriptions de la couronne, le salaire resta généralement fixé par le libre accord du maître et de
l'ouvrier.

Quel était, suivant les temps et les lieux, le taux
de ce salaire ? Ici se présente une série de difficultés
que l'érudition, lorsqu'elle veut rester positive et
sûre, ne doit aborder qu'avec une extrême réserve.
Il faut, en effet, pour arriver à un résultat précis,
d'une part établir un rapport exact entre la valeur des
anciennes monnaies et des monnaies modernes, et, de

l'autre, répéter ce même rapport entre la journée de travail et le prix des denrées nécessaires à la vie ; mais on ne peut en général, dans ces matières fort obscures, juger que par approximation.

La question de la valeur relative de l'argent aux différentes époques de notre histoire a été souvent débattue par les érudits ; mais il nous semble qu'elle n'est point encore résolue et qu'elle ne le sera jamais. Cependant, nous croyons pouvoir poser les conclusions suivantes en ce qui touche les salaires, le prix des objets de consommation, et, par suite, la condition des travailleurs du moyen âge : 1° le salaire était en général plus élevé qu'aujourd'hui ; 2° les denrées de première nécessité, dans les années ordinaires, n'étaient pas relativement plus chères qu'elles ne le sont pour nous.

Évidemment, d'après ces deux propositions, on est amené à conclure que la condition des classes laborieuses était au moins égale sous le rapport du bien-être matériel à ce qu'elle est aujourd'hui. Ce serait là cependant une grave erreur, et, malgré d'apparents avantages, ces classes étaient beaucoup plus malheureuses. Outre les vices de la législation, ce fait s'explique par la continuité des guerres, par l'irrégularité, quelquefois même par la cessation de la production agricole, production tellement incertaine, que le prix du blé varie souvent dans l'espace d'un demi-siècle de 34 francs à 184 francs le setier; il s'explique encore par la barbarie des mœurs, suite de l'ignorance et de l'asservissement politique, par la vicieuse répartition de l'impôt, par le monopole des maîtrises et des jurandes, par les droits onéreux dont était frappée l'industrie. Il faudrait tout un livre pour

retracer le tableau des misères publiques dans ces
tristes âges où la guerre, la famine et la peste, fléaux
qui naissaient l'un de l'autre, dépeuplaient les villes
et faisaient une solitude des campagnes. Aux quatorzième et quinzième siècles, on voit des bourgs de
trois cents feux réduits à vingt en quelques années;
des populations entières meurent de faim ; d'autres
sont dispersées, comme les habitants d'Harfleur et
de Montivilliers, à qui le roi d'Angleterre ne laissa
pour ressources, en les chassant de leur ville, que
cinq sous et quelques vêtements par individu. Les
impôts royaux, que la noblesse et le clergé rejetaient
principalement sur les travailleurs de l'industrie et de
l'agriculture, n'étaient pas moins redoutables que la
guerre. Ces impôts, sous le règne de Charles VIII,
étaient devenus tellement exorbitants, qu'on voit dans
le *Cahier des états généraux de* 1483, qu'à cette
époque un grand nombre d'habitants s'étaient enfuis
en Angleterre, en Bretagne et ailleurs. « Les autres,
dit le même document, sont morts de faim à grand
et innumérable nombre, et autres par désespoir ont
tué femmes et enfants et eulx-mêmes, voyant qu'ils
n'avoient de quoi vivre, et plusieurs hommes, femmes
et enfants, par faulte de bestes, sont contraincts de
labourer la charrue au col. »

Outre les impôts royaux, les charges des corvées,
les sujétions féodales, qui ne s'effaçaient jamais d'une
manière complète, les ouvriers et les marchands,
malgré l'affranchissement, devaient encore, dans le
plus grand nombre des villes et des bourgs qui
avaient droit de commune, payer l'impôt de la liberté :
cet impôt était quelquefois très-lourd. M. Leber a
calculé que dans la commune d'Arc-en-Barrois il s'é-

levait, pour chaque chef de famille, à une somme représentant 500 francs de notre monnaie, et, à ce propos, M. Leber dit avec raison : « L'indépendance conquise était si chèrement payée, que trop souvent elle
devenait plus lourde que profitable aux affranchis, et
l'on a plus d'un exemple de communes, même de villes, que l'énormité des charges de leur émancipation
força de renoncer aux avantages réels qu'elles en tiraient. » La fiscalité était si féconde en inventions désastreuses, qu'on imposa à différentes reprises, entre
autres par une ordonnance du 26 mai 1356, le salaire
des ouvriers qui ne possédaient rien. « Tous ceux,
est-il dit dans cette ordonnance, qui n'ont pas cinq
livres de bien et qui tirent du travail de leur journée
un salaire suffisant payeront une aide de cinq sols.
Tous serviteurs et mercenaires qui gagnent, outre
leur dépense, dix livres par an payeront dix sols. »

La royauté, sous l'ancien régime, se montra constamment fidèle à ce système d'exactions, ce qui fit
dire à Guy-Patin qu'on finirait par établir un impôt
sur les gueux pour leur laisser le droit de se chauffer
au soleil. Qu'on ajoute à tant de causes de souffrances les vices contre lesquels, malgré leur sévérité,
les lois civiles et religieuses étaient trop souvent im-
puissantes, l'ivrognerie et surtout la passion du jeu
poussée jusqu'aux dernières fureurs, l'indifférence
toujours persistante des grands pouvoirs de l'État
pour l'amélioration du sort des classes laborieuses,
et l'on comprendra combien cette condition était mi-
sérable et précaire. Aussi trouve-t-on dans l'histoire
d'un grand nombre de villes au moyen âge des traces
très-fréquentes d'émeutes et de coalitions. Ces soulèvements populaires où la barbarie des mœurs se

montre dans son jour le plus triste, et qui procèdent
ordinairement par le meurtre, le pillage et l'incendie,
ont pour cause l'élévation des impôts et plus souvent
encore pour but la diminution des heures de travail
et l'augmentation des salaires. Ce qui se passe à
Provins en 1324, à Châlons-sur-Marne en 1369, à
Troyes en 1372, à Sens en 1383, à La Charité-sur-
Loire en 1402, à Bourges en 1466, à Beauvais en
1554, montre combien étaient rudes dans ces
âges reculés les labeurs, les privations et les
mœurs des hommes de métier (1). Au moyen âge
plus encore qu'aujourd'hui, les villes industrielles
étaient promptes aux révoltes. Déjà, au douzième
siècle, Lyon arborait, avec Pierre Valdo, la bannière
du communisme, et demandait, au nom de la fraternité évangélique, le partage des biens. Dans le seizième siècle encore, cette ville était si vivement travaillée par l'esprit de sédition, que les consuls furent
obligés de nommer dans chaque rue des magistrats
militaires qui, sous le nom de quarteniers, étaient
chargés de prévenir les soulèvements (2). C'est surtout avec la renaissance, au moment où, par le développement du luxe et l'extension du commerce international, l'industrie prend un plus grand essor,
que les émeutes éclatent plus nombreuses et plus redoutables. Souvent elles se produisent par les mêmes
causes qui agitent aujourd'hui nos grands centres
manufacturiers. En 1556, les ouvriers de Paris se

(1) *Recueil des Ordonn.*, t. V, p. 194, 595, *Ibid.*, t. VII, p. 27;
VIII, p. 493; XVI, p. 550. — Isambert, *Recueil des anc. lois
françaises*, t. XII, p. 763. — Floquet, *Histoire du Parlement
de Normandie*, t. IV, p. 520 et suiv.; t. VI, p. 410.
(2) Clerjon, *Histoire de Lyon*, t. IV, p. 319.

révoltent contre l'hôpital de la Trinité, où l'on faisait travailler les enfants pauvres (1), comme ils se sont de nos jours révoltés sur plusieurs points de la France contre le travail des maisons religieuses ou des prisons. Ainsi nous voyons encore en 1545 la plupart de ces mêmes ouvriers, qui avaient le monopole des objets de luxe, se mettre en grève pour forcer les maîtres à élever le taux du salaire. On fut contraint d'accéder à cette demande, et, par suite de l'augmentation, les ouvrages confectionnés dans la capitale atteignirent un prix tellement exorbitant que l'industrie en fut longtemps paralysée.

Indifférentes au sort des classes laborieuses, étrangères aux plus simples principes de la science économique et à toute idée de progrès, les lois civiles dans le moyen âge ne s'inquiétaient guère de prévenir les émeutes par de sages mesures et d'utiles améliorations. Elles laissaient à la religion le soin de soulager la misère, et, pour leur part, elles ne s'occupaient que d'étouffer ses cris. Les soulèvements, les coalitions d'ouvriers étaient réputés délits contre la majesté

---

(1) L'hôpital de la Trinité, fondé à Paris en 1545, pourrait être, même aujourd'hui, cité comme un véritable modèle de bonne administration. Les enfants pauvres admis dans cet hôpital étaient divisés en deux classes; les plus jeunes apprenaient à lire, à écrire, à chanter; les plus âgés apprenaient un métier, et le produit de leur travail était destiné en partie à l'entretien de l'hospice, en partie à un fonds de réserve qui leur était remis à l'âge de vingt-cinq ans, lorsqu'ils sortaient de l'hôpital. On leur enseignait de préférence quelques métiers inconnus en France, afin d'éviter le tort que la concurrence aurait pu faire aux classes ouvrières. Cette précaution avait de plus l'avantage d'introduire dans le royaume des industries nouvelles.

royale, contre le bien de la chose publique, et, comme tels, punis de mort; on n'y voyait qu'un fait matériel, dont on ne recherchait point les causes morales, et, sous le coup de ces lois sans miséricorde, la révolte était toujours sans pitié

IV

POLICE ET PÉNALITÉ INDUSTRIELLES.

Strictement déterminée par les statuts des corporations, la pénalité était pour ainsi dire double, en ce qu'elle s'étendait aux personnes et aux choses, au fabricant et à l'objet fabriqué, frappant dans l'un la mauvaise foi, dans l'autre la mauvaise qualité. On appliquait tour à tour aux personnes, suivant les temps, les punitions corporelles, le bannissement, la prison, la perte du métier, l'amende. Les punitions corporelles les plus fréquentes étaient la mutilation du poing et la marque au visage avec le fer rouge. Cette pénalité barbare, consacrée par la législation de Louis IX, resta en vigueur jusqu'à la fin du quinzième siècle, et fut appliquée principalement aux fraudes matérielles commises dans la fabrication ou

à la contrefaçon des marques et poinçons qui servaient
à estampiller, dans les villes, les produits de l'industrie locale. On ne se contentait pas de punir la fraude
dans la personne de celui qui l'avait commise : la punition s'étendait quelquefois à tous les habitants de la
ville où le coupable était né, où il exerçait son industrie; ainsi, en 1410, un drapier de Saint-Omer, qui
avait porté aux foires de Champagne des draps fabriqués dans cette ville et vendu ces draps pour un
même prix, quoiqu'ils fussent d'une longueur différente, fut banni de ces foires sous peine de mort, et
défense fut faite à tous marchands de Saint-Omer de
s'y présenter à l'avenir.

La prison, la perte du métier, le bannissement,
étaient appliqués surtout dans le cas d'infraction aux
lois de la morale religieuse, lorsqu'il y avait, par
exemple, calomnie contre un confrère, séduction,
adultère, blasphème. Les amendes, infligées dans l'o-
rigine aux contraventions qui ne présentaient point
un caractère frauduleux, remplacèrent peu à peu la
prison et le bannissement. Peu considérables d'abord
et uniquement perçues au profit des corporations et
des communes, elles finirent par s'élever à un taux
excessif, furent réclamées en partie par la royauté,
et, quand la centralisation administrative fut constituée, elles offrirent une source abondante de revenus
au fisc, qui les exploita comme un impôt régulier.
Quant à l'exclusion du métier, elle fut maintenue jusqu'aux derniers temps.

La pénalité, avons-nous dit, atteignait aussi les
marchandises. Tantôt on les confisquait ou plutôt on
les séquestrait, car, une fois confisquées, ces marchandises ne rentraient plus dans le commerce; tan-

tôt on les détruisait, quelquefois même on les exposait au pilori. Les cierges et les bougies qui n'avaient
point leur poids, les pots de cuivre, les plats et les
vases d'étain défectueux, les ficelles, les cordages, les
draps de mauvaise qualité, les habits mal faits, les
bois mal équarris étaient écrasés, lacérés, brûlés.
L'exécution des marchandises condamnées avait lieu,
tantôt sur les places publiques, tantôt devant l'atelier
ou la boutique du délinquant. Cet atelier, cette boutique, étaient même parfois punis comme complices de
la fraude : on les démolissait ou on les murait. Il fallut bien du temps pour qu'on s'aperçût de l'absurdité
de ce châtiment qui anéantissait des valeurs importantes et tournait en dernier résultat au détriment des
consommateurs. Au seizième siècle, on reconnut enfin que les *marchandises diffamées* (c'est le mot du
temps) pouvaient encore être d'un utile usage ; on se
contenta donc, au lieu de les brûler, de les soumettre
à un rabais considérable en indiquant, par des marques particulières, ce qu'elles avaient de défectueux,
et, sauf quelques cas exceptionnels, la destruction ne
fut appliquée dès lors qu'aux denrées alimentaires, ou
à celles qui étaient prohibées à cause de leur provenance.

Chaque profession, ayant ses lois, sa pénalité distincte, devait nécessairement se trouver placée sous
une juridiction particulière. Les officiers à qui cette
juridiction était confiée portèrent, suivant les temps
et les lieux, les noms d'*eswards, mayeurs de bannière,
gardes, syndics, prud'hommes, maîtres* ou *jurés.*
Dans les corporations qui se livraient au commerce,
on les appelait maîtres ou gardes ; dans celles qui
exerçaient une profession manuelle, on les appelait

jurés : de là la distinction des maîtrises et des jurandes, c'est-à-dire des corporations de marchands et des corporations d'ouvriers.

Les jurés et les gardes visitaient les ateliers, les boutiques, vérifiaient les marchandises, les poids et mesures, apposaient les sceaux et marques, présidaient à la réception des apprentis et des maîtres, constataient les contraventions, opéraient les saisies, levaient les amendes, et faisaient la répartition des impôts que les communautés percevaient à leur profit. Ils réglaient en outre les affaires contentieuses, administraient les biens de la corporation, comme les tuteurs administrent ceux de leurs pupilles, et chaque année ils rendaient compte de leur gestion, dont ils restaient, pendant un certain temps, solidairement responsables. Les fonctions de gardes ou de jurés étaient obligatoires : ceux qui avaient été désignés pour les remplir devaient les accepter sous peine d'amende, quelquefois même sous peine de perdre le métier; car c'était un principe général dans notre ancien droit, que nul ne pouvait se soustraire aux charges honorifiques, quand l'exercice de ces charges se rattachait à un objet d'utilité publique, et surtout quand il était conféré par l'élection.

Les jurés étant choisis parmi les gens de chaque métier, les artisans avaient l'avantage d'être jugés par leurs pairs ; mais, en laissant aux officiers de la police industrielle une part assez forte des amendes et des confiscations, les statuts ne les encourageaient que trop à une sévérité excessive, et l'ouvrier qui faisait sa besogne en conscience restait exposé à une foule de mesures vexatoires, ceux qui devaient contrôler et juger son œuvre étant directement intéressés à la condamner. Les jurés, il est vrai, ne jugeaient point toujours en dernier ressort, et l'ouvrier avait, pour garantie contre des décisions injustes, l'appel devant les officiers des bailliages royaux ou des échevinages.

Outre la surveillance de police exercée par des officiers délégués *ad hoc*, il y avait encore la surveillance collective exercée par les artisans eux-mêmes, qui étaient astreints, sous la foi du serment et sous des peines sévères, à dénoncer tous les abus, toutes les contraventions dont ils pouvaient avoir connaissance. Ainsi, par une de ces contradictions qui éclatent à chaque pas dans le moyen âge, la même loi qui prescrivait à tous les membres d'un même métier l'union et la charité leur prescrivait en même temps la délation. C'était là une prescription d'autant plus immorale, que les mêmes familles se groupaient souvent dans les mêmes corporations, et de la sorte ce n'étaient point seulement des confrères, mais des parents qui devaient se dénoncer. Cette obligation fut rigoureusement maintenue jusqu'à la révolution française. D'exceptionnelle qu'elle était d'abord au moyen âge, elle devint même à peu près générale dans les derniers temps, et Colbert eut le tort grave de lui donner une sanction et une extension nouvelles.

Indépendamment de l'organisation élective de l'administration des jurandes, nous trouvons encore, dans la police administrative de certains métiers privilégiés et riches, une sorte d'organisation féodale. Ainsi le grand chambrier de France ou maître de la garde-robe était maître des fripiers du royaume ; les cuisiniers, les marchands de vin, avaient leur représentant honorifique dans *le roi des ribauds, prince des* riiners, dans le *maître-queux*, chef des cuisines royales. Le premier barbier, valet de chambre du roi, était maître de *la barberie du royaume*, et, à ce titre, il vendait des lettres de maîtrise et envoyait chaque année, moyennant une certaine somme, à tous les barbiers des provinces un almanach contenant des recettes *pour pourvoir à la santé du corps humain.* Les bouchers de Paris étaient placés sous l'autorité d'un *maître ;* les merciers de la Touraine, du Maine et de l'Anjou sous celle d'un *roi.* Cette *royauté* était un véritable fief *sine glebâ*, emportant des redevances utiles ou honorifiques : le roi des merciers ne tenait pas seulement dans sa mouvance les gens de son état, mais la noblesse elle-même, et tout feudataire qui concédait le droit de foire ou de marché lui devait un bœuf, une vache ou une fournée de pain.

Dans l'origine, la plupart des offices industriels, nous l'avons indiqué déjà, étaient électifs. Les jurés, les gardes, les prud'hommes étaient nommés dans les assemblées générales des gens du métier, assemblées auxquelles chacun d'eux était tenu d'assister à peine d'amende ou même d'exclusion, quand l'absence n'était point dûment motivée, car la même loi qui rendait pour les élus les fonctions publiques obligatoires imposait aussi aux électeurs l'obligation du vote, en vertu de la maxime consacrée par le droit canonique dès les premiers jours de l'Église : *Celui qui doit être obéi par tous doit être élu par tous — Qui ab omnibus debet obediri ab omnibus debet eligi.* Quelque absolue qu'ait été cette maxime, le système électif du moyen âge, dans l'industrie comme dans l'église, n'en resta pas moins toujours subordonné à un contrôle supérieur, et, de même qu'au treizième

siècle le droit nouveau des décrétales écarta le peuple
des élections canoniques, de même, à partir du règne
de Louis XI, le droit nouveau de la royauté tendit sans
cesse à enlever aux gens de métiers le libre choix de
leurs administrateurs et de leurs officiers de police.
En repoussant successivement les apprentis, les valets, les compagnons et même les femmes, qui, en
plusieurs corporations, avaient droit de vote, on
passa peu à peu du suffrage universel au suffrage
restreint, et du suffrage restreint aux créations en
titre d'office, c'est-à-dire à la nomination royale
moyennant finance. Des profits assez notables, droits
de visite, de sceau, part dans les amendes et les confiscations, étant attachés aux charges de police industrielle, ces charges, qui emportaient de plus certains
priviléges honorifiques, furent très-recherchées, et
devinrent une source abondante de revenus pour le
fisc, en même temps qu'elles étaient une cause de
ruine pour les corporations. En effet, elles furent
accaparées par des traitants qui les achetaient souvent en gros pour toute une province, et qui, après
les avoir payées fort cher, en augmentaient encore le
prix en les revendant en détail. Les droits de visite,
de sceau, d'examen, en furent accrus dans une proportion notable. Les villes, pour se débarrasser d'individus qui leur étaient étrangers et se soustraire à
des droits onéreux et permanents, s'imposaient extra-
ordinairement pour acheter et réunir à leurs échevinages les offices de création royale. Les corporations
à leur tour, étaient taxées pour s'acquitter envers les
villes, et la plupart d'entre elles contractèrent à ce
sujet des dettes qu'elles se trouvèrent hors d'état de
payer. Ce trafic des offices industriels fut poussé

sous le règne de Louis XIV jusqu'aux dernières limites, et le gouvernement y viola effrontément les plus simples notions de l'équité. On créait, en titre l'office, des maîtres, des gardes, des contrôleurs, les auneurs, des peseurs-jurés, etc., et ces offices une fois vendus, on les supprimait après quelques années pour forcer les possesseurs à en obtenir, moyennant finance, la jouissance et le maintien. Des plaintes vives et répétées s'élevèrent à cette occasion du sein de toutes les villes, du sein de toutes les communautés ; mais il en fut de ces protestations comme des doléances des états généraux : on passa outre, et l'on peut dire sans exagération que ces spéculations de la fiscalité royale, provoquées par les nécessités de la guerre et des prodigalités folles, furent, avec la révocation de l'édit de Nantes, le grand désastre de l'industrie française au dix-septième siècle.

Les libertés municipales, intimement liées aux libertés industrielles, déclinèrent parallèlement à ces dernières. Les gens des métiers parmi lesquels s'étaient recrutés à l'origine, sans distinction de profession, les membres des magistratures urbaines, se divisèrent en une foule d'aristocraties rivales qui écartèrent insensiblement des corps municipaux les corporations les moins riches et les moins nombreuses. Dans les échevinages, comme dans les maîtrises et les jurandes, les créations à titre d'office vénal remplacèrent les fonctions électives, qui furent accaparées par ceux qui faisaient le négoce, et les artisans qu'on appelait *gens mécaniques*, c'est-à-dire ceux qui travaillaient des bras, furent exclus des charges publiques par cela seul qu'ils travaillaient.

V

LES SOCIÉTÉS D'ASSISTANCE ET LES CONFRÉRIES MYSTIQUES DES MÉTIERS.

Si grande qu'ait été, sur notre ancienne législation industrielle et commerciale, l'influence de l'intérêt personnel, de l'esprit de monopole et d'exclusion, l'égoïsme ne devait point régner seul et souverainement dans les codes des métiers ; aussi retrouve-t-on dans ces codes, par un contraste très-fréquent au moyen âge, la fraternité la plus grande à côté des priviléges les plus absolus, les prescriptions morales les plus sages à côté des lois économiques les plus désastreuses. Le christianisme, qui avait affranchi, réhabilité le travail, devait aussi réhabiliter cette législation imprévoyante et lui laisser, comme à toutes les choses qu'il a touchées dans la barbarie des vieux temps, l'empreinte de l'austérité et de la charité. Cette double empreinte est marquée en effet sur tous les statuts, d'une part dans les prescriptions qui touchent aux faits de conscience, à la règle de la vie, de l'autre dans celles qui se rapportent à l'accomplissement des œuvres charitables.

En ce qui concerne les faits de conscience, les statuts déterminent les conditions de probité et de moralité en vertu desquelles on est admis dans le métier, et celles en vertu desquelles on peut s'y maintenir. La première condition de l'admission est une réputation intacte : les usuriers, les joueurs, les ivrognes, sont sévèrement repoussés, et ce n'est point seulement le vice, mais le soupçon du vice qui devient un motif d'exclusion. Ainsi, à Béziers, pour entrer dans la corporation des bouchers, il fallait, lorsqu'on avait été accusé de vol ou de fraude, se justifier de cette accusation. A Issoudun, nul ne pouvait être reçu maître dans la corporation des tisserands, s'il n'était de bonne vie, marié ou dans l'intention de se marier. Au point de vue de la considération, de l'intérêt même des communautés industrielles, cette sévérité, cette exclusion, ne pouvaient être que profitables ; mais elles présentaient un danger sérieux : celui de créer, au-dessous et au dehors des classes ouvrières, une population oisive et flottante de mendiants valides qui ne fît que s'accroître avec les progrès et l'extension de l'industrie, et, à côté de misères imméritées, résultat de crises passagères, une misère professionnelle qui faisait vivre les truands et les vagabonds de la pitié ou plutôt de la terreur publique, *comme des revenus d'une prébende* : c'était le mot consacré au seizième siècle.

Une fois admis dans la communauté, l'individu qui enfreignait les règlements était considéré comme parjure et traité comme tel, attendu que le métier s'exerçait sous la foi du serment. Outre les obligations professionnelles, ce serment comprenait un certain nombre d'obligations morales, en vertu desquelles l'artisan devait à ses confrères de bons conseils, de bons exemples et de bons offices. Les unions illégitimes, qui sont de nos jours, parmi les classes laborieuses, une cause si fréquente de misère et même de crime, la séduction, l'adultère, entraînaient, avec les peines ordinaires, l'exclusion hors du métier. On n'était pas seulement responsable pour soi-même, mais encore pour ceux qu'on employait, et les maîtres payaient une amende lorsqu'ils souffraient dans leurs ateliers une action répréhensible. Les règlements semblaient en ce point s'inspirer de ces mots de l'Évangile : « Malheur à l'homme par qui le scandale arrive ! »

La charité était, dans le sein de la corporation, officiellement organisée par la confrérie, et, en vertu de ce précepte chrétien qui veut qu'elle soit infinie et sans bornes comme l'amour, qu'elle s'étende à tous les vivants et à tous les morts, qu'elle donne aux morts la sépulture et la prière, aux vivants l'aumône, les confréries s'établirent pour faire l'aumône et pour prier (1). Entièrement distincte de la corporation, quoique formée des mêmes éléments, la confrérie était placée sous l'invocation d'un saint qui passait pour avoir exercé la profession des confrères. Tandis que pour symbole la corporation avait une bannière, la confrérie avait un cierge. La corporation assistait aux assemblées des échevinages, aux réunions politiques des trois ordres, à la discussion des statuts réglementaires ; la confrérie n'assistait qu'aux solennités de l'Église, et ses devoirs, exclusivement religieux, se bornaient, d'une part à l'accomplissement

_____

(1) La plus ancienne confrérie de corporation qui nous soit connue est celle des *marchands de l'eau de Seine*; elle date de 1170. Vient ensuite celle des *drapiers* de Paris en 1188, celle des *chirurgiens* en 1270, et celle des *notaires* en 1300.

de certaines pratiques de dévotion, de l'autre à l'exercice de certaines œuvres de charité.

Comme institution mystique, la confrérie obligeait
ses membres à faire célébrer chaque année, le jour
de la fête patronale, un service solennel, à faire dire
chaque semaine, quelquefois même chaque jour, une
messe à l'intention de tous les gens du métier, à
entretenir dans une église un cierge qu'on portait en
grande cérémonie dans les processions, et de plus,
à assister à ce que l'on appelait *les honneurs du corps*,
c'est-à-dire aux solennités religieuses de la vie domestique, telles que les baptêmes et les mariages. Les
confrères, qui s'associaient à la joie de la famille,
s'associaient aussi à son deuil. Ils avaient suivi
le nouveau-né au baptistère, la jeune épouse à
l'autel ; ils suivaient les morts à leur dernière
demeure, fournissaient les torches, les draps funé-
raires, et, comme la famille, cessaient tout travail le jour où celui qu'ils venaient de perdre était
conduit au cimetière. Il y avait dans ce deuil collectif,
dans cette fraternité que la mort elle-même ne détruisait pas, quelque chose de touchant et d'élevé ; mais,
par malheur, les usages les plus bizarres se mêlaient
souvent comme une cynique protestation aux cérémonies les plus graves. Ainsi, à Paris, quand les
crieurs de vin suivaient le convoi d'un confrère, deux
d'entre eux marchaient près du cercueil, en portant
l'un un pot, l'autre un gobelet, et ils présentaient ce
gobelet bien rempli à tous les passants qui deman-
daient à boire.

Comme institution charitable, la confrérie était un
véritable bureau de bienfaisance. Afin de purifier le
gain, que l'Église a toujours regardé comme blamâble

quand les malheureux n'en ont pas leur part, la loi religieuse prélevait sur l'industrie une sorte de taxe des pauvres qui, dans la caisse de chaque confrérie, se trouvait amortie pour l'aumône. Cette caisse, souvent désignée sous le nom de *charité du métier*, était alimentée par des retenues faites sur le salaire, les deniers à Dieu payés pour les transactions, et par les amendes. La taxe était permanente, et lorsqu'elle ne pouvait suffire aux nécessités de l'aumône, les corporations étaient autorisées à imposer sur chacun des confrères, mais toujours du consentement de la majorité, une prestation extraordinaire recouvrable, comme les impôts royaux, par voie de contrainte.

Les produits de la taxe permanente et les prestations étaient appliqués, suivant que les confréries étaient plus ou moins riches et chargées d'un nombre plus ou moins grand d'ouvriers nécessiteux, tantôt à tous les pauvres de la même ville, tantôt aux pauvres de la corporation seulement. Il y avait ainsi ce qu'on appelait l'*aumône générale* et l'*aumône du métier*. L'*aumône du métier* était destinée à marier de pauvres filles orphelines, à secourir les vieillards, les infirmes, ceux qui étaient *appeticiés* de leur état, c'est-à-dire déchus (1), car, en vertu des lois de l'association, quand un confrère était tombé dans la misère sans que cette misère fût le résultat des désordres de sa conduite, les associés devaient lui donner chaque semaine des secours soit en nature, soit en argent, ou lui avancer une certaine somme qu'il n'était tenu de leur rendre que dans le cas où il pourrait *revenir*

(1) Voir, entre autres, M. P. Varin, *Archives législatives de la ville de Reims*.

sus en ses affaires. — *L'aumône générale,* telle qu'elle était organisée à Paris et dans les grandes villes, c'est-à-dire là où se trouvaient des corporations puissantes, n'était pas seulement une affaire de bienfaisance, mais une sorte d'hommage solennel rendu aux malheureux par ceux que l'industrie avait enrichis, car il est à remarquer que la misère était quelquefois traitée comme une sorte de fief envers lequel les grands pouvoirs de l'État, ainsi que les magistratures urbaines, étaient astreints à des redevances utiles et honoriques. A Mantes, le jour de la Conception, les plus notables bourgeois servaient à table les pauvres infirmes et vieux. A Nîmes, le jour de l'Ascension, les consuls, des torches à la main, se rendaient à la cathédrale, et là, les bannières de la ville déployées, ils distribuaient aux malheureux de l'argent et quinze douzaines de pains. A Paris, le jour du vendredi saint, le roi lavait les pieds de treize pauvres choisis parmi les plus souffrants : touchant symbole qui donnait à la couronne une sorte de prestige mystique et qui grandissait pour ainsi dire la royauté en l'abaissant devant les pauvres, ces amis de Dieu, par un hommage plus humble que tous les hommages qu'elle-même imposait à ses grands vassaux.

Comme les notables bourgeois de Mantes, les consuls de Nîmes et les rois de France, les orfévres de Paris donnaient, le jour de Pâques, aux malades de l'Hôtel-Dieu, aux prisonniers et à un grand nombre de pauvres, un dîner en vaisselle d'or et d'argent, dîner dans lequel ils servaient eux-mêmes. Cet usage, qui remontait à 1260, s'est maintenu jusqu'au dix-huitième siècle. Les autres métiers de la capitale

faisaient également participer les malheureux aux
repas solennels des confréries, et de la sorte, depuis
le roi jusqu'aux artisans, chacun dans le royaume de
France devenait à certains jours le serviteur ou le
commensal du pauvre. C'était peu sans doute que de
pareils secours; mais, s'ils n'apportaient à la misère
qu'un soulagement passager, ils avaient du moins
l'avantage d'entretenir l'esprit de charité, et d'établir
des rapports bienveillants entre ceux qui possédaient
et ceux qui ne possédaient pas.

Outre l'argent, les vivres et les secours en nature
qu'elles distribuaient aux indigents, un grand nombre de corporations et de confréries avaient fondé des
hospices et des établissements de charité. A Rouen,
dès l'an 514, on trouve une maison de refuge destinée à recevoir, en cas de misère ou de maladie, les
ouvriers qui travaillaient à la confection des vêtements, et, en 1298, on voit les confrères écrivains
de la ville d'Orléans faire disposer une espèce de
chauffoir public pour abriter pendant les nuits d'hiver
les malheureux qui ne savaient où loger. Les corporations recueillaient et *entretenaient décemment* dans
les asiles qu'elles avaient fondés et dotés les personnes anciennes et de *bonne renommée;* car la
bienfaisance ne s'exerçait point au hasard, et de
même que, pour entrer dans le métier, il fallait tenir
une conduite régulière, de même il fallait, pour entrer
dans l'hospice, justifier de sa probité et de la régu-
larité de ses mœurs.

Comme associations de bienfaisance et de secours
mutuels, les corporations et les confréries présentaient de grands avantages; mais la barbarie des
mœurs, l'égoïsme individuel, en neutralisaient sou-

vent l'utile influence, et, à côté du bien, elles offrirent, ainsi que le compagnonnage, dont elles étaient la contre-partie, de graves inconvénients. On reconnut dès l'origine, et ce fait se trouve déjà signalé en 1372, que les pratiques de dévotion imposées aux confréries apportaient un grand obstacle à la production; qu'en astreignant tous les confrères à cesser le travail à l'occasion des baptêmes, des mariages, des enterrements, on leur enlevait le profit d'un grand nombre de journées; que les fonds destinés à des œuvres de charité étaient souvent dilapidés dans des banquets; qu'on allait boire *sous ombre de messe*, et qu'enfin ces confréries, constituées sous l'inspiration d'une pensée mystique, avaient fini par dégénérer en associations burlesques dans lesquelles les choses les plus saintes se trouvaient scandaleusement travesties. Les abus auxquels elles donnaient lieu furent donc sévèrement condamnés au nom de la religion, de la morale et des intérêts de l'industrie; de plus, par la force de cohésion qu'elles établissaient entre les classes ouvrières, en réunissant souvent plusieurs corporations dans une seule et même société mystique, en donnant à cette société une sorte de caractère religieux, les confréries devinrent une cause de troubles politiques. Habile à deviner tous les dangers qui, de près ou de loin, dans le présent ou dans l'avenir, pouvaient menacer le pouvoir, Louis XI tenta de placer ces associations pieuses sous la surveillance immédiate de la couronne, et ordonna, sous peine de la vie, à tous ceux qui en étaient membres, de ne se réunir en assemblées générales qu'en présence des officiers royaux. Les successeurs de Louis XI rendirent plusieurs

ordonnances dans le même sens : elles furent élu-
dées; mais, comme les confréries, au milieu des
agitations du seizième siècle, ne servaient plus qu'à
recruter les partis, après avoir essayé vainement de
les réformer, on tenta de les dissoudre. Des édits
d'abolition furent promulgués par François Ier en
août 1539, par Charles IX en fevrier 1566, par
Henri III en mai 1579. Il en fut de ces édits comme
des édits rendus par le parlement en 1498 et en 1500,
comme de la décision du concile de Sens en 1524.
Les associations religieuses des métiers, et surtout
les désordres qu'elles entraînaient, étaient trop profondément enracinés dans les mœurs pour qu'il fût
possible de les faire disparaître en un jour par un
acte d'autorité souveraine. Malgré les tentatives de
réforme, le mal persista longtemps. Les confréries,
ainsi que le dit un écrivain du seizième siècle, occasionnèrent, pendant les troubles, « beaucoup de
folies », et elles s'ajoutèrent comme une plaie nouvelle à des plaies déjà trop nombreuses.

VI

PREMIERS ESSAIS DE RÉFORME DANS L'INDUSTRIE FRANÇAISE.

La charité chrétienne elle-même, nous venons de le voir, était frappée d'impuissance en présence des misères qui affligeaient l'industrie et des abus qui l'entravaient. La conscience de ces abus, cependant, ne pouvait échapper ni à ceux qui en étaient les victimes, ni aux hommes clairvoyants qui participèrent, depuis la révolution des communes jusqu'à la révolution de 89, à l'administration des affaires publiques. Aussi tous les documents qui se rattachent à notre histoire industrielle accusent-ils un sentiment profond de malaise et l'instinct confus de réformes qui, par malheur, ne commencent à être définies que dans les dernières années du seizième siècle.

Déjà, en 1358, Charles V, alors régent, condamnait sévèrement les règlements d'Étienne Boileau, en déclarant qu'ils étaient faits « plus en faveur et profit de chacun métier que pour le bien commun. » Charles VII et Louis XI, entre autres, essayèrent, comme Charles V, de corriger, d'améliorer, de refondre : ils favorisèrent l'établissement de fabriques, de manufactures, de foires ; mais, enfermés dans un cercle vicieux, ils ne changèrent en rien les condi-

tions générales du travail. Ils sentaient le mal, cherchaient la cause, et la touchaient sans la voir. Ce ne
fut qu'au seizième siècle, au moment où l'économie
politique, science nouvelle qui n'était point encore
nommée, fit son avénement dans la société moderne,
qu'on entrevit pour l'industrie d'autres lois que celles
du monopole et du privilége, un autre régime que
celui de l'exclusion. L'ordre établi depuis quatre
siècles fut, pour la première fois, théoriquement
attaqué ; de nouvelles doctrines se propagèrent ; les
classes laborieuses, initiées par l'instinct de leurs
souffrances aux aspirations de la science et de la
politique, s'arrachèrent enfin à cet esprit d'association exclusive qui jusqu'alors les avait dominées.
Elles furent pour ainsi dire unanimes à protester
contre le système restrictif, et le mot *liberté du commerce* fut prononcé pour la première fois dans les
cahiers des états, et répété par la plupart des villes
qui s'associèrent à la ligue. Cette réaction éclata plus
vive encore au dix-septième siècle : « Le gain assuré
des corps de métiers, disait Jean de Witt, les rend
indolents et paresseux, pendant qu'ils excluent les
gens habiles à qui la nécessité donnerait de l'industrie. » — « Pourquoi empêcher, disait à son tour
Colbert en s'adressant à Louis XIV, pourquoi empêcher des gens qui en ont quelquefois appris dans
les pays étrangers plus qu'il n'en faut pour s'établir,
de le faire, parce qu'il leur manque un brevet d'apprentissage ? Est-il juste, s'ils ont l'industrie de
gagner leur vie, qu'on les en empêche sous le nom
de Votre Majesté, elle qui est le père commun de
ses sujets et qui est obligée de les prendre en sa
protection ? Je crois donc que, quand elle ferait une

ordonnance par laquelle elle supprimerait tous les règlements faits jusqu'ici à cet égard, elle n'en ferait pas plus mal (1). » Condamner les brevets d'apprentissage, c'était condamner les maîtrises, et par cela même les corporations. Réclamer pour quelques-uns, au nom du progrès, la liberté du travail, c'était proclamer implicitemeut le droit de tous à cette liberté ; mais, pour abolir les priviléges dans une classe, il fallait les abolir dans toutes, et c'était là une œuvre impossible au sein d'une société qui reposait tout entière sur le privilége. Le temps d'une réforme radicale n'était point encore venu, et les vues de Colbert se trouvèrent nécessairement limitées par la monarchie absolue, la force de traditions encore toutes puissantes et la résistance des intérêts. On se contenta donc de modifier là où il fallait abolir, et, tout en centralisant l'administration de l'industrie, tout en la plaçant sous la surveillance de l'État, on laissa subsister le régime du moyen âge. La polémique fut reprise dans le dix-huitième siècle avec une vivacité nouvelle. Les économistes, les philanthropes furent unanimes à réclamer la liberté du travail, et l'opinion se prononça d'une manière si formelle en faveur de cette liberté, que le gouvernement crut devoir faire des concessions.

En 1766, on présenta au parlement un édit qui supprimait les jurandes. La présentation de cet édit souleva dans la cour souveraine de violents orages. On allait voir, disait-on, l'anéantissement des arts, de la confiance et du commerce, la ruine de l'industrie ; il fallut différer encore. Enfin Turgot, que semblaient

_____

(1) *Testament politique de Colbert*, chap. 15.

éclairer déjà les lumières de la révolution, résolut
de tenter un coup d'État contre un ordre de choses
que l'esprit des temps nouveaux avait condamné sans
retour, et, en février 1776, il promulgua un édit
portant abolition des maîtrises et des jurandes.
Toutes les objections économiques qui jusqu'alors
avaient été faites contre le régime des communautés
industrielles se trouvaient résumées avec une luci-
dité parfaite dans le préambule de cet édit célèbre,
déduit tout entier de cette phrase que Turgot semblait avoir dérobée d'avance à la déclaration des droits
de l'homme : « Dieu, donnant à l'homme des besoins
et lui rendant nécessaire la ressource du travail, a
fait du droit de travailler la propriété de tout homme,
et cette propriété est la première, la plus sacrée et
la plus imprescriptible de toutes. » L'édit d'abolition,
malgré sa haute sagesse, fut révoqué peu de temps
après sa promulgation, et, l'année suivante, les maîtrises et les jurandes furent rétablies, mais dans une
forme nouvelle, et, comme l'a dit avec raison
M. Blanqui, l'industrie reçut une organisation moins
vicieuse que celle détruite par Turgot, mais vicieuse
encore, puisqu'elle reposait sur des limitations, des
exclusions, des monopoles (1). Les dispositions de
l'édit de 1777 ne furent d'ailleurs appliquées que par
exception. Les parlements de Bordeaux, de Toulouse, d'Aix, de Besançon, de Rennes et de Dijon
avaient refusé d'enregistrer cet édit, et de la sorte
la Guyenne, le Languedoc, la Provence, la Franche-
Comté et la Bretagne restèrent placés sous un régime
qui datait de plusieurs siècles. Ce n'était là toutefois

(1) *Cours d'économie industrielle*, 1839, p. 116.

qu'une résistance impuissante ; le système du privilége, du monopole, de l'exclusion, de la tyrannie administrative, contre lequel s'étaient vainement débattues les classes industrielles du moyen âge, devait bientôt s'écrouler sans retour, et la liberté du travail, qui découle de l'égalité des droits, cette liberté que tant d'esprits généreux avaient en vain réclamée sous l'ancienne monarchie, l'Assemblée constituante l'établit par la loi du 2 mai 1791.

Malgré ses immenses avantages, elle n'a cependant pas satisfait tous les esprits, et de notre temps la question du travail a donné lieu à des discussions très-vives, et à de graves agitations politiques.

Au début même du siècle, Saint-Simon a posé le problème de ce qu'il appelait l'*industrie nouvelle*. Il a donné l'*utile*, la production et la consommation pour but suprême à la vie de l'individu et aux sociétés humaines, et résumé sa théorie dans la formule : *A chacun selon ses besoins.* Fourrier est venu proclamer à son tour le règne du travail attrayant, basé sur l'essor des passions et la satisfaction de tous les instincts. Des disciples, pleins d'une confiance aveugle, ont essayé de réaliser les deux systèmes dans la pratique, les uns, les saint-simoniens, à Ménilmontant, les autres, les fourriéristes, à Condé-sur-Vègre. Ils n'ont abouti qu'à d'éclatants échecs ; mais ils n'en ont pas moins laissé dans les esprits des traces profondes, en prononçant les premiers le mot de *socialisme*, et en faisant briller aux yeux des classes laborieuses le mirage trompeur d'un bonheur que ce monde ne saurait donner. Depuis 1830, les économistes français se sont partagés en deux camps profondément hostiles ou plutôt en deux écoles qu'on pourrait appeler l'une l'école *libérale positive*, l'autre l'école *révolutionnaire empirique*. L'école libérale, fidèle aux traditions des états généraux de 1789, défend la liberté du travail : elle veut que l'industrie se développe à sa guise, selon ses besoins et ses instincts, et elle ne reconnaît aux pouvoirs sociaux le droit d'intervenir dans les transactions que pour réprimer ce qui peut s'y mêler de répréhensible au point de vue moral. L'autre, l'école révolutionnaire *empirique*, veut subordonner constamment les existences individuelles à l'action d'un être abstrait, *pouvoir, commune, État*, qui substitue sa volonté aux volontés particulières ; elle veut *organiser* l'industrie d'après des théories préconçues, comme on arrange une mécanique, et, n'osant s'attaquer ouvertement à la liberté, elle s'attaque à des fantômes et méconnaît les traditions de la Révolution qu'elle invoque et qu'elle prétend continuer. Elle rend la société responsable de toutes les crises qui paralysent l'industrie, de toutes les misères qui affligent les travailleurs ; elle procède toujours par formules absolues , sans tenir compte des obstacles que la volonté humaine ne peut renverser : intempéries des saisons, cherté des denrées alimentaires, mauvaises récoltes, maladies, accidents physiques de toute espèce ; des obstacles politiques : guerres, révolutions, concurrence étrangère ; et de ceux qui naissent du fait même des individus, tels que l'imprévoyance, le vice, la paresse. Au lieu de chercher sérieusement, comme l'école *positive libérale*, le moyen d'améliorer le sort des ouvriers, elle énumère emphatiquement leurs souffrances, et leur souffle la haine contre la société tout entière. C'est elle qui a précipité vingt fois, depuis quarante ans, les classes laborieuses dans des agitations et des émeutes dont elles sont les premières à souffrir; car il faut maintenir ce fait que les classes laborieuses ne sont point subversives par instinct, et qu'elles ont au contraire à un haut degré le sentiment de l'ordre et du progrès par l'ordre; mais elles se laissent facilement duper par les meneurs des partis, par les prétendus travailleurs qui n'ont jamais travaillé, les ambitieux impuissants des classes lettrées qui n'ont d'espoir que dans les bouleversements, et les déclassés de toutes les classes. Ce sont ceux-là, et ceux-là seuls qui depuis 1830 ont mis en avant les sophismes et les utopies qui nous ont fait glisser sur la pente des abîmes : ce sont eux qui nous ont montré le bonheur terrestre dans la *ville nouvelle* des saint simoniens , dans le *phalanstère* des fourriéristes, dans les ateliers égalitaires, la gratuité du crédit, l'abolition du *salariat*, l'abolition du capital, l'expropriation des grandes industries au profit des ouvriers. Leurs systèmes n'ont produit que des ruines, et des exemples récents et terribles sont là pour nous apprendre qu'on ne change pas le monde avec des rêves, et que les ruines ensevelissent toujours ceux qui les ont faites.

CHARLES LOUANDRE.

L'INDUSTRIE FRANÇAISE

AVANT LE QUATORZIÈME SIÈCLE

CHRIST. — Bois sculpté. — XIIᵉ siècle. — Cluny, nᵒ 1963.

COUP D'ŒIL GÉNÉRAL

SUR

L'INDUSTRIE FRANÇAISE

AVANT LE QUATORZIÈME SIÈCLE

Monteil commence seulement aux dernières années du règne de Philippe le Bel l'*Histoire des Français des divers états*. L'absence ou l'insuffisance des documents ne lui permettait pas en effet d'écrire cette histoire telle qu'il l'avait conçue, intime et complète avant l'époque qu'il avait choisie pour point de départ de ses études. Nous allons suppléer à son silence par quelques indications générales.

Comme tous les peuples à l'état primitif, les premiers et les plus anciens habitants de la Gaule vivent de chasse et de pêche ; ils portent pour vêtements des peaux de bêtes qu'ils attachent sur leurs épaules avec des épines ; ils dessinent sur leur corps, par un procédé de tatouage qui n'est pas connu, des figures bizarres qu'ils teignent en bleu à l'aide du pastel. Ils ont pour armes des haches de pierre emmanchées dans des cornes de cerf, pour lances ou pour javelots des tibias humains effilés et durcis au feu. Des silex habilement taillés leur servent de couteaux, de scies, de coins ; de petits cailloux annulaires parfaitement polis, percés à leur centre d'un trou rond, forment pour les femmes l'écrin de leurs bijoux, colliers ou bracelets (1).

Les Gaulois cependant ne restent pas longtemps isolés au milieu de la civilisation antique. Des colonies grecques se fondent sur le littoral de la Méditerranée ; Brennus et ses héroïques aventuriers vont rançonner Rome, les arts et l'industrie pénètrent peu à peu à travers les vieilles forêts druidiques, l'exploitation des mines prend un grand développement, et la céramique produit des vases en terre rouge et grise qui ne manquent pas d'élégance. Au premier siècle de notre ère les Gaulois travaillent la laine de leurs troupeaux et fabriquent, comme le dit Strabon, une espèce de saie à poil que les Romains appelaient *lennæ* (2). Leurs chefs ne portent plus pour ornement des plumes, des feuilles, des écorces d'arbres, mais des colliers, des bracelets et des habits de couleur travaillés en or. Ils couchent encore sur la terre ; ils prennent leurs repas assis sur de la paille, des peaux de loups ou de chiens ; mais ils ont déjà des maisons

---

(1) Il existe à Abbeville une collection peut-être unique de ces objets, réunie par M. Boucher de Perthes qui a publié à ce sujet un livre curieux : *Antiquités celtiques, Mémoires sur l'industrie primitive et les arts à l'origine*. Paris, Dumoulin, 1847, in-8º.

(2) Strabon, traduit du grec en français. Paris, 1809, in-4º, t. II, p. 62, 65, 70.

vastes construites avec des planches et des claies, et terminées par un toit cintré, couvert d'un chaume épais.

Les pièces principales dont se compose le costume national, les braies, le gilet serré ou tunique, la saie et le manteau à capuchon connu sous le nom de *bardocucullus*, c'est-à-dire capuchon des bardes, sont fabriqués par des ouvriers indigènes et surtout par des Atrébates, ce qui prouve que les Gaulois, comme tisserands de fil et de laine, avaient déjà, au moment de la conquête romaine, une certaine habileté. Il en était de même pour l'art de brocher les étoffes et de les teindre ; ils avaient trouvé le moyen de contrefaire avec le suc de certaines herbes les couleurs les plus précieuses et particulièrement la pourpre de Tyr. Ils connaissaient aussi l'émail, ce qui est constaté par ce passage de Philostrate : « Les barbares qui habitent près de l'Océan appliquent sur de l'airain chauffé des couleurs qui s'unissent au métal, et ces couleurs, en se durcissant comme de la pierre, gardent les dessins qu'on y a tracés (1). »

Tous les témoignages contemporains s'accordent à nous montrer les grands personnages parés de colliers d'or et de bracelets d'or. Ils tiraient ce précieux métal de leur patrie même et surtout du pays des *Trabelli*, c'est-à-dire de cette partie de la Gaule qui longe les côtes de l'Océan, depuis les Pyrénées jusqu'au bassin d'Arcachon.

La Gaule, soumise en dix ans, par César, fut

(1) Lib. I, c. xxviii. — Pline nous donne des renseignements analogues. Les émaux gaulois trouvés à Marsal en 1838 et à Laval en 1840 confirment les assertions des deux écrivains de l'antiquité. — L.

absorbée promptement par la civilisation romaine. Peü de temps après la conquête « elle présentait, dit un éminent historien, M. Amédée Thierry, quelque chose du spectacle que nous donne depuis cinquante ans l'Amérique du Nord, terre vierge livrée à l'activité expérimentée de l'Europe : de grandes cités s'élevant sur les ruines de pauvres villages, ou d'enceintes fortifiées ; l'art grec et l'art romain déployant leurs magnificences dans des lieux encore à moitié sauvages ; des routes garnies de relais de poste, d'étapes pour les troupes, d'auberges pour les voyageurs, des flottes de commerce allant par toutes les directions, par le Rhône, par la Loire, par la Garonne, par la Seine, par le Rhin, porter les produits étrangers, ou rapporter les produits indigènes ; enfin pour achever le parallèle, un accroissement prodigieux de la population (1). »

L'un des premiers effets de la conquête fut de développer les anciennes industries du tissage et de la teinture. Les Atrébates gardèrent le monopole de la fabrication des saies, fabrication qui devait se perpétuer, en se modifiant, à travers le moyen âge dans l'Artois et dans la Picardie, et enrichir jusqu'aux derniers temps, sous le nom de *sayetterie*, les laborieux habitants d'Amiens. Les saies des Atrébates étaient expédiées jusqu'au fond de l'Italie. Au temps de saint Jérôme, les étoffes d'Arras passaient avec celles de l'Asie Mineure pour les plus parfaites de l'empire, et ne le cédaient en finesse qu'aux étoffes de soie. Les tapis de la même ville n'étaient pas moins recherchés,

(1) Amédée Thierry, *Histoire de la Gaule sous la domination romaine*, 1840, t. I, p. 352.

et la pourpre qu'on obtenait dans ses teintureries ne le cédait en rien à la pourpre de Tyr. Langres et Saintes fournissaient des capuchons de gros draps à longs poils nommés *cuculli*, qui servaient de vêtements d'hiver ou de voyage, et qui, plus tard, furent adoptés sous le nom de *coules* dans l'habit monastique. Les toiles blanches et peintes formaient aussi une branche importante de commerce.

Il est impossible de donner les moindres détails sur les procédés industriels qui étaient alors en usage dans la Gaule, et fort difficile de déterminer avec certitude quelle était la condition des travailleurs ; la plupart sans doute étaient esclaves, mais il existait déjà quelques corps de métiers librement organisés; car lors de l'entrée de Constantin à Autun nous voyons figurer dans le cortége impérial des corporations d'ouvriers avec leurs bannières, et nous trouvons en outre dans les *nautes parisiens, ou compagnie des marchands de la Seine*, l'une des plus puissantes associations commerciales du passé.

La conquête qui avait imprimé à l'industrie une vive impulsion produisit également dans les constructions une révolution complète; tout se romanisa en quelque sorte. Les maisons gauloises furent exactement décalquées sur celles d'Italie ; elles eurent comme elles sous le nom *d'atria* leurs salles de réception et d'apparat; sous le nom de *cænationes* et de *triclinia* leurs salles à manger, et sous le nom de *cubicula* leurs chambres à coucher. Autour de l'habitation principale s'élevaient des *gynécées* où les femmes filaient la laine et la tissaient; des boulangeries, des écuries, des remises. Au centre de ces bâtiments qui formaient un carré parfait, s'étendait une cour plantée de fleurs (1); les toitures étaient formées par de larges tuiles à rebords; les murs étaient construits en pierres ou en briques et quelquefois en moellons taillés qui alternaient avec la brique (2); les appartements étaient pavés en mosaïque; enduits d'un mortier colorié, ou peints à fresque ainsi que les plafonds ou bien encore incrustés de mosaïque en verres de diverses couleurs.

Ce n'était pas seulement dans les villes, mais encore dans les villages et même au milieu des campagnes que se rencontraient les constructions dont nous venons de parler. Ces constructions, qui étaient les châteaux de l'époque, se composaient de deux corps de logis, l'un au nord pour l'été, l'autre au midi pour l'hiver. On y trouvait, dans la maison d'été des conduites d'eau pour entretenir la fraîcheur, et, dans la maison d'hiver, des tuyaux pour faire circuler la chaleur comme nos calorifères. A côté de l'habitation principale s'élevaient les métairies, *villæ*, qui servaient à la culture et à l'élève des animaux; on y nourrissait du gros bétail, des chevaux, des moutons, des loirs, des escargots, des daims, des chevreuils et dans les lieux où l'on pouvait se procurer de l'eau on creusait des étangs destinés à la pisciculture.

L'architecture civile, l'industrie, les arts, en un mot la tradition latine tout entière se perpétua dans la France jusqu'au dixième siècle. Les conquérants germains eux-mêmes tout en gardant leurs lois, leur

(1) Voir : *Les Arts somptuaires*, texte par Ch. Louandre. Paris, 1857. 4 vol. in-4°.

(2) Les habitants de Marseille avaient poussé si loin l'art du tuilier et fabriqué des briques si légères qu'elles surnageaient quand on les plongeait dans l'eau.

costume, et leurs usages nationaux, acceptèrent l'industrie telle qu'ils l'avaient trouvée. Charlemagne en favorisa l'essor ; mais l'anarchie qui signala le règne des derniers carlovingiens et les invasions normandes apportèrent dans les habitudes de la Gaule une perturbation profonde. Une partie des populations des campagnes exposées sans défense aux cruautés des Normands se réfugièrent dans les enceintes fortifiées des villes ; les riches propriétaires, ceux qui devaient former plus tard l'aristocratie féodale restèrent dans leurs *villæ*, mais ils les entourèrent de fossés, de parapets construits en terre et en charpente, et c'est là l'origine des châteaux forts qui s'élevèrent en si grand nombre à l'époque féodale sur tous les points du territoire.

L'industrie du bâtiment, la seule de ces âges reculés qui nous soit bien connue, subit à partir du dixième siècle des modifications profondes. A cette date on voit paraître dans les constructions civiles les rez-de-chaussées voûtés, les murs épais et massifs percés de fenêtres étroites à plein cintre, car le plein cintre est le type générateur de l'architecture des dixième, onzième et douzième siècles dite *architecture romane*. Au treizième siècle les constructions civiles sont notablement améliorées surtout dans les villes de commerce ; les bourgeois s'efforcent d'embellir leurs demeures et de les rendre plus commodes ; les appartements sont très-hauts de plafond et les caves très-profondes ; elles n'ont pas moins de seize à dix-huit pieds et leurs voûtes en pierres sont garnies d'arceaux dont les retombées se terminent par divers ornements.

A côté du cintre roman on voit apparaître dans la

seconde moitié du douzième siècle l'arc en ogive qui va devenir à son tour le type générateur de l'architecture jusqu'à la renaissance, et qui nous donnera ces poëmes de pierres qu'on appelle les cathédrales de Bourges, de Paris, d'Amiens, de Cologne, etc.

L'industrie des meubles suivit toutes les variations de l'architecture. Il en fut de même des accessoires du bâtiment, tels que la serrurerie et l'ornementation figurée.

Sauf les variations que les changements des modes apportèrent aux formes extérieures des divers objets fabriqués, aucune grande découverte industrielle ne signala la période féodale. Les alchimistes en poursuivant le rêve de l'or potable et de la pierre philosophale firent presque seuls faire quelques progrès à la science; mais leurs formules, obscurcies par l'erreur, ne devaient recevoir que plus tard leur application pratique. Le moyen âge n'innova rien, mais il avait recueilli de la civilisation antique des traditions dont il gardait précieusement le souvenir, et dans le cours des treizième et quatorzième siècles les industries qui avaient fait la richesse de la Gaule romaine florissaient encore, et presque toujours sur les lieux mêmes où elles avaient pris naissance. Limoges au treizième siècle donnait à ses émaux une merveilleuse perfection : on y fabriquait des crosses, des croix, des reliquaires, des châsses, des bassins, des vases, des chandeliers, des médaillons, des plaques formant des espèces de tableaux qui font encore aujourd'hui dans nos musées l'admiration et l'étonnement des connaisseurs. La fabrique des draps occupait un très-grand nombre d'ouvriers, non-seulement dans les grands centres, mais même dans une foule de localités dont l'importance ne dépassait pas celle de nos gros bourgs modernes. Les fabriques d'Évreux, de Saint-Omer, des Andelys, de Saint-Lô, de Carcassonne, de Rouen, de Beauvais, de Saint-Quentin, d'Abbeville, de Cambrai, de Tours, de Chartres, de Provins, jouissaient d'une réputation européenne et leurs produits figuraient dans les foires et sur tous les marchés. Les habits qui en étaient faits pouvaient en raison de leur bonne qualité se transmettre d'une génération à l'autre, car leur prix était assez élevé pour que les acheteurs eussent le droit de se montrer exigeants. Les draps élégants pour dames valaient jusqu'à cinquante sous l'aune, ce qui équivaut à cent francs environ de notre monnaie. Pour les bons draps ordinaires le prix était de quarante à quarante-huit francs, ce qui n'empêchait pas la consommation d'être fort active dans les villes.

Le pastel, le kermès, le brésil (1), employés longtemps avant la découverte de l'Amérique, alimentaient, principalement dans le Nord, de nombreuses teintureries. Le kermès, connu bien avant le douzième siècle dans le midi de la France, servait à teindre les étoffes écarlates; cet insecte se trouvait en grand nombre dans les environs de Carcassonne, et, grâce à cette circonstance, cette ville s'était fait une grande réputation industrielle. Elle était avec Lille, Amiens, Beauvais, Paris, Montpellier, renommée entre toutes les villes de la France par l'excellence de ses teintures.

(1) Nous ne saurions dire de quel pays on tirait le brésil avant la découverte du nouveau monde; mais ce qui est certain, c'est que la province du Brésil n'a été ainsi nommée que parce qu'on y a trouvé en grande quantité un boïs tinctorial jouissant des mêmes propriétés.

La fabrique des tapisseries était aussi prospère que celle des draps. En 985 on en fabriquait de très-belles dans l'abbaye de Saint-Florent de Saumur. Paris, Verdun, Amiens, Arras, Poitiers étaient également célèbres par l'habileté de leurs tapissiers. Ceux de Paris avaient une si grande opinion de leur mérite qu'ils avaient spécifié dans leurs statuts qu'ils ne travailleraient que pour l'Église, le roi et les gentilshommes.

A l'époque qui nous occupe, comme de nos jours, Paris avait le monopole des objets de luxe, et pour faire juger de son industrie nous ne pouvons mieux faire que de donner ici, d'après le *Livre des métiers* d'Étienne Boileau, l'énumération complète des divers corps d'ouvriers qui concouraient vers 1260 à l'habillement des hommes et des femmes et qui, outre les habits, fournissaient la chaussure, la coiffure, les bijoux et autres accessoires. Ces corps d'ouvriers étaient fort nombreux ; en voici l'indication :

Les orfèvres ; les paternotiers ou fabricants de chapelets d'os et de corne, de corail, de coquille et d'ambre ; les cristalliers et pierriers de pierres naturelles, c'est-à-dire les joailliers-lapidaires; les batteurs d'or et d'argent à filer ; les laceurs de fil et de soie, ou fabricants de lacets ; les dorlotiers ou rubaniers; les fileresses de soie à grands fuseaux ; les fileresses de soie à petits fuseaux ; les crespiniers de fil ou de soie, qui travaillaient non-seulement à la garniture des meubles, mais encore aux coiffures des femmes, et qui fabriquaient des franges et autres ornements propres à entrer dans leur parure ; les braceliers de fil ; les ouvriers de draps de soie, de velours et de bourserie en lacs; les fondeurs qui fondaient et moulaient en cuivre des boucles, des agrafes dites mordants, des anneaux; les faiseurs de bouclettes à souliers; les tisserands de couvre-chefs de soie; les tisserands de langes, c'est-à-dire les drapiers; les foulons; les teinturiers; les chaussiers, appelés plus tard chaussetiers, qui faisaient des chausses en drap, en toile ou en soie.

La France du moyen âge, on le voit, n'était pas déshéritée, et Monteil va nous la montrer grandissant de siècle en siècle, et développant son génie industriel malgré les guerres civiles et les guerres étrangères; mais avant de lui céder la parole, nous croyons devoir donner au lecteur ce que nos vieux érudits appelaient un avis essentiel.

Dans les pages qui suivent l'auteur donne souvent en livres, sous et deniers les prix des marchandises qu'il cite, ainsi que le taux des salaires. Malgré les nombreux travaux dont les anciennes monnaies françaises ont été l'objet, il est selon nous impossible d'évaluer arithmétiquement la valeur de ces monnaies par rapport aux monnaies de nos jours, et nous nous exposerions à de graves erreurs, si, à côté de chacun des prix indiqués par les anciens documents, nous placions les prix en francs et en centimes. Malgré la sûreté et l'étendue de son érudition, Monteil n'a point tenté d'établir cette correspondance, et l'académie des sciences, dans le compte rendu du concours de statistique pour l'année 1859, a déclaré qu'elle présentait des difficultés presque insurmontables. Nous nous bornerons donc à donner ici quelques indications générales et approximatives.

Nous ferons d'abord remarquer que la livre est une monnaie de compte qui n'a plus d'analogue dans notre système monétaire actuel, que le sou de l'ancien régime a, par rapport aux temps pendant lesquels il a circulé, une valeur toute différente de la monnaie de cuivre que nous employons aujourd'hui, et que les deniers représentent aussi, par rapport aux temps où ils ont eu cours, une valeur tout autre que celle de nos centimes. La puissance de l'argent s'est abaissée d'ailleurs en raison directe de la multiplication des métaux précieux. Cent grammes d'or ou d'argent au quatorzième siècle avaient une puissance d'échange six fois plus grande que celle qu'ils ont de nos jours. Il faut donc pour arriver à une évaluation plus ou moins exacte de la valeur de nos anciennes monnaies, tenir compte de la quantité d'or ou d'argent qu'elles renferment, et la comparer à celle que renferment nos monnaies modernes. Il faut en même temps comparer leur puissance d'échange, mais pour déterminer exactement cette puissance, il faudrait connaître tous les faits de la vie sociale, et c'est là une base qui manquera toujours. On ne peut donc que raisonner hypothétiquement et il faut s'en tenir, sans en garantir la parfaite exactitude, aux évaluations qui paraissent se rapprocher le plus de la vérité ; ce sont ces évaluations que nous allons donner ici, en prenant pour guide le tableau dressé par M. Leber dans l'*Essai sur l'appréciation de la fortune privée au moyen âge*, Paris, 1847, in-octavo.

AU QUATORZIÈME SIÈCLE

fr. c.

Le denier équivaut à...   0 20 $\frac{37}{100}$ de notre monnaie.

Le sou à............   2 44 $\frac{11}{25}$ —

La livre à...........   48 88 $\frac{21}{25}$ —

AU QUINZIÈME SIÈCLE

fr. c.

Le denier équivaut à... 0 13 $\frac{12}{20}$ de notre monnaie.

Le sou à.............. 1 62 $\frac{67}{100}$ —

La livre à............. 32 53 $\frac{37}{100}$ —

AU SEIZÈME SIÈCLE

Le denier équivaut à... 0 03 $\frac{3}{4}$ de notre monnaie.

Le sou à.............. 0 45 $\frac{9}{100}$ —

La livre à............. 9 01 $\frac{8}{10}$ —

Ces données, nous le répétons, ne sont qu'approximatives, mais elles nous paraissent offrir cependant d'assez grandes probabilités. En recourant au tableau ci-dessus qui résume par une moyenne rigoureuse les recherches de plusieurs érudits, le lecteur pourra faire lui-même la comparaison du taux des salaires et du prix des objets entre notre temps et ceux dont Monteil a écrit l'histoire. Ainsi la toise carrée de pavé qui coûtait 9 sous au quatorzième siècle se payerait aujourd'hui 21 fr. 96 c.; la livre de plomb vaudrait 40 centimes au lieu de 3 deniers; la livre de soie 146 fr. 64 c. au lieu de 3 livres; une belle pierre tombale 293 fr. 28 c. au lieu de 6 livres; le millier de tuiles 122 francs au lieu de 50 sous; au quinzième siècle l'amende des maréchaux qui était de 15 sous serait aujourd'hui de 24 fr. 40 c.; le cautionnement des fermiers des monnaies serait de 130,134 francs au lieu de 4,000 livres; les grandes horloges qui coûtaient 30 livres coûteraient aujourd'hui 976 francs; la paire de bottines qui coûtait 9 sous coûterait 9 fr. 76 c.

Depuis le seizième siècle jusqu'à nos jours la puissance d'échange des monnaies va toujours en s'affaiblissant: aujourd'hui on a plus d'argent, mais on n'en est pas plus; riche seulement, comme le remarque avec raison M. Leber, les jouissances que procure la fortune étaient autrefois beaucoup plus dispendieuses.

Quant aux classes laborieuses, leurs dépenses, réduites aux objets de première nécessité, étaient relativement moins fortes qu'elles ne le sont maintenant, car les denrées à leur usage, eu égard au pouvoir de l'argent et sauf les années calamiteuses, étaient beaucoup moins chères qu'elles ne le sont pour nous.

CHARLES LOUANDRE.

QUATORZIÈME SIÈCLE

LE

LIVRE DU FRÈRE AUBIN

INTÉRIEUR XIVᵉ SIÈCLE. — Ameublement d'après Herbé. — Accessoires
du Musée de Cluny.

QUATORZIÈME SIÈCLE

LE LIVRE DU FRÈRE AUBIN [1]

ARGUMENT

Pour donner à ses études un plus grand cachet de vérité, Monteil a fait revivre les hommes des anciens temps. Au quatorzième siècle, lorsque le clergé est encore le plus instruit des trois ordres de l'État, il emprunte la plume d'un moine qu'il suppose résider dans la ville de Tours ; ce moine entretient une correspondance active avec l'un de ses confrères de Toulouse, le frère André, et c'est au moyen de cette correspondance simulée qu'il nous initie à l'histoire industrielle du quatorzième siècle. A cette époque, le moyen âge est sur son déclin. L'esprit des temps nouveaux agite sourdement les populations ; et l'auteur note

---

(1) Les notes non signées sont de Monteil. Les notes signées L. sont de l'éditeur.

avec soin tous les symptômes de rénovation qui se manifestent sous ses yeux. Écho fidèle des sentiments et des aspirations de ses contemporains, il sent que l'industrie ne s'immobilisera pas dans le cercle étroit où l'ont enfermée les statuts des corporations. Il signale les obstacles que ces statuts apportent au libre développement de l'activité humaine, et les efforts tentés par les gens de métiers pour perfectionner la fabrication. Soixante-seize métiers sont successivement passés en revue, et l'auteur nous donne ainsi une véritable encyclopédie technologique d'une époque d'autant plus intéressante à étudier qu'elle forme la transition entre la période théocratique et féodale de notre histoire, et le grand mouvement de la renaissance.   L.

LES ÉTRENNES

Frère André, il est venu ici un religieux qui approche de vous pour les sciences, et qui passe de beaucoup le frère Guillaume pour les arts, où ses talents tiennent du prodige. Son nom est Aubin.

Le premier de l'an, il est entré assez matin dans ma chambre. Je ne pouvais allumer le feu. Frère gardien, m'a-t-il dit, il y du bois sec au bûcher, pourquoi brûlez-vous du bois vert? C'est, lui ai-je répondu, que je suis vif, beaucoup trop vif, et que rien n'exerce plus à la patience que le bois qu'on ne peut allumer. Un moment après, il a tiré de sa poche un petit livre. C'est, m'a-t-il dit, le *Traité des Arts et Métiers* que vous me demandez depuis si longtemps; je vous l'apporte pour vos étrennes. Grand merci, mon cher frère Aubin, lui ai-je répondu; et, m'étant arrêté d'abord au frontispice : Frère, lui ai-je dit, vous n'y avez pas mis votre nom. Je m'en suis bien gardé, m'a-t-il répondu : conviendrait-il que le public sût qu'un docteur, un régent de philosophie, pût s'occuper d'arts et métiers, pût même les connaître (1) ? Passe encore s'il s'agissait de la haute mécanique, de celle du grand Albert (2) qui fit parler une tête de cuivre, ou de la recherche de ces caractères mystérieux gravés sur ces lampes qui brûlent seulement avec de l'eau de rivière : je pourrais alors y mettre mon nom. Frère Aubin, lui ai-je dit d'un ton sévère,

(1) Cette réflexion peint très-bien l'esprit du temps. Les professions industrielles ne jouissaient au moyen âge d'aucune espèce de considération ; parmi les classes lettrées, les moines sont les seuls qui s'y soient livrés , et qui aient même daigné nous transmettre quelques détails écrits sur les arts technologiques, ce qui s'explique par ce fait que, dans les bas siècles de la monarchie, la plupart des grandes abbayes possédaient des ateliers où elles fabriquaient la plupart des objets nécessaires à leurs besoins ; on allait porter le superflu aux marchés des grandes villes. — L.

(2) Albert le Grand, né en Souabe vers l'an 1200, vint enseigner la philosophie et les sciences à Paris, dans le quartier Latin, où le souvenir de son séjour s'est conservé dans le nom de la place *Maubert* , dérivé de place *Maître-Albert*. Il entra ensuite dans l'ordre de Saint-Dominique, devint archevêque de Cologne et mourut en 1280. Esprit encyclopédique, il a composé de nombreux ouvrages sur la théologie, la philosophie, les sciences naturelles et les propriétés des corps. Ces ouvrages forment une collection de 21 volumes in-folio. Ils ont été publiés en 1651. Ses contemporains en avaient fait un magicien, et lui attribuaient de nombreux prodiges. Le moyen âge a mis sous son nom plusieurs livres apocryphes tels que le *Traité des secrets du grand Albert*, qui a conservé jusqu'au siècle dernier une grande réputation parmi les gens crédules. — L.

c'est à votre orgueil que, dans ce moment, il faut
donner la discipline: écrivez votre nom sur votre ouvrage. Il a hésité. Frère Aubin, lui ai-je dit d'un ton
encore plus sévère, vous ne voulez donc pas être le
disciple de saint François, qui, en exécutant les ordres de son supérieur, passa au milieu de l'orage et
n'eut pas les habits mouillés ; vous ne voulez donc
pas suivre ses traces et monter au ciel par la même
voie? Il a gardé quelque temps le silence en restant
dans l'attitude de quelqu'un qui réfléchit profondément ; enfin, il a pris la plume et il a obéi ; seulement
un rayon de rougeur a traversé son front et s'est
aussitôt dissipé.

J'ai lu cet écrit avec le plus grand plaisir. Aucun
autre de ce genre n'existe dans notre bibliothèque (1).
Je suis persuadé que je vous donne envie de le connaître : nos goûts ont toujours été les mêmes. Eh
bien ! cette fois, j'aurai du moins prévenu vos désirs,
car je vous envoie, article par article, l'abrégé de
notre frère Aubin.

---

(1) Tous les couvents du moyen âge avaient des bibliothèques. Quelques-unes de ces bibliothèques étaient placées dans
des clochers , mais le plus ordinairement, elles occupaient un
bâtiment adossé aux murs des églises. A côté de la bibliothèque se trouvaient une ou plusieurs salles, que l'on appelait
scriptorium, l'endroit où l'on écrit, et dans lesquelles étaient
installés les copistes des manuscrits et les enlumineurs. Ils
étaient séparés les uns des autres par des cloisons en planches, afin d'éviter les distractions qui auraient pu nuire à leur
travail. — L.

ARMURIERS.

Autrefois, on faisait des armures aussi solides que les nôtres ; on ne les faisait pas aussi commodes. Le jeu des lames et des charnières en est aujourd'hui vraiment admirable : un homme est dans une armure de fer battu comme dans sa peau. — L'art de l'armurier emploie tous les métaux ; il comprend l'art du forgeron, du coutelier, du fourbisseur, du laynetier, de l'orfévre ; il comprend celui du doreur, même celui du graveur, même celui du peintre. — La dorure sur métaux au moyen du mercure est surtout très-curieuse (1).— Les armes de Paris, de Bourges, sont bonnes ; celles de Toulouse, de Poitiers, sont excellentes. — Quant aux armes étrangères, celles du Milanais sont les meilleures ; celles de l'Allemagne ne les valent pas. — Depuis un demi-siècle, le prix des armes n'a pas sensiblement augmenté. — Armurier vient sûrement d'arme ; arme vient sûrement d'*arma*. Nous ne pouvons pas remonter plus haut.

BARBIERS.

Tout au contraire des marchands de vin, les barbiers ont leur boutique pleine le samedi et vide le dimanche. Le métier est aujourd'hui fort bon, car la mode de se faire raser la barbe est devenue à peu

(1) L'art de l'armurier comprenait tous les métiers ci-dessus énumérés parce que les armures des nobles étaient ornées de damasquinures, de dorures, et que l'on représentait sur les écus, c'est-à-dire sur les boucliers les armoiries de ceux qui les portaient, avec les couleurs de leur blason. — L.

près générale ; elle pourrait passer, et le métier re-
devenir mauvais. — Barbier, barbe, *barba*.

BOISSELIERS.

Outre les boisseaux, les boisseliers font les pelles,
les écuelles, les cuillers, les plats de bois. — Lorsqu'un pauvre leur demande l'aumône, ils lui donnent
une écuelle. — Les boisseliers demeurent ordinairement sur les bords des forêts plantées de hêtres, de
saules ou d'aulnes. — Boisselier vient de boisseau,
boisseau de *boissellus*, mot de la basse latinité. Les
boisseliers du siècle d'Auguste disaient *modius*.

BOUCHERS.

Pour exercer l'art du boucher, il ne s'agit que de
saigner l'animal, de le souffler, de le dépouiller, de
le dépecer; à la rigueur, il suffit d'un seul instrument,
d'un couteau, et de quelques semaines d'apprentissage. Mais les nombreux règlements dont cet art a
été l'objet en rendent la pratique assez difficile : défense d'acheter des bestiaux hors des marchés, d'a-
cheter des porcs nourris chez les barbiers (1) ou les
huilliers, d'égorger des bestiaux nés depuis moins
de quinze jours, d'égorger des bestiaux la veille des
jours maigres, de vendre de la viande échauffée, de
garder la viande plus de deux jours en hiver, et plus

(1) C'étaient les barbiers qui pratiquaient les saignées : on
craignait qu'ils ne donnassent aux animaux le sang qu'ils tiraient aux malades, et c'est de là que vient la défense d'acheter des porcs nourris dans leurs maisons. L.

d'un jour et demi en été, de vendre de la viande à la lueur de la lampe ou de la chandelle. — Les règlements relatifs à la propreté des tueries et des étaux sont très-longs et très-sévères. Ceux qui concernent les animaux malades de la lèpre ou du charbon sont encore plus sévères, et ne sauraient trop l'être : la santé d'une ville entière est quelquefois entre les mains des bouchers. — Le salaire d'un boucher pour langueyer un cochon est de cinq deniers, et, pour le tuer ou le saler, de dix-huit. — Quand on veut parler d'un homme cruel et sanguinaire, on dit : C'est un boucher. Cependant l'étymologie offre un sens fort doux ; elle signifie l'ouvrier de la bouche.

BOULANGERS.

Je veux dire de quelle manière on reçoit à Paris les maîtres boulangers (1). Lorsqu'un jeune garçon a été successivement vanneur, blutteur, pétrisseur, gindre ou maître-valet, il peut, en payant au roi le tonlieu, être aspirant boulanger et en exercer le métier pour son propre compte. Quatre ans après il passe maître, et voici de quelle manière il est reçu. Au jour fixé, il part de sa maison, suivi de tous les boulangers de

(1) Dans les temps antérieurs au quatorzième siècle, la plupart des boulangers ne vendaient que de la farine et chacun pouvait faire son pain chez soi. On trouve encore des traces de cette liberté dans une ordonnance de 1303, en vertu de laquelle, moyennant un léger droit, les habitants de Paris pouvaient fabriquer eux-mêmes le pain qu'ils consommaient ; mais ce régime était trop en dehors des idées du temps pour se maintenir, et la boulangerie, restreinte à une corporation, fut soumise à une police minutieuse, et beaucoup plus sévère que celle des autres métiers. — L.

la ville, et se rend chez le maître des boulangers, auquel il présente un pot neuf rempli de noix, en lui disant : « Maistre, j'ay faict et accomply mes quatre années ; vesz-ci mon pot remply de noix. » Alors le maître des boulangers demande au clerc écrivain du métier si cela est vrai. Sur sa réponse affirmative, le maître des boulangers rend le pot à l'aspirant, qui le brise contre le mur, et le voilà maître. La loi a supposé avec raison que l'obtention des divers grades par lesquels il était passé devait lui tenir lieu de l'épreuve de son habileté et de son chef-d'œuvre. — Comptons nos divers genres de pain : le pain fait simplement avec de la farine, de l'eau, du sel et du levain : le pain ordinaire ; le meilleur se fait à Chailly ou à Gonesse ; — le pain cuit dans de l'eau chaude : le pain échaudé ; — le pain fait avec de la fleur de farine longtemps battue avec deux bâtons : le pain broyé ; — le pain fait avec la plus pure fleur de farine, légèrement cuit : le pain mollet ; — le pain de fleur de farine pétri avec du beurre, saupoudré de grains de froment : le pain de mouton ; — le pain de fleur de farine fait avec des œufs et du lait : le pain de Noël ; — enfin le pain de seigle pétri avec des épices, du miel ou du sucre : le pain d'épice. — Si vous voulez faire bluter devant vous votre farine, si vous voulez la faire pétrir à votre guise, vous n'avez qu'à appeler un des boulangers qui vont dans les maisons. Ce n'est pas l'art, c'est l'économie qui a avancé. — Il y a soixante ou quatre-vingts ans au plus qu'on appelait les boulangers tameliers, du mot tamis, *tamisium :* véritablement, la première opération du boulanger c'est de tamiser la farine.—Boulanger est composé de deux mots qui si-

gnifient faiseur ou porteur de boules : de tout temps
on a fait les pains ronds.

BRASSEURS.

Brasseur vient de brasser, qui veut dire remuer les
bras. On est obligé, dans ce métier, de remuer beaucoup plus les bras que dans tout autre. Dès qu'on a
rempli le cuvier d'eau, de marc d'orge ou de froment,
et d'une décoction de houblon, il faut le tenir dans une
agitation continuelle, jusqu'à ce que la bière ou cer-
voise soit prête. Une partie de la France boit de la
bière, une autre du vin (1). Bien des gens préfèrent la
bière, bien d'autres préfèrent le vin. A ce sujet, il me
souvient d'une assez plaisante dispute entre deux
cordeliers. L'un, qui était Flamand, était pour la bière;
l'autre, qui était de Bordeaux, était pour le vin. Le
Flamand accumulait des passages de l'antiquité sur
l'excellence de la bière, connue des anciens sous le

(1) On buvait aussi du cidre dans la Picardie et la Normandie, et les régions à l'est de la France. A l'origine on désignait
sous le nom de cidre toute espèce de boisson fabriquée avec
des fruits autres que le raisin, y compris les baies des arbus-
tes sauvages; mais déjà sous Charlemagne on voit paraître,
sous le nom de *pomatium*, le véritable cidre de pommes, et
sous celui de *piratium*, le cidre de poires ou poiré. Il paraîtrait même que l'empereur des Francs ne dédaignait pas ces
boissons, car il veut que la fabrication en soit confiée à des
ouvriers expérimentés, qu'il désigne sous le nom de *cicerato-
res*. Au douzième et au treizième siècles le cidre dans la Normandie n'était pas moins populaire que de nos jours, et à cette
date il fut même célébré sur le mode épique dans le poëme
latin consacré par Guillaume le Breton à la gloire de Philippe-
Auguste. — L.

nom de *zithum* ou de *curmi*. Le Bordelais n'était pas
aussi docte, mais il était Bordelais ; d'un seul mot il
termina la dispute. Frère, dit-il à son adversaire, et
moi je vous soutiens qu'il y a autant de différence
entre le vin et la bière qu'entre saint François et saint
Dominique. Toute la communauté fut pour le Bordelais ; le Flamand n'eut plus rien à dire.

BRODEURS.

Dans une grande ville où je demeurais, une dame
fort jeune, qu'on disait même fort jolie, m'envoya
prier d'aller chez elle. Je lui fis répondre qu'elle me
trouverait tous les jours au confessionnal. Elle parla
à mes supérieurs, qui voulurent que je ne refusasse
pas plus longtemps. J'obéis. Je me rendis chez elle,
et la saluai sans la regarder. Elle me montra des broderies de la plus grande beauté. Celles des siècles
derniers n'offraient que deux ou trois couleurs ; les
siennes offraient mille couleurs, mille nuances ; elles
étaient mélangées de fils d'or, d'argent, et parsemées
de perles ; c'étaient d'ailleurs des pleins, des déliés,
des contours, comme dans les arabesques peintes sur
les marges des beaux livres. Ces broderies venaient de
Lyon, où les ouvriers manient la soie et l'or avec une
rare perfection. J'admirai. J'étais prêt à me retirer,
lorsqu'elle me fit voir la broderie d'un grand *faudesteul*
qu'elle avait commencée, et où elle voulait faire reposer son vieux père. J'examinai son ouvrage, qui manquait par le dessin : elle n'en avait pas pour ce genre
de meuble. Je me hâtai de tracer sur son tambour
quelques ornements dans le goût actuel, et je m'en-

fuis au plus vite. Je pensai qu'un bon cordelier ne devait pas à plusieurs reprises se hasarder à travailler avec une jeune femme. Le diable n'est que trop accoutumé à la chute des gens du monde ; mais celle d'un cordelier serait pour lui un si grand triomphe, qu'il la ferait broder sur le cendal, sur le tabis, sur les plus riches étoffes. — La broderie en fils d'or simples sur le drap écarlate, bien qu'elle ne soit ni la plus savante ni la plus riche, est, à mon avis, la plus noble. — Brodeurs, broderies, broder, border, par transpositions de lettres. La broderie se place ordinairement sur les bords.

CHANDELIERS.

Pendant le cours de l'année, les grands et les riches prient Dieu à la lueur d'un cierge souvent moins gros que le doigt ; il leur en faut un, à la Chandeleur, plus gros que le bras. Mais peu importe à l'art. — Les statuts des chandeliers-ciriers-huiliers exigent six ans d'apprentissage. — Les principales opérations de leur métier consistent : à clarifier le suif et la cire, à couper et à ajuster les mèches de deux fils de coton et d'un fil de chanvre, à les attacher par rangées à une baguette (1), à les plonger et à les replonger, jusqu'à ce qu'elles aient acquis la grosseur et le poids convenables, dans le vase qui contient le suif bouillant, si l'on veut faire de la chandelle de suif, ou, si l'on veut faire de la chandelle de cire, dans celui qui contient la cire bouillante (2). Avis à nos frères et au public : plu-

(1) Ce mode de fabrication a été en usage jusqu'à la fin du dix-septième siècle. — L.

(2) Les distinctions profondes qui séparaient au moyen âge

sieurs chandeliers, qui plongent leurs chandelles dans
le mauvais suif, les plongent une dernière fois dans le
bon : ils font des chandelles fourrées. — La meilleure
chandelle de cire vient du Mans. — Prix de la livre
de chandelle de suif, un sou. — Prix de la livre de
chandelle de cire, trois sous. — Autrefois on ne pesait pas la chandelle, on la mesurait. — Chandelier
vient de chandelle, chandelle de *candela*, *candela* de
l'adjectif *canda*, blanche.

CHAPELIERS.

J'ai rencontré aujourd'hui, dernier dimanche de
carnaval, maître Jacques, chapelier de ma connaissance. Il avait l'air fort triste. Qu'avez-vous? lui ai-je
dit ; il semble que nous soyons déjà à la plus rigoureuse semaine du carême. Ah ! s'est-il écrié avec dou-
leur, nous ne feutrons plus ni en castor, ni en lièvre,
ni en laine, ni d'aucune manière. On ne veut plus aujourd'hui de ces beaux grands chapeaux à roues,
ornés de rubans et de plumes qui paraient toutes les
salles d'assemblée, toutes les réunions ; on ne veut
que des chaperons. Maintenant tout le monde est coiffé
de drap (1) ; et, pour ne pas abandonner mon état, je

les nobles et les roturiers se retrouvaient partout. Les nobles
pouvaient seuls placer un perron à la porte de leurs maisons,
une girouette sur leur toit, porter des habits de brocart, de
soie ou de velours, manger dans de l'argenterie, user des bougies de cire. Les roturiers ne pouvaient s'éclairer qu'avec le
suif ou l'huile. — L.

(1) Cette mode des chaperons de drap, faits en forme de long
entonnoir, dura près de cent ans.

Le chaperon était un bonnet de drap dont la forme subit de

me suis fait tailleur. Les chapeliers, a-t-il ajouté, sont réduits aux deux moindres parties de leur fabrication : les gants de laine, les bonnets tissus ou cousus ; ils ne sont plus que gantiers ou bonnetiers, bien qu'ils continuent à s'appeler chapeliers. Il n'y a plus de chapeliers, puisqu'il n'y a plus de chapels.

L'étymologie donnée par maître Jacques est bonne : chapel, ou plutôt capel, comme on disait autrefois, vient de cap ; cap vient de *caput*.

CHARBONNIERS.

Le Morvan serait un assez beau pays s'il n'était un peu sauvage. Il y a quelques années que je m'y égarai à l'entrée de la nuit ; je ne savais plus comment retrouver mon chemin. Tout à coup des feux s'allumèrent devant moi ; je gagnai le plus proche à travers les ronces, les branches des arbres, au milieu des hurlements des loups. Quelques charbonniers vinrent, qui me recueillirent, me conduisirent chez eux. Ce fut dans cette occasion que je m'instruisis des procédés de l'art. Je vis qu'ils étaient à peu près les

nombreuses variations. Il était orné d'une bande d'étoffe nommée *cornette*, qui pendait sur l'un des côtés, et qui se transforma au quinzième siècle en une queue très-longue, finissant en pointe et tombant sur les talons. Le chaperon servit de signe de ralliement, en 1357, aux Parisiens qui s'étaient révoltés sous la conduite d'Étienne Marcel. Il était, comme symbole des partisans de Marcel, en drap rouge et bleu, et portait une broche d'argent, à plaque émaillée avec cette devise : *A bonne fin*. Il servit encore d'emblème, dans les guerres civiles du règne de Charles VI, aux Armagnacs et aux Bourguignons. Ceux-ci portaient la cornette à droite et les Armagnacs la portaient à gauche. — L.

mêmes que du temps de Pline (1). On coupe des morceaux de bois de la même longueur, on en fait un bûcher pyramidal qu'on recouvre de gazon ou de mottes de terre ; on l'ouvre par le haut, on l'allume par le bas ; lorsque la combustion est parfaite, on étouffe le feu. — Le charbon de bois convient à certains arts ; le charbon de terre à certains autres. — L'usage du charbon de terre s'est introduit en Europe depuis bien peu de temps. Je crains que notre agriculture en souffre, et que, la consommation de bois venant à diminuer, les défriches diminuent aussi. — Charbonnier, charbon, *carbo*.

CHARCUTIERS

Sans doute il y a du plaisir, au printemps, lorsqu'en nous promenant devant une prairie, le vent nous porte l'odeur de mille diverses fleurs ; mais il n'y a pas moins de plaisir, en hiver, lorsque, la terre étant couverte de glaces et de frimas, on sent devant les boutiques des charcutiers la fumée des saucisses et des côtelettes grillées. — De nos jours, l'art des charcutiers s'est séparé de celui des oyers. Voici quelques-uns de leurs statuts : « Que nul ne cuise char de porc si elle n'est suffisante et à bonne moolle. — Que nul ne puisse faire saucisses que de char de porc. — Que nul ne puisse vendre boudins de sanc, car c'est périlleuse viande. » — Charcutier, chair cuite, *caro cocta* (2).

(1) C'est-à-dire au premier siècle de notre ère.

(2) Le porc entrait pour la plus grande part dans la consommation des viandes au moyen âge, et l'usage en remontait à des temps très-reculés. Les Gaulois élevaient de nombreux troupeaux de porcs à l'état presque sauvage ; ils les salaient et

CHARPENTIERS DE LA GRANDE COGNÉE.

Où êtes-vous, anciens charpentiers des ponts de César? Et vous surtout, charpentiers du dernier siècle, qui nous avez laissé des toits si élégamment coupés, des flèches si hautes et si légères, ou êtes-vous (1)? N'est-ce pas que vous vous croyiez parvenus à la perfection? Ah! que ne pouvez-vous aujourd'hui voir une ville portative, dont toutes les maisons, composées de pièces de bois savamment combinées, se démontent et se remontent avec la plus grande facilité, une ville toute de charpente, destinée à être embarquée! Les préparatifs pour la descente en Angleterre viennent de porter au plus haut point de gloire l'art du charpentier. Ce sont encore les charpentiers de notre siècle qui, en quelques heures, jetèrent sur la Seine un pont de bois où, sans hésiter, passa immédiatement après tout le peuple de Paris. Nous connaissons mieux que nos devanciers la coupe, la force

les fumaient, et en expédiaient de grandes quantités en Italie. — L.

(1) On sait, par les grands travaux qui furent exécutés au moyen âge, combien l'art du charpentier y était avancé... Les grands combles des églises voûtées en pierre, les flèches en bois qui s'y élèvent au centre de la croix, celles qui supportent les tours, sont des types remarquables de ce que savaient faire les maîtres charpentiers du moyen âge, successeurs de ceux qui, aux précédentes époques, avaient construit des églises et même des monastères entiers avec les bois de nos forêts... Les grands travaux de charpente exigeaient, ainsi que ceux de maçonnerie, l'exécution de modèles ou *pourtraicts au petit pied*, afin que l'on pût se guider dans la construction. Albert Lenoir, *Architecture monastique.* Paris, 1852-1856. T. II, pages 274, 275. — L.

des bois, l'art du trait. Maintenant Vitruve ne fait pas
toujours loi pour nous. — Depuis bien longtemps le
principal instrument des charpentiers est la grande
cognée à lame droite. C'est le nom de cette grande
cognée qui sert à les distinguer des charpentiers de
la petite cognée, ou menuisiers. — En été, les charpentiers gagnent chaque jour trente-deux deniers, en
hiver vingt-six deniers. — Charpentier vient de charpente, charpente de *carpenta*, qui veut dire char. Les
charpentiers, qui autrefois étaient en même temps
menuisiers, étaient aussi charrons. — Division du
travail, progrès de l'art.

CHARPENTIERS DE LA PETITE COGNÉE.

C'est ainsi qu'on nommait les ouvriers en menuiserie dans les temps barbares, où ils se servaient de
la petite cognée, et c'est ainsi qu'on les nomme encore,
bien qu'ils ne s'en servent plus. — Le frère Simplicien avait tort lorsqu'il me disait qu'il serait difficile, dans les siècles futurs, de mieux faire que Jean
Bernard. Il aurait dû dire qu'il serait impossible. J'ai
vu en effet à Paris le travail de cet ouvrier et de ses
confrères. J'ai vu de petits escaliers portatifs de trois
pieds de diamètre au plus, en forme de tour ronde,
sculptée, percée à jour. J'ai vu des roues de lutrin,
des directoires à quatre pieds, des cloisons et des
boiseries de lit à dessins grillés, des bancs à dossiers, des chaises, surtout des chaises d'une légèreté, d'une élégance à ne plus rien laisser à
désirer. Il n'est pas possible que jamais le ciseau
fouille plus délicatement, plus gracieusement, les
ornements qui représentent tantôt des têtes de re-

1. Fragment d'orfrai-chape (Cluny, no 3279). — 2. Encensoir (Cluny, no 2324). — 3. Style d'ivoire (Cluny, no 408).

nards, de chiens, de lions,- tantôt de grandes portes, tantôt de grands vitraux. J'ai vu les plafonds, les lambris en bois d'Irlande, qui décorent les beaux appartements. Eh bien, il n'est pas non plus possible que jamais le genre de la décoration puisse montrer plus de richesse, plus de goût. — Les huchers, les bahutiers, les coffretiers, les layetiers, se sont séparés aujourd'hui des charpentiers de la petite cognée.—Division du travail, progrès de l'art ; sous-division, plus grands progrès.

CHARRONS.

Je rencontrai cette année dans la campagne un villageois qui marchait devant sa voiture chargée ; il s'arrêta devant moi et me dit : Frère, apprenez-moi, je vous prie, quel est celui qui a inventé les chars (1). Je

(1) L'usage des chars et chariots date chez nous de très-loin. Les Gaulois connaissaient *l'essède*, char à deux chevaux qui servait à combattre; la *rheda*, chariot à quatre roues, auquel on pouvait atteler huit et dix chevaux ; la *benna*, voiture d'osier, qui servait au transport des bagages et des personnes. Sous les Mérovingiens, on ne se servait plus que de la *basterne*, lourd chariot attelé de bœufs. Du neuvième au douzième siècle, l'usage des chars et des voitures fut perdu à cause du mauvais état des routes. Les transports et les voyages se firent à dos de cheval ou de mulet. Les chevaux de bât se nommaient *ronsins* ou *sommiers*, d'où nous avons fait bêtes de somme; ils ne servaient qu'aux roturiers. Les chevaux de selle, qui ne servaient qu'aux nobles ou aux gens de leurs maisons, se nommaient *haquenées* ou *palefrois*. Les prêtres et les moines se servaient de mules, ainsi que les médecins. Les chars ou chariots reparaissent dans les dernières années du treizième siècle. Voir Eugène d'Auriac , *Histoire anecdotique de l'industrie française*, Paris, 1861, in-18, page 124 et suiv. — L.

n'en savais rien, je l'avoue ; jamais je n'avais fait de
recherches à cet égard. Toutefois, comme il n'aurait
pas été convenable à un cordelier de rester court en
présence d'un rustre, je lui répondis que c'était un
homme qui avait de mauvaises épaules et une bonne
tête. Le villageois me parut satisfait. A mon tour, je
lui demandai quel était dans ce pays le prix du char-
ronnage? Il me dit qu'une bonne paire de roues coûtait trente sous, un essieu vingt deniers, une brouette
huit sous, et le reste à proportion. — On a vu, à l'entrée de la reine Izabel à Paris, un assez grand nombre
de chariots richement drapés, suspendus par des res-
sorts (1). Le ciel nous préserve de la propagation de
ce luxe d'Asie ! — Charron vient de char ou de charrue ; il vient de celui des deux qui est le plus ancien.

CHASUBLIERS.

Aux offices de l'église, les beaux tableaux peints
en soie de mille couleurs dans les grandes croix des
chasubles vous retracent l'antique histoire du même
évangile que chantent les prêtres qui les portent : le
cœur en est réjoui. Qui n'a vu encore, aux grandes
solennités, le chasublier étaler sur les ornements
sacerdotaux les épis de blé, les branches, les feuilles,
les fruits d'or, les oiseaux, les animaux d'or ? — Aux
fêtes funèbres le chasublier n'emploie que deux couleurs, mais qui se heurtent, qui ont un jeu terrible :
le blanc, le noir, le satin blanc, le satin noir, les fils
d'argent, le velours noir. S'il permet à l'or de se
montrer, c'est seulement à l'or pâle et seulement

(1) Lors de son mariage avec Charles VI, en 1383.

pour représenter les squelettes (1), les ossements, les derniers débris que l'homme rend à la terre. — Il est inutile de dire que les ornements assortis, les chapelles, font aussi partie de l'art du chasublier, qu'il en est de même des parements des chaires à prêcher, où sont quelquefois brodés la porte de l'église et l'orme qui l'ombrage (2). — Chasublier, chasuble, *casabula, casula, casa*. Les anciennes chasubles étaient si hautes, si longues, si larges, qu'elles cachaient le prêtre comme s'il eût été dans une case, une petite maison de soie et d'or.

CHAUDRONNIERS.

Si l'ancienneté d'une famille dans l'exercice d'un art donnait la noblesse, celle de Blaise, chaudronnier de notre ville, devrait être noble. Il y a plus de trois cents ans qu'elle bat le cuivre; elle a deux fois changé de nom, car deux fois elle s'est perpétuée par les femmes. — La première fois, le commerce de la maison allait mal ; les pratiques la quittaient une à une. Le père fit venir un garçon de Dinant, et au bout de

(1) Tels étaient les riches ornements funèbres donnés par le duc d'Armagnac aux jacobins de Rodez : je les ai vus, quelques années après la révolution, entre les mains de quelqu'un qui offrit de me les céder pour le poids de l'argent; ma bourse a toujours été fort légère; ces ornements étaient fort lourds : je ne sais ce qu'ils sont devenus.

(2) « Item, ung aultre tapis de parement pour la chaire à prescher, lequel est de tapisserie ; il y a un imaige de saint Gervais et une de saint Protais, et l'orme au milieu. » Inventaire de l'église Saint-Gervais de Paris, de l'année 1488, manuscrit sur parchemin.

quelques années, il lui donna sa fille. Tout le monde sait combien les chaudronniers de Dinant sont habiles. Celui-ci ne fit pas déshonneur à cette ville ; il rétablit en peu de temps la fortune de son beau-père. — La seconde fois, le commerce de la maison languissait encore, et les pratiques la quittaient de même. Heureusement un chaudronnier ambulant du pays d'Auvergne, si renommé pour les ouvrages en cuivre, vint un jour faire entendre son chalumeau ou sifflet d'avertissement(1) près de la boutique du chaudronnier de notre ville. Celui-ci, qui l'avait souvent vu passer et repasser et qui se sentait de l'inclination pour lui, fit semblant d'être furieux. Il alla droit à sa rencontre et lui reprocha de venir lui souffler ses pratiques tout près de son atelier. De paroles en paroles on commençait à s'échauffer, lorsque la jeune fille du chaudronnier de notre ville, instruite par son père, accourut vite à son secours ; elle fit tant par sa douceur et par sa bonne grâce que le chaudronnier ambulant demanda à entrer en explication : la paix se fit et l'alliance suivit de près. Le commerce de cette maison n'a cessé depuis de prospérer. — Je parlai un jour à Blaise, petit-fils du chaudronnier d'Auvergne, de ce beau grand bassin de cuivre, orné de figures faites au marteau, qui fut apporté des croisades. Vous croiriez, lui dis-je, que c'est un bas-relief : les habillements, les proportions des figures y sont d'une exactitude admirable. Blaise me repartit : Ce n'est pas un chaudronnier, c'est un orfèvre qui a travaillé sur cuivre.

---

(1) Les chaudronniers d'Auvergne ne sont pas moins renommés que ceux de Dinant. De toute ancienneté, ils courent le pays avec une espèce de chalumeau appelé sifflet, que Savary compare à la *fistula* des Romains.

ous devons, ajouta-t-il, savoir bien faire des chau-
ières, des chaudrons, des poêlons, des poêles, des
ntaines, des poissonnières, des bassins, des brocs,
, en deçà de la Loire des seaux et des coupes (1) :
oilà tout. Voyez si les vases que je viens de finir
it leurs côtés bien arrondis, s'ils sont bien embou-
s ! Voyez, continua-t-il, s'ils vont en diminuant
galement partout vers leur orifice, s'ils sont bien
etraints ! Je lui donnai les éloges qu'il méritait, et,
1 examinant l'intérieur des vases où l'étain, partout
galement épais, était parfaitement fondu avec le suif
ii le fixait au cuivre, je lui dis qu'il savait parfaite-
ent étamer. — Le cuivre rosette ou cuivre rouge,
l qu'il sort de la mine, se vend six deniers la livre.
e cuivre jaune ou laiton, qui est le cuivre allié avec
calamine, est à peu près au même prix. — Chau-
ronnier, chaudron, chaudière, *caldiera ;* c'est toute
filiation de ce mot.

CHAUFOURNIERS.

Notre manière de cuire la pierre à chaux et les
illoux dans les fours est bien simple ; elle remonte
celle de Vitruve (2), qui remontait sans doute à celle
e la plus haute antiquité. — La construction d'un
ur à chaux coûte environ trois livres. — Chaux

1) Dans l'Auvergne, les plus anciens inventaires mention-
nt des seaux de cuivre et des coupes de cuivre à longues
ieues de fer pour y puiser l'eau. Les chaudronniers d'Au-
rgne ont colporté ces ustensiles dans tout le midi, peut-être
puis les Romains, peut-être avant; ils les y colportent en-
re, et ne cesseront sans doute de les y colporter.
(2) C'est-à-dire au premier siècle de notre ère.

fournier, fournier de chaux, *calcis furnarius*, *calx, furnus*.

COFFRETIERS.

A Bordeaux, la langue, l'accent des Gascons et des Anglais, se sont depuis long-temps mêlés et se mêlent tous les jours davantage (1). J'en eus surtout la preuve un jour qu'en passant j'entendis une dispute entre un coffretier gascon et un bahutier anglais. L'un disait à l'autre : Les bahuts, les malles, les bouges, les arches, ne sont que des modifications des coffres ; ils en viennent tous ; tous en viennent depuis plus ou moins longtemps. Il avait raison. — Le bahutier doit honneur au coffretier. Il avait raison. — Maintenant, pour faire les coffres d'un homme riche, il faut savoir ajuster les planches, les assembler, les clouer, les couvrir de cuivre en dehors, de toile en dedans, les peindre, les dorer avec des ornements, des inscriptions, des devises, les ferrer de plusieurs bandes, de plusieurs pentures et de plusieurs serrures (2). Il avait raison. — Vos bahuts ne sont que de

(1) Des traces de la longue domination des Anglais en Guienne sont encore empreintes, et au quatorzième siècle étaient bien plus sensiblement empreintes dans la langue de ce pays. J'ai deux terriers de 1440, de l'hôpital Saint-Jacques de Bordeaux, qui en latin y est appelé *hospitale Sancti Jacobi*, et en français, l'*hôpital Saint-James*.

(2) Les gens du moyen âge, nobles ou roturiers, lorsqu'ils entreprenaient un voyage, ou se transportaient de la ville à la campagne et de la campagne à la ville, avaient l'habitude de faire voyager avec eux leurs objets les plus précieux. La partie transportable de l'avoir-meuble se nommait *baghe*, d'où nous

grands coffres à couvercle convexe, à quatre ou six
pieds (1), où la bonne compagnie ne s'assied guère, tandis qu'à la cour même elle s'assied volontiers sur des
coffres de cuir blanc, noir, rouge (2). Il avait raison. —
Les coffres sont une des grandes dépenses des marchands, des financiers. Il avait raison. — Les coffres
font la partie la plus importante du bagage des riches
seigneurs, qui, lorsqu'ils partent, lorsqu'ils arrivent,
demandent toujours : Mes coffres suivent-ils ? Mes
coffres sont-ils arrivés ? Apportez mes coffres !
Il avait raison. — Une des grandes branches du travail des arts mécaniques, ce sont les coffres. Une
grande branche du commerce, ce sont encore les
coffres. Il avait raison, il avait encore raison. —
Coffrus, coffre, coffretier, ou plutôt coffrier, si l'u-
sage, qui a aussi raison, ou du moins qui a le droit
d'avoir toujours raison, pouvait toujours être raison-
nable !

avons fait bagage. La *baghe* se plaçait dans un coffre, *coffrum,*
que l'on chargeait sur des chevaux ou des mules. Mais
comme on ne voyageait pas toujours, on donnait au coffre,
quand on restait chez soi, une destination nouvelle, en le plaçant dans les appartements, pour servir de siége. Le *bahut*
n'était, comme le dit Monteil, qu'une variété du coffre, une
caisse d'emballage, une malle de voyage. Les chevaux qui servaient à le porter se nommaient *chevaux bahutiers.* — L.

(1) Cette forme qu'on leur voit dans les miniatures du temps
constitue essentiellement celle du bahut.

(2) Il n'y avait encore que peu de fauteuils et de chaises ; et
cet usage de s'asseoir sur des coffres dans les nombreuses
réunions de la cour s'y était perpétué jusqu'au seizième siècle.
Les coffres étaient couverts de cuir, et ces cuirs étaient coloriés.

CONFITURIERS.

Belle loi à faire! Défendre aux nonnains et aux nonnettes de donner, aux clercs de recevoir, sous aucun prétexte, aucune sucrerie ou confiture. — Autre et plus belle loi! Défendre encore aux nonnains et aux nonnettes de préparer aussi bien et mieux que les confituriers le sucre en table, le sucre blanc, le sucre rouge, le sucre rosat, le sucre orangeat, l'anis, l'écorce de citron, la pâte de roi, le *manu-christi*. — Les confituriers confisent de deux manières : au miel pour les bourgeois, au sucre pour les grands seigneurs. Quand on les paye bien, ils font merveille. — Ce sont ordinairement les épiciers qui vendent les confitures ; aussi, lorsqu'on les demande à la fin des repas, on dit: Servez les épices ! — Confiturier, confiture, *confecta*.

CORDONNIERS.

J'ai dit aujourd'hui au frère Simplicien que je venais de voir un atelier des plus diversifiés, des plus brillants. Vous venez, m'a-t-il aussitôt répondu, de chez un cordonnier. C'était la vérité. Je m'étais arrêté devant une riche boutique remplie de bottines rouges, vertes, noires, blanches, bleues, jaunes, où se trouvaient aussi plusieurs rangées de souliers feutrés, de souliers dorés, de souliers de toutes les couleurs, de toutes les formes. Le maître cordonnier m'a prié poliment d'entrer. Il m'a donné beaucoup de notions sur son art. Il est de Montpellier, c'est dire qu'il est fort habile; il est en même temps fort ins-

truit des convenances; car, avant de me montrer les
chaussures des femmes, il m'en a demandé la permis-
sion. Voici, m'a-t-il dit, des bottes fourrées de gris-
rouge pour les jeunes personnes : couture fine, a-t-il
ajouté, tige mignonne, il le faut. Voilà pour les dames
des *bottes à relever de nuit*, des souliers noirs
escorchés : talon délié, forme de semelle gracieuse,
il le faut encore. J'en avais au moins assez, et je lui
ai dit qu'un de ses confrères avait eu un fils qui était
devenu pape, sous le nom d'Urbain IV (1), et que ce
pontife semblait avoir été glorieux de descendre d'un
cordonnier, puisqu'il avait voulu que la chaire de
l'église de Saint-Urbain de Troyes, où il était né, fût,
aux grandes fêtes, parée d'un tapis représentant la
boutique de son père, avec tous ses instruments. Ce
cordonnier a été si content de savoir qu'il pouvait
être le père d'un pape, qu'il m'a fait présent d'une
bonne paire de souliers de voyage. Comme je ne les ai
pas acceptés tout de suite, il s'est mis à crier, à faire
un bruit épouvantable. Pour bien de paix, j'ai emporté ses souliers ; ils sont excellents et valent bien
quatre sous. Les plus communs se vendent deux sous ;
les souliers pour femmes, dix-huit deniers. — Cordonnier ou cordouanier vient de Cordouan ; Cordouan
vient de Cordoue, ville où est la plus grande fabrique
de cuir qui existe au monde. Malheureusement cette
ville n'est pas en France.

COUTELIERS.

L'étalage des couteliers offre l'histoire assez exacte

---

(1) Urbain IV, élu pape en 1261, mort en 1264.

des progrès de leur art. On y voit les divers genres de couteaux, depuis le couteau à manche de bois, à lame de fer, jusqu'au couteau à manche d'ivoire, de jaspe, d'émail, à lame d'acier fourrée. — La meilleure coutellerie est celle de Toulouse, si toutefois ce n'est celle de Périgueux. — La coutellerie a fait de grands progrès durant les croisades en Orient, où l'on a toujours excellé à forger et à tremper le fer. Les voyageurs parlent d'un prince de ces pays qui fait porter devant lui une hache à manche d'argent hérissée de couteaux. Un hérault marche devant et crie: Laissez passer celui qui tient entre ses mains la vie des monarques et des rois ! Ce prince règne sur un petit peuple nommé les *Assassins* (1). Il a autrefois bien fait parler de lui. Coutelier, couteau, *culter*.

COUVREURS.

Prix de la journée du couvreur : en été, trente-deux deniers ; en hiver, vingt-six. — Nous avons de mauvaises couvertures, celles en bois, celles en chaume ; de bonnes, celles en briques ; de belles, celles en ar-

(1) Nom sous lequel on désignait, à l'époque des croisades, les sectateurs d'Hassan-Sabah, fanatique musulman né en Perse vers 1054, mort en 1124. Les Assassins, après la mort d'Hassan, se placèrent sous les ordres d'un *scheik* ou grand-maître, auquel ils obéissaient aveuglément. Tous ceux que ce *scheik* signalait à leurs coups étaient poignardés sans pitié. En 1090, ils s'établirent dans les montagnes de l'Anti-Liban, et c'est de là qu'est venu le nom de *Vieux de la montagne* donné au chef auquel ils obéissaient à cette époque. Ils furent exterminés vers 1270 par le sultan Bibars, et leur nom désigne encore aujourd'hui ceux qui attentent avec préméditation à la vie de leurs semblables. — L.

doises, en plomb. Nous en avons qui sont à la fois bonnes et belles : ce sont celles en pierres. Le temps n'a ni limes ni dents pour ce genre de couvertures. Voyez celles d'un grand nombre de clochers, de tourelles, de châteaux et de portes des villes. La couleur noirâtre dont elles sont enduites annonce que depuis longtemps elles n'ont plus besoin de la main de l'ouvrier. Aucun édifice de l'antiquité, couvert en ardoises ou en tuiles, ne s'est conservé jusqu'à nous.— Couvreurs, couvertures, *coopertura*.

CUISINIERS.

L'art de la cuisine, avec son innombrable cortége de sauces au jus, au poivre, à la cannelle, à l'ail, à la ciboule, à la cervelle, encore grossi par celui des purées, des brouets, des ragoûts, triompha surtout aux noces de notre jeune roi Charles VI, où il couvrit, la grande table de marbre noir du Palais de cent mets préparés de cent manières différentes. Les bons médecins ne proscrivent pas l'art de la cuisine ; plusieurs d'entre eux daignent même en écrire des traités. — Les bons théologiens ne le proscrivent pas non plus ; cependant les gens peu éclairés le regardent comme un obstacle au salut. Je me souviendrai toujours d'un frère convers qui, par un zèle indiscret, voulait non-seulement se mortifier, mais encore que tous les cordeliers du couvent se mortifiassent. En conséquence, il faisait le plus mal qu'il pouvait la cuisine de la communauté. Il fut tenu un chapitre : on le condamna à cinquante coups de discipline ; plusieurs frères opinaient pour cent. Cuisinier, cuire, *coquus, coquere*.

DISTILLATEURS.

Depuis trois ou quatre mille ans les hommes mettaient de l'eau en ébullition dans des vases ; par conséquent, depuis trois ou quatre mille ans ils avaient
vu les vapeurs élevées par le feu s'attacher au couvercle. Ce n'est que dans ces derniers âges qu'ils ont
imité l'opération de la nature, découvert la distillation (1). Aujourd'hui nous distillons *per ascensum* et
per descensum (2), et de plus nous distillons les distillations. Aux derniers siècles on avait trouvé l'eau-
de-vie (3) ; nous avons trouvé l'esprit de vin (4). —
Distillateurs, distillations. Les Latins, les Grecs, ne
connaissaient pas la chose; ils ne pouvaient connaître
le mot.

DOREURS.

J'entre dans une église, je vois un autel de plan-

(1) Les Arabes sont les plus anciens auteurs qui aient parlé
des opérations de l'art de distiller.

(2) Formule des anciens alchimistes.

(3) L'eau-de-vie n'était à l'origine qu'une sorte de panacée à
laquelle on attribuait le don de rajeunir les vieillards et de
prolonger l'existence. La vente et la fabrication en furent ré-
glées pour la première fois par une ordonnance de 1514. Le
commerce auquel elle donna lieu ayant pris une grande extension, elle fut soumise à l'impôt en 1659, et déjà à cette date,
elle occasionnait de si graves désordres que dans plusieurs villes les magistrats municipaux en interdirent la vente, et défen-
dirent même aux cabaretiers d'en boire. — L.

(4) Certains médecins ont cru voir dans la distillation et les
rectifications de l'*Antidotaire*, de l'*Alchimie* d'Arnaud de Villeneuve, ainsi que dans son *Traité de la conservation de la jeunesse*, la découverte de l'esprit de vin.

ches, un retable de chêne, des colonnes de hêtre, des saints de peuplier; je reviens quelques jours après, je trouve cette église toute brillante d'or. Il a suffi d'une légère couche d'apprêt passée sur ses boiseries, d'un peu de mercure et d'un peu d'or, moindre qu'une petite amande. Le battage de l'or en feuilles est un miracle des arts; la dorure un autre miracle (1). *Dare aurum,* par contraction *deaurare,* dorer, d'où l'on a fait doreur.

ÉMAILLEURS.

Après avoir traversé un grand nombre de montagnes et de précipices, après avoir voyagé plusieurs jours dans de vastes forêts de châtaigniers, j'arrivai enfin à Limoges. Je vis travailler les célèbres émailleurs de cette ville. Je n'eus de regret ni à mon temps ni à mes fatigues. Les émaux de Limoges méritent leur célébrité; ils ajoutent infiniment aux prix des vases d'argent et d'or; ils donnent la supériorité à notre orfévrerie. — L'émail a été connu de la plus haute antiquité. On le trouve mentionné dans les livres hébreux. Il l'est aussi dans l'histoire de Pline. Cet ancien naturaliste en donne la composition : elle consiste en verre calciné, combiné avec des métaux. Mais l'art était encore loin de ce qu'il est aujourd'hui. Bien que les objets ne soient peints que d'un petit nombre de couleurs, ils font une illusion complète. Les émaux de Limoges, comme ceux de Montpellier, ont, sui-

(1) Depuis l'invention de la peinture à l'huile, la dorure a subi d'heureuses modifications. Celle du quatorzième siècle, dont il s'est conservé quelques restes, était à peu près celle de Vitruve ou de Pline.

vant moi, un grand défaut : l'exécution en est en général supérieure, et, par cela même, ils ne sont pas assez appréciés. Quelles exclamations à la cour de Clovis, et même à celle de Charlemagne, si l'on y eût apporté les joyaux émaillés de nos plus petites bourgeoises ! — Émailleurs, émail, *smalto* en italien, *maltha* en latin.

ÉPINGLIERS.

Comme les aiguilles, les épingles sont vendues par paquets ou goumes de six milliers.— L'épinglier coupe les fils de fer et de cuivre ; il les redresse, il les affûte, il les garnit d'une tête ; il fait ces belles épingles qui attachent les vêtements des dames. La villageoise prend les siennes sur les prunelliers, sur les grands buissons. — Épinglier vient d'épingle ; ce mot ne vient ni de l'hébreu ni du grec ; s'il ne vient de *spina*, épine, je ne sais d'où il vient.

FONDEURS.

Je connais un fondeur de cloches incomparable, un artiste français : c'est Jean Jouvence. Il a trouvé des proportions et des formes admirables. De ses moules sont sorties la cloche du Palais (1), la cloche de l'horlo-

(1)   « Charles roys voulut en ce clocher
  « Ceste noble cloche accrocher,
  « En joy, pour sonner chascune heure,
  « La datte est ez troys vers dessus;
  « Par Jehan Jouvence fus moullée
  « Qui de tel art eust renommée. »
Cette inscription était à l'horloge du Palais, qui fut fondue

ge de Montargis, et plusieurs autres fameuses cloches.
— La beauté du son ne dépend pas entièrement des
formes ; elle dépend encore du mélange du cuivre et
de l'étain, du cuivre et de l'argent. Jouvence a été
aussi très-savant et très-heureux dans ces mélanges.
— Nous avons plusieurs genres de cloches : les cloches de clocher, ou simplement cloches ; les cloches
d'assemblées municipales et populaires, de ban, ou
ban-cloches ; les cloches d'alarme, d'effroi, ou beffroi ;
les cloches du soir, pour annoncer l'heure où l'on couvre le feu ou couvre-feu (1). L'ancien bedeau de Saint-
Gatien disait souvent : Babylone, Athènes, Carthage,
Rome, qui n'avaient pas de cloches, devaient être
de fort drôles de villes ! et il se mettait à rire à gorge
déployée. Suivant la tradition, saint Paulin, évêque
de Nole, les a le premier introduites dans le culte de
l'Église, pour annoncer les offices, et, comme le disent
les exorcistes, pour chasser les démons. — L'art
de fondre les croix, les chandeliers, les ornements,

pendant la révolution; le temps en avait déjà effacé une partie,
car la date, qu'on croit être de 1371, manquait.

(1) Le droit d'avoir une ou plusieurs cloches pour convoquer
le peuple en assemblées communales, l'appeler aux armes aux
approches de l'ennemi, annoncer les incendies et les supplices,
était l'un des attributs les plus importants des communes du
moyen âge. Ces cloches étaient placées dans un édifice particulier, nommé beffroi, qui servait aussi de prison aux individus condamnés par les justices municipales. Les communes ne
pouvaient avoir cloches et beffroi qu'en vertu d'une autorisation des grands feudataires dans la seigneurie desquels elles
étaient placées : cette autorisation n'était valable qu'autant
qu'elle était ratifiée par les rois. Le plus souvent, elle émanait
directement des rois eux-mêmes, et quand la commune était
abolie pour cause de forfaiture, le roi confisquait les cloches
ou les faisait briser. — L.

n'est pas demeuré au-dessous de celui de fondre les cloches. Nos fondeurs, ceux de Limoges à leur tête, excellent en tout. — Fondeur, fondre, *fundere.*

FOURNIERS.

Les ordonnances prononcent de grosses amendes contre les fourniers qui ne font pas assez cuire ou qui font trop cuire le pain. Donner au pain le degré de cuisson convenable, le dorer par l'action du feu, n'est pas très-aisé. Les bons fourniers ont dû toujours être rares. Une chose à voir à Paris, le lundi matin, au point du jour, c'est le grand nombre de fourniers placés sur le pas de leur porte, le corps penché dans la rue, l'oreille attentive pour entendre le premier coup de matines, après lequel il leur est permis de rallumer leur four. — Fournier, four, *furnus* (1).

FOURREURS.

Je me suis laissé faire une petite histoire, que tout le monde aujourd'hui croira vraie, que personne au-

(1) La féodalité, qui s'emparait de tout, avait érigé en droit seigneurial le droit de faire cuire le pain ; de là est venu dans un grand nombre de seigneuries l'établissement des *fours ba-naux* où les habitants étaient tenus de porter leurs pains en pâte. Le seigneur prélevait le seizième du pain plus un droit nommé *fourniage.* Un certain nombre de villes et de bourgs s'affranchirent de la *banalité*, lors de l'établissement des communes, d'autres s'en rachetèrent; mais malgré de nombreuses protestations, la dixième partie environ des paroisses de la France était encore soumise à la *banalité* et au *fourniage* en 1789. — L.

trefois n'aurait crue vraisemblable. Un fourreur de
Paris avait deux filles. Il assigna leur dot sur le prix
d'un habillement fourré complet que lui devait un brillant et riche seigneur. Ces deux filles se sont très-bien
mariées, et elles ont été très-bien dotées, quoique le
seigneur doive encore le chaperon, car rarement
les seigneurs payent tout. — Il y a un prédicateur célèbre, mon grand ami, qui, dans le cours de
ses sermons, a échoué contre les fourrures. Je ne dis
pas que notre siècle en a le goût, je dis qu'il en a la fureur; aussi l'art s'est-il élevé à un très haut degré, et
s'élève-t-il encore. Celui-là seul qui a payé des habillements fourrés complets sait aussi bien que le fourreur qu'il faut pour le grand manteau trois cents martres, dos ou côtés, et six cents petits-gris fins; qu'il
faut pour la grande robe de cérémonie deux mille sept
cents ventres de menu vair (1); qu'il faut pour une robe
à relever de nuit deux mille sept cents dos de menu
vair; qu'il faut pour la cloche jusqu'à neuf cents, jusqu'à mille ventres; enfin, qu'il faut pour le surcot
clos, le surcot ouvert, le chaperon, six cents ventres,
cinq cents ventres, quatre-vingt-dix ventres (2). Mais

(1) Le vair, que l'on distinguait en menu vair et en gros vair,
était un assemblage de petits morceaux de peaux d'hermine et
d'une espèce particulière de belettes nommées *gris*. Le vair
tirait son nom de la variété des peaux dont il était fourni, *pellis
varia*. Dans le menu vair, les teintes foncées des peaux qui
tranchaient sur le fond étaient très-nombreuses, très-rappro-
chées et par conséquent plus petites. Dans le gros vair, elles
étaient beaucoup plus clair-semées. — L.

(2) Dans le compte de l'hôtel du roi, année 1404, le plus
fort chapitre des dépenses est celui de l'orfévrerie; il se porte
à quatre mille cinq cents livres. Vient ensuite celui des fourrures, qui est de quatre mille deux cents livres. — Suivant

comment un homme peut-il porter ou traîner tant de peaux de bêtes ? Ah ! l'orgueil, l'habitude, les devoirs de rang, de dignités, sont bien forts ! — Mettre, mettre avec art, mettre beaucoup, en grande quantité, en grand nombre, fourrer, fourrure, fourreurs, *fourare, fourura* : ici le latin est évidemment venu du français.

FROMAGERS.

Les meilleurs fromages sont ceux de France, et les meilleurs fromages de France sont ceux, non de Brie, comme le veut le proverbe, mais de Roquefort, comme le veut la vérité. Ces fromages étaient connus du temps des Romains. On me dit un jour que les habitants de Roquefort avaient un secret (1). Je répondis que leur secret était sans doute d'avoir de grandes et belles vaches, qui paissaient dans de gras et vastes pâturages. On me dit que Roquefort était un pauvre village, situé dans un canton sec et stérile de la province de Rouergue, et qu'au lieu de vaches il n'y avait que des brebis et des chèvres. Si cela est exactement vrai, il pourrait alors se faire que l'excellence de ces fromages fût due à quelque ancien secret que les fromagers de Roquefort possèdent traditionnellement pour leur donner ce marbré, ce piquant, cette finesse qui les fait rechercher depuis longtemps. Les

l'ancien dictionnaire de Furetière, la houppelande était le grand manteau.

(1) Au quatorzième siècle, les traités des arts mécaniques étaient considérés comme des secrets.

perfectionnements des arts sont des secrets patrimo-
niaux que les inventeurs transmettent à leurs descendants (1). Aujourd'hui, les fabriques ne fleurissent
que par leur vigilance à garder leur secret ou leurs
secrets ; les secrets sont l'âme, la vie des arts. —
fromagers, fromages , *fromagium, forma,* forme.
On moule ordinairement les fromages dans des
formes.

GANTIERS.

A proprement parler, les gantiers ne sont que des
tailleurs de peaux ; ils ne mégissent ni ne tannent ;
ils taillent, ils cousent, ils brodent. Le prix de certains genres de gants m'a paru assez curieux.

Tout le monde sait que la paire de gants blancs
communs ne coûte guère que quatre deniers ; que la
paire de beaux gants de chien tanné, à sangle, à
houpe et à fraise, coûte douze fois plus, quatre sous ;
que la paire de gants de chevrotin cendré, brodés,
houppés, fraisés, coûte six sous. Mais tout le monde
ne sait peut-être pas que la paire de gants de chamois,
senestres, pour porter l'oiseau, coûte seize sous ;

(1) Une famille de peintres vitriers de Paris se vantait encore, à la fin du dix-septième siècle, de posséder exclusivement
les meilleurs procédés de la peinture sur verre. On sait que le
secret de l'encre rouge, dite de *petite vertu*, était depuis le
quatorzième siècle une propriété patrimoniale.

Les fabricants regardaient comme accroissement de la valeur de leur fabrique les découvertes des perfectionnements.
Aussi étaient-ils toujours attentifs à les cacher, et les traités
des arts mécaniques n'ont-ils guère porté, depuis le grand
Albert jusqu'au dix-septième siècle, que le titre de *secrets.*

que celle de chamois pour porter l'épervier coûte vingt-quatre sous; et, enfin, que celle des grands mouffles de chamois, brodés, fourrés de martre, pour porter le faucon, coûte neuf livres, autant que douze setiers de blé. — L'habillement des mains, appelé par les Flamands les souliers des mains, par les Hébreux les maisons des mains, a dû être un des derniers en usage, et probablement un des derniers perfectionnés. — De *vagina*, gaîne, gant, gantier.

HORLOGERS.

Depuis longtemps on connaît les horloges à roue et à timbre; mais c'est notre siècle qui les a construites dans de grandes proportions (1); c'est notre siècle qui les a placées au haut des tours, d'où le son des heures, se répandant majestueusement au loin, devient, pour ainsi dire, la voix du temps. — On a agrandi les petites horloges à un point qu'il sera, je crois, impossible de dépasser. — A cause de la statique et de la mécanique, qui sont des sciences cléricales que doivent connaître les horlogers, on devrait admettre ceux des églises dans le clergé, et leur accorder les priviléges de clerc. — Horloger, horloge, *horologium, horo-logos*, discours sur les heures. Il aurait mieux valu dire *horarium*, horaire, machine à heures.

(1) De même que l'artillerie, qui a fini par de petits pistolets, a dû commencer par de gros canons, l'horlogerie, qui a fini par de petites montres, a dû commencer par de grosses horloges au siècle où pour la première fois les horloges ont été d'un usage général.

MAÇONS.

Je n'entends parler ici ni des maçons-architectes ni des maçons-statuaires, mais seulement des maçons qui taillent les pierres et des maçons qui bâtissent. Je n'ai que des éloges à leur donner. — Les maçons qui taillent les pierres ont fait preuve de la justesse de leur coupe par la précision avec laquelle ils ont élevé leurs voûtes hardies, leurs grandes arcades, surtout leurs hautes tours bâties sur des trompes, qui portent, pour ainsi dire, en l'air (1), et qui n'en sont pas moins solides. Les édifices de Saint-Nicaise et de Saint-Ouen excitent d'abord l'admiration et ensuite l'enthousiasme. — Les maçons qui bâtissent en pierre ordinaire ont fait dans leur genre d'aussi belles preuves. La pierre qu'ils emploient est parfaitement mûre; leur ciment, qui est composé de chaux, de sable et de tuileaux, dans des proportions un peu différentes de celles de Vitruve, est excellent. Les dimensions de leurs murs sont les derniers efforts de la géométrie pratique. On cherche aujourd'hui là maison de Scipion, de Marius, de Pompée, de Cicéron, de César; on ne cherchera pas la maison des seigneurs d'Armagnac, des seigneurs de Lusignan, des seigneurs de Montargis, des seigneurs de Montlhéri. — Le pied carré de la pierre de taille vaut un sou; la toise de maçonnerie vaut huit sous. — En été, on a un maçon à trente deniers par jour, et en hiver à

_____

(1) On voit encore à Paris, et dans un grand nombre d'autres villes, plusieurs de ces tours ou tourelles portant sur des trompes.

dix-huit. — Maçon, *macio, machio, machina*. Pour élever leurs édifices, les maçons se servent d'un grand nombre de machines.

MARÉCHAUX.

Un matin que je passais dans un village assez éloigné de la ville, je fus prié d'attester la vérité par un marchand qui, sur le pas de la boutique d'un maréchal-ferrant, disait: Je ne dois vous payer que suivant l'ordonnance ; les fers de roussin et de palefroi en fer d'Espagne sont à dix deniers, et en fer de Bourgogne à neuf; les plus grands fers des chevaux de harnois sont à sept deniers, et les autres à six. Le marchand avait de son côté la loi et la raison ; mais le maréchal avait du sien un grand marteau, un grand bras, et il était chez lui: force fut au marchand de payer. Que pouvais-je y faire? — A Bourges, les maréchaux-ferrants doivent donner tous les ans aux maréchaux de France huit fers et huit clous. — Le maréchal des écuries royales dérogerait à son rang s'il ferrait les chevaux des équipages ; il ne ferre que les chevaux montés par le roi. — Maréchal vient de deux mots allemands, *mur,* cheval, *schalek,* serviteur. En ce cas, les chevaux sont comme les hommes, ils sont quelquefois assez mal servis.

MÉGISSIERS.

L'art de mégisser les peaux de mouton ou d'agneau consiste à les débourrer au moyen de la fermentation ou confit, à les assouplir par diverses pâtes de farine et d'œufs, c'est-à-dire à les habiller, ensuite à les teindre. Or, comme l'ouvrier est alors souvent obligé de plonger les peaux dans diverses eaux ou dans divers liquides préparés, on a donné à son art le nom de mégisserie : *mergere*, plonger. — La peau de mouton, avant d'être travaillée, se vend deux sous. — Défense, de par le roi, aux mégissiers, d'acheter des peaux sans avoir auparavant vu la bête. L'ordonnance craint avec raison que la maladie se communique aux hommes par le contact d'un cuir originairement infecté.

MEUNIERS.

Longtemps on mangea cru le blé qu'on avait découvert dans les grandes friches du monde nouvellement créé. Longtemps ensuite on l'écrasa entre deux pierres. Enfin on le broya entre une meule fixe et une meule tournante : invention du moulin à bras. On fit tourner cette dernière meule par le courant des rivières : invention des moulins à eau. On la fit tourner par l'action de l'air : invention des moulins à vent. (1)

(1) Les moulins à eau datent du sixième siècle, les moulins à vent de la fin du douzième. Les moulins, comme les fours, furent accaparés par les seigneurs. Si quelque manant s'avisait de construire un moulin sur la terre du seigneur, celui-ci pouvait le faire abattre et saisir les grains et les farines qui s'y trouvaient. Si le manant allait faire moudre ses grains ailleurs que chez son seigneur, celui-ci pouvait confisquer le blé, la farine, et quelquefois même le cheval et la voiture du délinquant. La banalité des moulins subsistait encore dans la dixième partie du royaume en 1789; et telle était en certaines provinces la tyrannie des seigneurs baniers que dans la Bretagne, au

L'invention des moulins à eau touche à l'ère chrétienne ; celle des moulins à vent touche à nos âges. — L'ordonnance ne parle pas très-charitablement des meuniers. Elle dit que le blé sera pesé à son entrée au moulin, et que le meunier rendra poids pour poids. — Ordinairement elle accorde au meunier douze deniers pour un setier de blé, ou un boisseau ras. — Les moulins sont distingués en moulins blancs, moulins à froment, et en moulins bruns, moulins à seigle. — Outre les moulins à blé, nous avons les moulins à écorce, les moulins à huile, les moulins à foulon. C'est le même mécanisme. — Meunier, moulin : *molinus*, *molere*, moudre, broyer.

MINEURS

Le fer abonde dans la Normandie, la Bourgogne, le Dauphiné et le Languedoc. L'or, l'argent et le cuivre s'offrent en assez grande quantité dans les montagnes du Cantal et des Cévennes. Il en est de même du plomb dans le Beaujolais, où les seigneurs ont établi des officiers publics sous le nom de gardes des mines. Il me semble que la part donnée au roi et au seigneur sur le produit des mines est bien grande ; si elle l'était moins, la terre serait mieux fouillée, et il y aurait une plus grande quantité de métaux dans la circulation. — De tous les temps, l'or de l'Europe s'est écoulé aux Indes par une pente qui, de jour en jour, devient plus rapide ; de jour en jour, la consom-

dix-huitième siècle, les paysans, pour se soustraire aux charges que leur imposait la banalité, employaient des moulins à bras comme dans la Gaule romaine. — L.

XIVᵉ SIÈCLE

Peigne en ivoire. — Adoration des Mages. — 1/5 de la grandeur.
Cluny. — Nᵒ 1817.

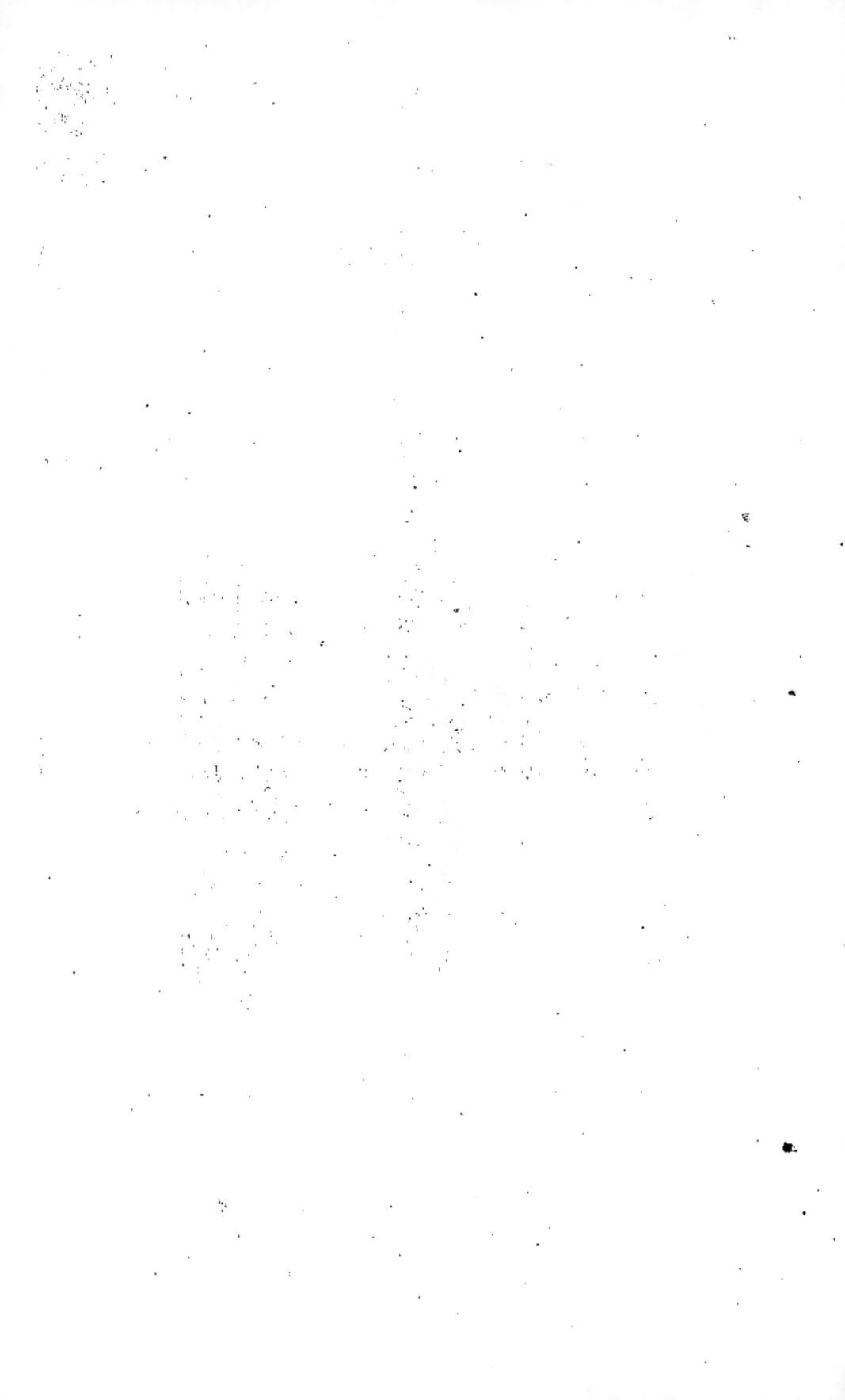

mation des épices devient plus grande. Qu'importe du reste, si l'alchimie nous tient les promesses qu'elle vient de nous faire sur l'universelle transmutation des métaux en or. Nous aurons assez d'or tant que nous aurons assez de fer. — Mineur, mine, *mina*.

MIROITIERS

Jamais cordelier n'a parlé de l'art de faire des miroirs; je ne serai pas le premier. Ainsi, bien que je sache comment on fait aujourd'hui ces jolis miroirs garnis en ivoire, à peignes et à brosses, je me garderai bien de le dire. Je remarquerai seulement l'admirable propriété qu'a la surface de l'argent ou du fer poli, surtout du verre derrière lequel on a appliqué une feuille d'étain, de renvoyer aux yeux de celui qui la regarde l'image des objets qui lui sont présentés. — Miroitiers, miroirs. On dit que le nom de miroir vient de *mirari*, parce que les femmes s'y admirent. Je crois cette étymologie assez vraie, mais je ne m'en soucie guère.

ORFÉVRES

Inventoire général des joyaulx du roy Charles le quint : vingt couronnes d'or ; — dix chapels d'or ; ung frontier de la royne Jéhanne de Bourbon, garni d'or ; — une coeffe garnie de perles ; — unze paires de boutonnières ; — item quatre boutons chacun de six grosses perles et un saphir au milieu ; — la grande nef d'argent, qui fu du roy Jéhan, à deux chasteaux aux deux bouts et à tournelles tout en tour, pesant soixante-

dix marcs ; quarante-trois cueillères et fourchettes
d'or (1), guarnies de pierreries ;—deux très grants flacons d'argent dorés, à imaiges enlevées des neuf preux,
pesant quatre-vingt-dix-sept marcs ; — item l'annel
des vendredis ; —deux chandeliers d'or appelez mestiers ; — item un grant bible, bréviaires, messels. —
Y a de plus des coupes, pots, pintes, aiguères et gou-
belets de cristal et des joyaux d'argent, chasteaux, se-
raines, chevaux. Certes, l'argenterie de ce prince devait être un bel étalage, ou, si vous voulez, une belle
fenêtre d'orfévre. — J'ai vu l'argenterie du feu dauphin Humbert, qui était encore une autre belle fenêtre d'orfévre. L'inventaire latin de cette argenterie
porte un beau gobelet de vermeil, à coupe de jaspe,
orné de six peintures, avec cette devise écrite sur le
couvercle : *Decus aulæ, pignus egenti* (2). Assurément,
si le dauphin avait emprunté sur ce gobelet, on aurait
pu, sans avoir rien à risquer, lui prêter une somme
bien considérable. Dans le corps de ce même vase
était écrite cette autre devise : *Hic scyphus argenti
dat bis duo vina bibenti* (3). Il donnait aussi deux plai-
sirs, et le plus grand n'était pas celui de boire. —
J'ai vu encore l'orfévrerie que la ville de Paris offrit
à notre jeune roi et à notre jeune reine le jour de leurs

(1) A ma connaissance, il n'est guère que cet inventaire où
il soit fait mention des fourchettes. Les personnages des miniatures portent le morceau à la bouche avec le couteau.

(2) Ornement de cour, ressource pour ceux qui n'ont pas d'argent.—Ces mots *pignus egenti* expriment une vérité. Dans ces
temps, les princes eux-mêmes mettaient souvent leurs effets en
gage chez les usuriers ; les comptes du dauphin Humbert II en
font mention plusieurs fois.

(3) Cette coupe d'argent donne deux fois deux espèces de vins
au buveur.

noces. — **J'ai vu** encore l'orfévrerie de la cour, l'orfévrerie de table, l'orfévrerie des livres, l'orfévrerie des
habits ; j'en ai les yeux encore éblouis. — Que je
marque rapidement les progrès de cet art : Or épuré
jusqu'à dix-neuf carats. — Argent doré avec autant de
pureté que d'éclat. — Argent, or plaqué, avec autant
de solidité que de goût. — Perles, diamants et pierreries, semés toujours par la main des Grâces. —
Sculpture, ciselure, gravure. — Enfin, imitation parfaite, même des formes humaines. Il y a quelque
temps que je faisais des visites fréquentés chez un orfévre. Des méchants crurent qu'elles avaient un but
moins innocent que celui de connaître les arts ; ils
laissèrent percer leurs soupçons. Le frère gardien
alla chez l'orfèvre, et s'assura qu'il n'avait ni épouse,
ni fille, ni sœur, ni servante. La vérité est cependant
que j'allais y voir une femme, mais c'était une femme
d'argent, une châsse de sainte, et de quelle sainte
encore ? de sainte Procule, que mille bœufs ne purent
traîner au lieu de prostitution. Le travail de l'orfévre
était admirable ; je dis admirable parce que je ne puis
dire plus. — *Auri faber*, or-fèvre, orfévre (1).

(1) Lorsqu'on parcourt les anciens inventaires des maisons
nobles, on est frappé de la quantité d'argenterie et d'orfévrerie
qui s'y rencontre, et l'on se demande comment de pareilles
richesses pouvaient s'accumuler dans les familles nobles ; mais
ce fait s'explique de lui-même, quand on examine la situation
économique du moyen âge. Le commerce était interdit à la noblesse par ses préjugés de caste. Les affaires de banque et de
placement étaient faites exclusivement par les juifs et les Lom-
bards. Les rentes sur l'État et les valeurs mobilières n'existaient
pas ; la noblesse ne savait comment placer son argent, elle l'employait en vaisselle de table, et c'était là pour elle une sorte
de caisse d'épargne, improductive il est vrai, mais avec laquelle
elle pouvait toujours battre monnaie, soit par des ventes, soit

OUBLIEURS.

Un homme de ce métier me contait un jour ses peines : Mon frère, c'est dans le carnaval, au cœur de l'hiver, que nous gagnons quelque chose. Le couvre-feu a sonné ; il est sept heures du soir ; il gèle à pierre fendre ; le vent et la neige blanchissent les maisons. Voilà le bon moment pour remplir notre cofin d'oublies, le charger sur les épaules et aller crier dans les rues : Oublies ! oublies ! Les enfants, les servantes, nous appellent par les croisées ; nous montons, souvent nous ignorons que nous entrons chez des juifs, et nous sommes condamnés à l'amende. Quelquefois il se trouve d'enragés jeunes gens qui nous forcent à jouer avec nos dés argent contre argent ; on nous met encore à l'amende. Le jour, si nous amenons avec nous un de nos amis pour nous aider à porter notre marchandise, si nous étalons au marché à moins de deux toises d'un autre oublieur, à l'amende, à l'amende. On dit d'ailleurs et l'on croit assez communément qu'il suffit de savoir faire chauffer un moule en fer et d'y répandre de la pâte pour être maître oublieur ; ah ! comme on se trompe ! Écoutez le premier article de nos statuts. « Que nul

par des emprunts sur gages. Cette vaisselle, qu'elle exposait sur des étagères nommées *dressoirs*, lui servait d'ailleurs à constater son rang, car on sait que les nobles seuls étaient autorisés à faire usage de vaisselle d'or ou d'argent, et que le nombre plus ou moins grand des pièces d'orfèvrerie qu'ils pouvaient posséder se réglait d'après leur titre et la place qu'ils occupaient dans la hiérarchie féodale. — L.

ne puisse tenir ouvrouer ni estre ouvrier, s'il ne faict en ung jour au moins cinq cens grandes oublées, trois cens de supplications et deux cens d'estrées. » Tout cela revient à plus de mille oublies ; or, pour les faire dans un jour, même en se levant de bonne heure, il faut être très-exercé, très-habile, très-leste. Je dis à ce bonhomme que tous les états étaient sujets aux peines, aux injustices ; que chacun en avait sa part. Il en convenait bien, mais il se plaignait que la part du sien était trop grande. — Oublieur vient d'oublie ; oublie vient d'oublier: Véritablement ces gâteaux sont si légers, qu'un moment après qu'on les a mangés, on ne s'en souvient plus, on les oublie.

OYERS.

Vous êtes près de vous mettre à table, le dîner suffit tout juste à la petite famille ; survient un ami, il en survient plusieurs : à l'instant on va chez l'oyer chercher un plus ample dîner. Cela n'est-il pas commode ? Au contraire, vous n'avez pas de ménage, vous ne voulez pas tenir maison : eh bien, vous allez manger chez l'oyer. Cela encore n'est-il pas commode ? — Il est défendu aux oyers de rôtir de vieilles oies, de cuire des viandes malsaines, de faire réchauffer les plats de légumes ou de potages portés en ville, de faire réchauffer deux fois la viande, de garder la viande plus de trois jours, le poisson plus de deux. En cas de contravention, ils sont condamnés à l'amende et leurs mets sont brûlés publiquement devant leur porte. Oyer vient d'oie ; autrefois les oyers se bornaient à faire rôtir des oies. On veut que le mot oie vienne d'*anser*. Puisqu'on le veut, je le veux bien.

PAPETIERS.

Aux livres de pierre ont succédé les livres d'écorce ; aux livres d'écorce, les livres de lames de bois enduites de cire, dont l'usage, dans plusieurs églises, s'est perpétué jusqu'à nous (1) ; aux livres de lames de bois enduites de cire, les livres de cuir (2), les livres de parchemin, les livres de papyrus, les livres de papier chiffon de soie, les livres de papier chiffon de coton ; enfin les livres de papier chiffon de chanvre (3). Couper les chiffons, les faire tremper, les réduire en pâte, diviser cette pâte en feuilles, au moyen d'un instrument fait en claire-voie de fils d'airain, coller ces feuilles avec de la gomme, c'est à quoi se réduit l'art du papetier, que l'esprit humain n'a trouvé qu'après cinq mille deux cents ans d'observations et d'essais. Depuis que nos papetiers ont donné aux sciences des ailes si légères, à quel haut point ne se sont-elles pas élevées (4) ? Papetiers, papier, *papyrus*.

PARCHEMINIERS.

L'homme, ayant rencontré la brebis errant comme

(1) A l'abbaye de Saint-Germain-des-Prés, on écrivait encore, au quatorzième siècle, les événements de l'année sur des tablettes enduites de cire. Dupré de Saint-Maur, dans son Essai sur les monnaies, cite souvent les tablettes de cire de l'abbaye de Preuilly.

(2) On sait que les livres de Zoroastre furent écrits sur douze cent soixante peaux de bœuf.

(3) C'est vers le treizième siècle que le papier chiffon de chanvre a commencé à être en usage.

(4) Voir au quinzième siècle les passage relatifs à l'imprimerie.

lui sur la terre, la caressa, la flatta, l'emmena, lui fit un toit, lui porta de l'herbe, la soigna ; mais bientôt après il lui demanda son lait, ensuite sa laine, ensuite sa chair ; il se servit ensuite de sa graisse pour s'éclairer ; enfin il écrivit sur sa peau. Les procédés pour préparer les peaux de brebis, de mouton, d'agneau et pour en faire du parchemin, ne sont pas très-difficiles. Il ne s'agit que de nettoyer ces peaux, de les débourrer, de les amincir en leur donnant plusieurs façons avec un couteau à deux manches, à deux mains, enfin de les lisser. La manière de préparer les peaux de veau ou le vélin est à peu près la même. — Nos ouvriers en parchemin sont très-habiles ; nos ratisseurs de parchemin ne le sont pas moins. Il y a tel parchemin qui a été ratissé trois, quatre fois, qui a successivement porté les **vers** de Virgile, les controverses des Ariens, les décrets contre les livres d'Aristote, enfin les livres d'Aristote (1). Le parchemin est comme un bon homme qui est toujours de l'avis du dernier qui parle. — A mesure que le nombre des papetiers augmente, celui des parcheminiers, et surtout celui des ratisseurs, diminue. — Parcheminier, parchemin, *Pargamenus.* On dit que c'est à Pergame, ville d'Asie, que l'art de faire le parchemin a été inventé.

PARFUMEURS.

Je croyais que tous les parfums, tous les cosmé-

---

(1) C'est sur les anciens parchemins des manuscrits de théologie ou de philosophie, mal ratissés, que les savants ont lu des fragments d'auteurs de l'antiquité, qui n'ont été retrouvés que là.

tiques, se trouvaient dans le traité *De ornatu mulie-rum* par Arnault de Villeneuve (1). J'en ai vu un bien plus grand nombre dans la boutique d'un riche parfumeur de la grande halle. Ce lieu m'a paru comme un atelier où le diable ne cessait de travailler pour les femmes ou plutôt contre les femmes, et malheureusement, jamais les arts n'ont fait autant de progrès, jamais le diable n'a été aussi habile. — Les odeurs frappent surtout l'odorat par la fumée. *Per fumum,* par fumée, parfum, parfumeur.

PATENÔTRIERS.

L'art du patenôtrier est un état saint : qui fait prier, prie. C'est aussi un état riche : les patenôtriers fabriquent des chapelets de verre, d'ambre, de corail, d'or, de pierreries. C'est même quelquefois un état qui donne de hautes relations. Il y a tel patenôtrier qui est connu de toutes les belles dames, de tout le beau monde de Paris. Il y en a tel autre qui l'est de toute la cour, qui a ses entrées chez le roi, chez les princes et chez les grands de l'État. — Pâtenôtrier, pâte-nôtre, *Pater noster,* la prière par excellence.

---

(1) Arnault de Villeneuve, alchimiste du treizième siècle, a fait connaître à ses contemporains les procédés de distillation dont il avait probablement trouvé la recette dans Dioscoride. On lui attribue la découverte de l'essence de térébenthine. Forcé de quitter la France pour avoir dit que les œuvres de charité et de médecine étaient plus agréables à Dieu que la messe, il se retira en Sicile, mais le pape Clément V, plus indulgent que les théologiens de Paris qui l'avaient exilé, l'appela près de lui, pour le soigner. Il mourut pendant le voyage, en 1214. — L.

PATISSIERS.

Nous avions à Reims un petit clerc de sacristie nommé Perrot; c'était bien le plus grand gourmand qui fût jamais entré dans nos cuisines. Fatigué d'entendre des plaintes sur son compte, le gardien le renvoya; mais bientôt après, touché des larmes de sa mère, il le plaça comme apprenti chez un pâtissier de sa connaissance. Perrot se jetait sur toutes les pâtisseries de la boutique, et le pâtissier, sur le point de le renvoyer, vint trouver le gardien, qui lui remit deux écus en l'exhortant à prendre patience et à tenter de nouveaux essais pour tâcher de corriger son apprenti. A la fin le pâtissier y réussit : d'abord il lui laissa manger de la pâtisserie tant qu'il voulut, ensuite il lui en fit manger à tous les repas, ou du moins plus souvent qu'il n'eût voulu. Nous n'avions plus entendu parler de Perrot depuis plusieurs années, lorsque, la veille de la fête de saint François, il vint nous offrir ses services. Je ne suis pas, dit-il, embarrassé pour vous régaler, car, grâce à plusieurs années d'apprentissage, je sais faire des pâtés de veau, des pâtés de jambon, des pâtés de volaille, des pâtés de poisson, des pâtés feuilletés, des pâtés aux herbes, des pâtés de Lorraine. Je sais faire des tourtes au fromage, des talmouses, des tourtes aux fruits, aux confitures, des palmezanes. Je sais faire toute sorte de gâteaux aux œufs, au lait, au beurre, toute sorte de pâtisseries. Nous le félicitâmes sur ses progrès, et nous le remerciâmes de ses offres, en lui disant que nous célébrions la fête de notre patron par nos chants, nos prières, et que les frères cuisiniers suffisaient, et au delà, pour préparer le petit extraordinaire de ce jour. Quelques années après il revint encore, et entra comme nous finissions de dîner. Il était sur le point de passer maître. Dans notre état, nous dit-il, nous avons, j'en conviens, des règlements gênants. Nous sommes tenus de jurer devant les bouchers, bien qu'ils nous soient plutôt inférieurs que supérieurs, de n'employer que de la chair saine et bonne ; les dimanches et les fêtes nous ne pouvons faire travailler que nos ouvriers ordinaires, nous ne pouvons faire travailler les ouvriers étrangers ; nous ne pouvons vendre des pâtés qui aient plus d'un jour. Mais quel est l'état où il n'y ait aucune gêne ? Tout compté, je suis satisfait d'avoir pris le mien. Aujourd'hui j'ai présenté mon chef-d'œuvre aux maîtres du métier ; trouvez bon, ajouta-t-il en posant sur notre table un beau pâté qu'il tenait, que je vous le présente aussi : je ne saurais trouver de meilleurs juges que dans votre réfectoire. Nous ne savions si nous devions nous fâcher ou rire de la naïveté de notre ancien petit clerc de sacristie. Le gardien se mit à rire, et tout le monde en fit autant. — Pâtissier, pâtisserie, pâte, *pasta*.

PAVEURS.

L'invention de fondre du plomb ou du fer dans les joints des pavés des maisons n'est pas sans utilité : rien de plus solide ; ni sans agrément : les carrelages nouvellement frottés ressemblent à des grilles brillantes. On ne peut nier que les mélanges des couleurs et des formes des pavés de nos appartements fassent honneur aux paveurs actuels. Nos devanciers ont-ils marché sur des rangées alternatives de carreaux blancs et de carreaux verts qui décorent nos chambres, sur des rangées alternatives de carreaux rouges et de carreaux noirs qui décorent nos salles à manger, sur des rangées alternatives de carreaux jaunes et de carreaux bleus qui décorent nos salles de compagnie ? — Je ne sais pourquoi nous nous interdisons les planchers (1). Il y en a qui disent que les planchers sont pour les gens efféminés : c'est déraisonnable ; d'autres disent que les plus beaux planchers ont un air pauvre : c'est moins déraisonnable. — Un mot sur les paveurs des rues et les paveurs des chemins, qui ont les uns et les autres tant aidé à la civilisation. Jamais ils n'ont été aussi nombreux, aussi employés, aussi habiles. — On paye la toise carrée de gros pavés neuf sous. — Paveur, pavé. Les Romains, qui étaient de grands paveurs, disaient *pavimentum*.

PEIGNIERS.

Le **pays** le plus industrieux ou un des plus industrieux de la France, et peut-être même de l'Europe, c'est le Limousin. Entre autres objets, les bons peignes en viennent : peignes de bois, peignes de corne, peignes d'ivoire, peignes d'or. — Quand les hommes ne se servent plus de peignes, ils ont fini avec les

(1) Dans ce temps les planchers étaient soutenus ou par des voûtes ou par de fortes poutres qui permettaient de les carreler ou plutôt de les paver avec de grandes dalles de pierre. Les parquets d'assemblages de planches, qu'on nommait alors les planchers, *plancata*, étaient sinon inconnus, du moins fort rares.

passions. A mon avis, le conseil de notre jeune roi aurait aujourd'hui grand besoin de ces hommes. — Peignier, peigne, *pecten*.

PELLETIERS.

L'œuvre du pelletier n'est que la moitié de celle du tanneur; elle ne consiste que dans la préparation alumineuse d'un seul côté de la peau, appelé chair (1). Il suffit de nettoyer et de lustrer le côté de la laine ou du poil. L'œuvre du fourreur est encore plus aisée; il n'a qu'à tailler ou à coudre les pelleteries. Je suis fâché que ceux qui font parler le roi lui fassent confondre le métier de pelletier avec celui de fourreur. L'ordonnance de 1350 dit : « Les pelletiers auront pour forrer de vair ou d'agniau les surcots, cottes, chaperons et robbes à la commune et à l'ancienne guise, trois sols. Et qui voudra forrer sa robbe autrement, porter de longues manches et les faire lerminer, s'en tire au meilleur marché. » On voit qu'il doit être ici question du fourreur, et non du pelletier. — Pelletier, peau, *pellis*. La charge du pelletier est une des plus anciennes charges claustrales. Les titulaires ont-ils mis autrefois la main à l'œuvre? Les uns disent oui, les autres disent non. Moi, je dis : Je n'en sais rien, et cependant j'en sais autant que les autres.

(1) L'alun était employé dans l'apprêt des peaux. On le voit dans les statuts des teinturiers en peaux et dans ceux des tanneurs, homologués par les diverses ordonnances des rois de France. Les tanneurs appelaient et appellent encore le côté de la peau qui touche à la chair de l'animal le côté de la chair.

PLATRIERS

A Paris le plâtre est d'une grande abondance et d'une qualité excellente. Pourvu qu'il soit bien brûlé et ensuite bien détrempé, il est très-facile à manier et il prend une forte consistance. On en fait des murs, des voûtes et des pavés. — En hiver, le muid de plâtre se vend vingt-quatre sous; en été, dix-huit. — Édifices de pierre, édifices de la postérité. On peut le dire quelquefois aussi de ceux de brique, jamais de ceux de plâtre. Dans nos bibliothèques, nous avons des livres que nous croyons de pierre et qui se trouveront de plâtre. — Les savants disent que du mot grec *plases* s'est formé le mot latin *plastrum*. Il me paraît plus sûr que de *plastrum* on a fait plâtre, et de plâtre, plâtrier.

PLOMBIERS.

Les plombiers fondent ces longs canaux qui vont chercher à de grandes distances les eaux des fontaines pour les faire jaillir au milieu des marchés de nos places publiques, ou des bordures fleuries de nos jardins. Ils fondent encore ces lames épaisses des cercueils destinés à garder, durant un si grand nombre de siècles, les cendres de ceux dont les pas sur la terre ont fait quelque bruit, laissé quelques traces. Ces belles couvertures de plomb qui décorent nos temples et nos palais sortent aussi de l'atelier des plombiers. — Le prix de la livre de plomb est de trois deniers. — Plombier, plomb, *plumbum*.

POTIERS DE TERRE.

En Italie, dans la célèbre ville de Faïence, la poterie de terre, par la finesse de sa pâte, par les belles couleurs de son vernis (1), a surpassé l'antique poterie des Grecs et des Romains ; en France elle demeure toujours informe et grossière (2). Nous savons émailler les manches de couteau, les incruster de madre, et nous ne savons pas émailler la poterie, l'incruster de madre ; nous ne savons que l'acheter de l'étranger, et fort cher, et en fort grande quantité (3). Nous disons d'un homme qui a l'esprit fin et délié, que c'est un homme madré. Dans ce cas, on ne manque pas en France d'hommes madrés ; c'est d'ouvriers madrés qu'on manque.

POTIERS D'ÉTAIN.

La poterie de fer n'est guère susceptible de perfectionnement ; elle a toujours été et elle sera sans doute toujours ce qu'elle est. — Même observation sur la poterie de cuivre. — Quant à la poterie d'étain, les

(1) Les poteries précieuses mentionnées sous le nom de Mazaro, madre, dans les inventaires, les comptes de la cour, ainsi que dans ceux de l'histoire du Dauphiné et des princes dauphins, venaient bien sûrement de l'étranger. Bernard Palissy dit, dans son chapitre de la Terre et des Émaux, qu'il est le premier qui ait fait en France de la poterie émaillée, de la faïence.

(2) C'est vers le quatorzième siècle qu'on fixe l'invention de la faïence.

(3) Je n'ai vu dans les inventaires de ce temps aucun vase de poterie précieuse qui ne fût de fabrication étrangère.

bourgeois aisés parent les dressoirs de leurs salles à manger de vases d'étain qui, par leurs formes et leur éclat, imitent l'orfévrerie des dressoirs des princes ou des grands. — Le prix de la livre d'étain est de huit deniers. — Il y a plus de pots de fer que de pots d'étain ou de cuivre ; et cependant, tandis que nous disons potier d'étain, potier de cuivre, nous ne voulons pas dire potier de fer.—Potier, pot, *potus*, qui vient peut-être de *potus*, boisson. Le contenant aura pris le nom du contenu.

RAFFINEURS DE SUCRE.

C'est dans les terres aimées du ciel, dans les terres sans hiver, toujours réchauffées par un beau soleil, que le roseau à sucre consent à croître et à mûrir. L'heureuse Égypte, l'heureuse Grèce, l'heureuse Sicile, l'heureuse Italie, l'heureuse Espagne, font cette précieuse récolte. — Aux plus longs jours de l'année, lorsque nous fauchons les prés, on coupe ces délicieuses cannes nommées à juste titre cannes à miel. On les porte à l'atelier, on les hache en morceaux, on les écrase, on fait couler le suc dans la chaudière, sous laquelle est allumé un feu tempéré. Le bon sirop se précipite au fond ; l'écume, les impuretés, son attirées vers le haut. On reçoit le bon sirop dans des vases de bois ; on l'expose au soleil, qui le durcit et le cristallise. Il y a deux sortes de sucre : le meilleur, c'est le blanc, qui est pesant et dur ; le jaune est friable, léger, et d'une qualité trop chaude. Le sucre est un des meilleurs remèdes que la médecine ait découverts. C'est un grand dommage que la cherté empêche qu'il soit à l'usage de tout le monde. — Chose

singulière ! le sucre au lieu d'adoucir l'homme colère,
le rend plus colère. — Sucre, en arabe *sucar*, d'où
les Latins ont sans doute fait *zuccarum*. Le mot
français me semble plutôt fils du grand-père que du
père.

RELIEURS.

Allons voir un peu le relieur dans son atelier. La
scie, les tenailles, le marteau, sont pendus à côté de
lui. Il prend une planche et l'ajuste au volume qu'il a
déjà cousu et rogné ; il en scie une pareille pour l'autre côté ; il les fixe au volume au moyen des ligatures
et des nerfs qui sont attachés aux coutures des feuillets et qu'il attache aux planches. Il couvre ces planches d'un cuir fauve, ou rouge, ou plus ordinairement
blanc. Il ferre chacune de ces planches avec cinq
gros clous de fer ou de cuivre ; il en plante un à chaque coin et un au milieu ; il ramène les bords du cuir
à l'envers de la couverture et il les y colle ; il recouvre cet envers d'une feuille de parchemin ; il met son
volume en presse, et la reliure est terminée (1), si c'est
pour un particulier ; mais si c'est pour la bibliothèque d'une communauté ou d'une maison ecclésiastique, on appelle un serrurier, qui l'attache aux plus
massifs pupitres (2), par une chaîne dont l'extrémité

(1) Il existe encore un assez grand nombre de reliures du
quatorzième siècle faites de cette manière.

(2) Avant la révolution, j'ai vu, à l'ancienne bibliothèque des
cordeliers de Toulouse, tous les livres posés à plat sur les
pupitres, où ils étaient attachés par une courte chaîne dont un
bout tenait au pupitre et l'autre à la couverture.

passé dans un anneau de fer fixé au milieu de la couverture. Du reste, on voit qu'il ne s'agit ici que des reliures ordinaires, car les reliures des riches, pour qui le dehors du livre est tout, sont tendues de cuir de cerf, de chamois coloré, d'étoffe de soie, ou sont recouvertes de lames d'ivoire sculptées, de lames de cuivre ciselées, ou même de lames d'argent ou d'or relevées de rubis, de diamants, de pierres précieuses. Aujourd'hui l'art du relieur peut mieux que jamais se développer : nous avons des volumes qui ont jusqu'à trois, quatre pieds de long, sur deux, trois de large (1). Le siècle dernier n'avait pas été jusqu'à cette dimension, et il n'est pas à croire que les siècles futurs puissent raisonnablement la dépasser. Quelle que soit la perfection de cet art, j'ai un reproche à faire aux relieurs ; il est important : leurs couvertures devraient être en planches de chêne ou de noyer. Ils disent que ce serait trop lourd, comme si, pour leurs grands volumes, qui pèsent jusqu'à cinquante ou soixante livres, une ou deux livres de plus étaient à considérer. Qu'arrive-t-il avec leurs planches de bois blanc ? C'est qu'en moins d'un ou deux siècles il en sort je ne sais combien de générations et de tribus d'insectes qui traversent de part en part les plus épais volumes. — Les relieurs de l'université sont exempts du guet. Eh ! pourquoi le sont-ils ? Parce que les parcheminiers le sont. Eh ! pourquoi les parcheminiers le sont-ils ? Parce que les enlumineurs le sont. Eh ! pourquoi les enlumineurs le sont-ils ? Parce

(1) J'ai vu d'anciens livres d'église manuscrits, au moins aussi grands : il n'y avait que ces antiques lutrins de cuivre, fondus par la révolution, qui pussent les supporter.

que les écrivains le sont. Eh! pourquoi les écrivains le sont-ils? Parce que les libraires le sont. Eh! pourquoi les libraires le sont-ils? Je l'ignore. Mais je sais, ou plutôt je comprends pourquoi les médecins et les chirurgiens le sont. — Relieur vient de relier, *religare*. Les relieurs sont obligés de lier plusieurs fois les feuillets des livres.

SAVONNIERS.

Voulez-vous savoir la manière dont on fait le savon, la voici : Prenez deux parties de cendre de sarment, une partie de chaux; mettez-les dans un vase de bois à fond de clayonnage; versez de l'eau par dessus; recueillez la première eau qui s'en écoulera; faites-la chauffer et servez-vous-en pour pétrir une quantité proportionnée de suif de mouton; quand votre pâte sera refroidie, vous aurez fait du savon; si vous voulez qu'il soit odorant, mêlez-y quelques essences. — Les moines, qui sont obligés d'aller souvent en voyage, savonnent leurs chaussures pour les rendre plus souples. Les gens du monde savonnent leurs cheveux pour les rendre plus luisants. — Savonner, savon, *sapo*.

SELLIERS.

De tous les arts, celui du sellier est le plus étranger à notre ordre. Dans le monde on dit qu'on a pris le cheval des cordeliers quand on voyage à pied avec un bâton. Mais hors des cloîtres cet art est un des

HEURTOIR

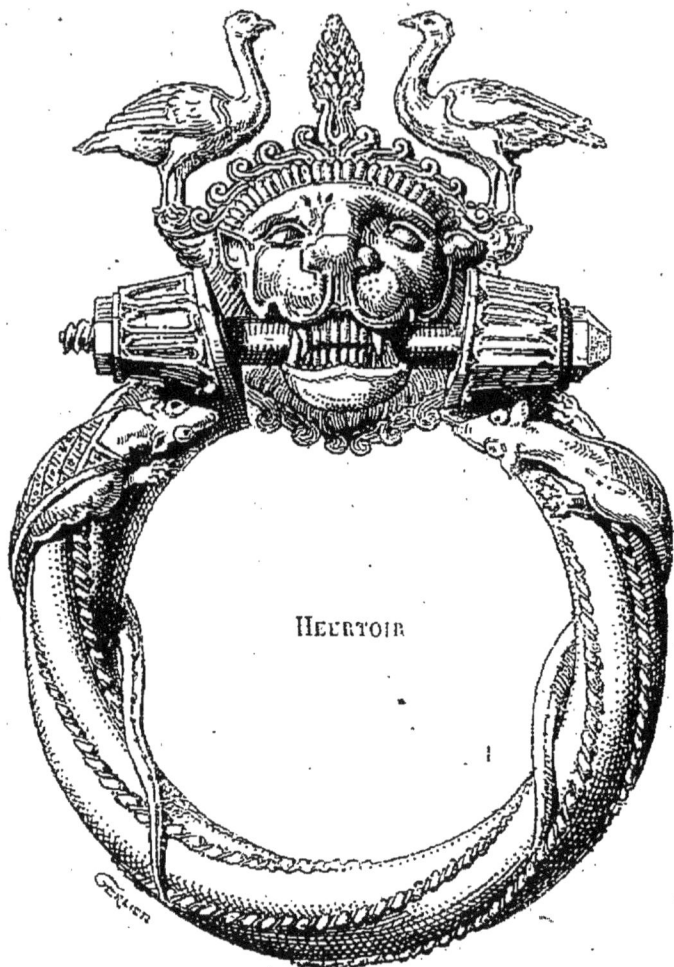

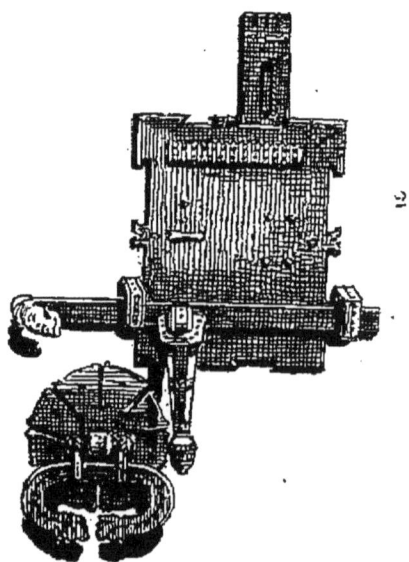

1. Heurtoir. — 2. Serrure et verrou (XIIIe et XIVe siècle).

plus communs et des plus importants. — Aujourd'hui les caparaçons, les grandes housses brodées, avec leurs houppes de soie, d'argent et. d'or, sont de la plus grande magnificence ; les selles garnies de velours, à dossiers de velours, avec traverses et grilles, comme celui des chaises, sont de la plus grande magnificence et de la plus grande commodité. Il y a des selles moins riches, en cuir blanc ou en futaine, garnies de clous d'étain ou de laiton. Quant aux selles communes, l'art n'a pu faire de grands progrès, si l'on en juge par le prix, qui depuis longtemps est de quatorze sous. — Les selliers doivent naturellement faire et ils font ces beaux fauteuils de velours ou de cuir rouge, garnis de fer-blanc, cloués de cuivre, qui, dans les châteaux et les grandes maisons, sont devenus le siége exclusif des seigneurs, des maîtres (1), et pour ainsi dire le trône domestique. — Un homme à cheval, jambe de çà, jambe de là, est assis sur un siége appelé en latin *sella*, d'où est venu d'abord selle, et sans doute bientôt après sellier.

SERRURIERS.

Nous sommes au siècle des châteaux-forts, des villes fortes, par conséquent à celui des forts clous, des forts verrous et des fortes grilles (2). Cette par-

_____

(1) Dans presque tous les inventaires de meubles de ce temps, on trouve un, deux fauteuils au plus pour le maître, la maîtresse de la maison; les autres siéges sont des bancs, des formes, des sellettes.

(2) Un assez grand nombre de fenêtres grillées et de portes de fer de ce siècle subsistent encore. Les miniatures des manuscrits nous montrent les bâtiments hérissés ou chargés de

tie de l'art a beaucoup avancé; 1 en est de même des serrures : à chaque siècle les voleurs deviennent plus ingénieux, les serruriers plus habiles. — Les statuts des serruriers de Paris défendent aux maîtres de faire des clefs sans avoir la serrure entre leurs mains. Ils leur défendent encore de vendre aucune serrure neuve qui ne soit garnie de toutes ses gardes. — Le quintal de fer ouvré coûte ordinairement neuf, dix francs. — Serrurier, serrure, serrer, *serrare*.

TABLETIERS.

S'il est un jeu à la mode, c'est celui des tables; il n'est guère de maison où il n'y en ait au moins un jeu. Celui des échecs, bien qu'il date du siége de Troie, est de même fort à la mode. — Les tabletiers emploient souvent le bois d'Irlande et le bois de cyprès. — *Tabulæ*, tables, pièces de bois rondes et plates, avec lesquelles on joue au jeu de ce nom; tablier, petit châssis de bois divisé en carrés blancs, noirs, sur lesquels on joue aux tables ou aux échecs. Tabletier, artisan qui fait les tabliers et les tables.

TAILLANDIERS.

Notre charrue est la même que celle de nos devanciers; notre bêche, notre hache, sont les mêmes (1).

fer. Les comptes des châteaux de Gaillon, d'Arques, de Rouen, de Beaucaire attestent les grandes dépenses en serrurerie faites dans ces temps.

(1) Les instruments d'agriculture représentés dans les miniatures du manuscrit du *Bon Ménager*, composé par Pierre de

Lorsqu'il ne s'agit que de simplicité et de solidité, l'artisan atteint bien vite la perfection. — Taillandier, taillanderie, tailler, *taillare:* les instruments faits par les taillandiers doivent tailler la terre pour en tirer le vin et la farine.

TAILLEURS.

Si jamais je devenais gardien ou prieur de la France, c'est-à-dire roi, j'ordonnerais que les divers états fussent distingués par les habits, comme les augustins, les jacobins, les cordeliers, et que ces habits ne changeassent pas plus que ceux de ces ordres. En vérité, les occidentaux, nous sommes bien fous, avec nos perpétuelles variations d'habillement ; à cet égard les orientaux sont plus sages : ils sont encore habillés comme du temps d'Abraham.

Les changements de la mode ne devraient tendre qu'à perfectionner les commodités de l'habillement, et toutefois ils le rendent souvent plus incommode ; mais bien fou qui demanderait de la sagesse à la folie, de la raison à la mode ! Je ne sais comment nous avons pu nous accoutumer à voir sans rire un homme coiffé d'un entonnoir de drap appelé chaperon, chaussé de deux souliers à la poulaine, c'est-à-dire à grands crocs comme pour tirer le foin, habillé tout de rouge d'un côté et tout de vert de l'autre, ou, qui pis est, bariolé de bandes de drap de diverses couleurs. Qui croirait que c'est dans ce costume que

Crescentes , conservé à la bibliothèque de l'Arsenal, sont assez semblables à ceux que décrivent Columelle et Palladius, j'ajouterai même aux nôtres.

les jeunes gens plaisent surtout aux dames ? — Il faut cependant convenir qu'on fait aujourd'hui d'excellents habits d'hiver, appelés jacques, jacquettes. Comme ils sont composés de plusieurs étoffes, de plusieurs toiles doublées, cousues ensemble, et qu'on n'en voit que l'extérieur, les règlements ont prévu qu'on pourrait, si j'ose m'exprimer ainsi, les frelater. Ils ordonnent au tailleur de déclarer à celui qui veut les acheter en quelle matière ils sont faits : combien de toile neuve, combien de vieille, combien de livres de bourre de soie, de filasse ou de laine. Toute fausse déclaration est sévèrement punie. — Pour la façon d'un habit ou cotte avec surcotte, grandes manches pendantes, grandes manches de parade, le chaperon y compris, vous payerez cinq sous. Le roi ne vous force pas de payer la façon d'un habit mal coupé ; il force au contraire le tailleur à vous payer le prix de l'étoffe. — Tailleurs, tailler, *taillare*. Les tailleurs cousent encore plus qu'ils ne taillent ; aussi le peuple les nomme-t-il plus souvent couturiers.

TANNEURS.

Un grand chasseur, qui vivait dans les temps voisins du déluge, ayant pendant plusieurs jours poursuivi des bêtes fauves, eut les pieds blessés ; il s'avisa de les envelopper dans les peaux des bêtes qu'il avait tuées. Son fils, qui eut les pieds plus délicats, adoucit avec de la graisse la chaussure qu'avait inventée son père. Son petit-fils, qui eut les pieds encore plus délicats, fit une chaussure de peau comme son grand-père ; mais, ne la trouvant pas assez forte ni

assez douce, il la doubla de tendres écorces d'arbres.
Quelle fut sa surprise quand il s'aperçut que le tissu
de la peau de sa chaussure s'était dégorgé de la lym-
phe et de la graisse, et s'était gonflé des parties
d'écorce brisées par le mouvement de la marche ! Il
continua à se servir de ces chaussures qui s'amélio-
raient par l'usage. Ses petits-fils parvinrent à faire
encore mieux : ils broyèrent des écorces, mirent les
peaux débourrées, nettoyées, dans cette poudre, afin
qu'elles en fussent mieux pénétrées, et l'art de tanner
fut découvert. Cet art s'étant rapidement propagé, les
divers procédés en furent successivement perfectionnés. Aujourd'hui on commence par le dernier,
c'est-à-dire que d'abord on débourre les peaux au
moyen d'un lait de chaux, dans lequel elles demeurent
jusqu'à ce que le poil, ébranlé dans ses racines, en
soit facilement arraché. Ensuite on les couche dans
une cuve, où on les range entre des assises de tan ou
poudre d'écorce de chêne. On les y laisse plus ou
moins, suivant la diverse qualité des cuirs. — On les
presse, on les étire, c'est-à-dire qu'au moyen d'un
instrument de métal on les rend d'une épaisseur partout égale ; enfin on les lisse : voilà pour le cuir fort,
le cuir de bœuf. — Le cuir mince, destiné aux em-
peignes de souliers ou aux tiges de bottines, est fabriqué différemment : on le fait tournoyer avec un
bâton dans un bain d'eau chaude mêlée de poudre de
tan ; on le coudre. — Le corroyage ou l'opération
par laquelle le cuir est engraissé et adouci se fait au
moyen du suif et de l'huile. — On donne au cuir diverses façons : avec la pommelle on l'adoucit, on
l'unit ; avec des instruments de fer on lui donne le
grain. —On teint aussi les cuirs ; on leur donne toutes

sortes de couleurs. L'art de tanner, ou du moins l'art de bien tanner nous est incontestablement venu de l'Espagne. Il est entré par Toulouse. Aujourd'hui nous tannons des peaux de buffle, de cerf, de chien, toutes les peaux. — Tanneur, tannerie, tan : ce mot est bien court ; il est peut-être un débris d'un ancien mot plus long que nous ne connaissons plus.

TAPISSIERS.

Nous avons deux sortes de métiers à faire des tapisseries ; ceux à basse lice, dans lesquels les fils de laine ou de soie de la tapisserie sont tendus horizontalement devant l'ouvrier, qui a aussi devant lui le modèle qu'il doit imiter ; et ceux à haute lice, dans lesquels les fils de laine ou de soie sont tendus verticalement devant l'ouvrier, et où le modèle qu'il doit imiter est placé derrière lui. Plusieurs personnes riches, faute d'avoir une idée juste de ces deux genres de fabrication, ne manquent jamais de dire que leurs salles sont tendues de tapisseries toutes de haute lice ; cependant il n'y a pas plus de différence, pour la qualité et le prix, entre les tapisseries de haute lice et les tapisseries de basse lice, qu'entre les tapisseries fabriquées dans la ville haute et les tapisseries fabriquées dans la ville basse. Nous lisons dans les anciens historiens que leurs peintres et leurs statuaires faisaient respirer la toile et le marbre ; nos historiens pourraient bien dire à leur tour que nos tapissiers d'Arras font respirer la soie et la laine.—L'expression de draps imagiés, pour désigner les tapisseries, m'a toujours plu. — Tapissier, tapis, *tapecius*, expression latine que les Latins n'ont jamais connue.

Mal à propos on appelle tapissiers les artisans qui tapissent. Une fois je les ai entendu appeler tapisseurs par quelqu'un qui se reprit aussitôt, honteux qu'il était d'avoir parlé comme sans doute on parlera dans la suite. Les tapissiers, en attendant qu'on dise les tapisseurs, tendent, détendent aux longues traverses en bois attachées autour des salles et des chambres les tapisseries ou courtines, qu'ils assortissent avec les meubles et qu'ils font quelquefois contraster avec les saisons. Ainsi, en été vous vous trouvez au milieu des neiges ; en hiver, au milieu de la verdure, des fleurs. Quelquefois aussi ils font succéder avec rapidité une décoration de tapisserie à une autre ; vous avez dîné au milieu des danses des bergers, vous soupez au milieu des batailles, au milieu d'une forêt remplie de voleurs et de bêtes féroces. Quelquefois encore ils font ressortir l'une par l'autre les couleurs successives des tapisseries, vous font passer d'une chambre verte dans une jaune, dans une bleue, dans une rouge. Les tapissiers ont besoin d'un peu d'adresse et de beaucoup de goût. Je n'en ai connu aucun qui n'eût beaucoup de l'un et beaucoup de l'autre (1).

(1) Les anciennes tapisseries ne sont pas seulement intéressantes comme productions artistiques et industrielles, mais aussi comme documents historiques et comme signes visibles des idées du temps où elles ont été exécutées. Ainsi la tapisserie de Bayeux, faite sous les yeux de la reine Mathilde, femme de Guillaume le Conquérant, par des brodeuses anglaises, représente avec une exactitude scrupuleuse les principaux épisodes de la conquête. Les tapisseries de « l'histoire de Troyes la Grande » rappellent l'antique tradition qui rattachait nos premiers rois à Priam et à Pâris, lequel Pâris était venu, disait-on, épouser sur les bords de la Seine la belle Lutèce et fonder la ville de

TEINTURIERS.

Nous faisons le beau rouge avec la graine d'écarlate, le rouge ordinaire avec le brésil, le rouge commun avec la garance. Nous faisons le bleu avec le pastel, le jaune avec la gaude, le fauve avec la racine de noyer. Ces couleurs et les autres, dont il serait long d'indiquer les recettes compliquées, prennent très-bien sur les laines avant qu'elles soient tissées, et mieux encore avant qu'elles soient filées. — Les règlements défendent l'emploi de la couperose ; ils indiquent de préférence celui de l'alun. — Assurément nous avons surpassé les teinturiers de Pline et de Vitruve par l'éclat des mélanges, l'entente des nuances ; mais c'est tout, car les hommes ne peuvent ajouter une seule couleur à celles de l'arc-en-ciel, une seule note à celles de l'octave. Il en est de même des vérités de notre métaphysique. — Teinturier, teinturerie, teinture, teindre, *tingere.*

TIREURS DE FIL D'OR.

J'ai dit que le battage de l'or et la dorure étaient des miracles des arts ; maintenant j'y ajoute le tirage de l'or et de l'argent. Il n'est rien d'aussi curieux que ces filières d'acier à travers lesquelles l'ouvrier tire des fils d'or ou d'argent aussi déliés que les cheveux.

Paris. Selon que les sujets religieux, chevaleresques, allégoriques ou mythologiques dominent, on peut juger des tendances de chaque époque, et les tapisseries ne sont en réalité que l'illustration de l'histoire. — L.

Mais pour les voir il faut sortir de France, il faut aller à Gênes. C'est douloureux à dire, plus douloureux à écrire. — Tireurs, tirer, *trahere*.

TIREURS DE FIL DE FER.

Si nous n'avons pas de tireurs de fil d'or ou d'argent, nous avons des tireurs de fil de fer, et nous en avons de fort habiles. Leurs fils, gros, fins, cuits, recuits, leurs fils à carde, sont excellents. — Nous devons, autant qu'il est possible, préférer l'ouvrier français ; aussi l'ordonnance ne veut-elle pas qu'on emploie du fil de fer d'Allemagne ; elle dit que le fil de ce pays est *maulvais, pliant, rompant et décevable*. Le roi doit en être cru sur sa parole.

TISSERANDS EN FIL.

Ces jours-ci j'étais un peu triste, un peu mélancolique, un peu malade ; le gardien me dit : Voulez-vous venir à l'abbaye des bernardines, avec le frère Simon ? Vous serez sous-diacre à la grand'messe ; vous chanterez l'épître, les graduels, les proses : cela vous distraira. J'acceptai. Au sortir de la sacristie, madame l'abbesse nous fit servir un grand déjeuner au parloir. Elle y vint quelque temps après. Je ne sais plus à quel sujet il fut question d'arts mécaniques ; tant il y a que le frère gardien dit que je m'en occupais quelquefois. Aussitôt l'abbesse donna ordre, avec beaucoup de vivacité, qu'on appelât Vincent. Un moment après, il entra un homme d'environ quarante ans. Frère Aubin, me dit l'abbesse, voilà maître Vin-

9.

cent qui, étant devenu veuf, désire d'être frère convers de l'abbaye ; il se chargerait de conduire le tissage, ainsi que l'apprêt de nos toiles et de nos étoffes : veuillez l'interroger un peu et vous assurer qu'il est en état d'occuper cet emploi. Ce bonhomme, à qui je fis quelques questions sur les toiles, me répondit fort posément et sans se troubler.

Il dit d'abord que le tissage des toiles était le plus simple et le plus facile. — Il parla ensuite des boucrans, des boucassins, des futaines, du coutil, du linge ouvré. — Il parcourut tous les procédés du blanchiment à l'étendage, à la rosée. — Il décrivit avec beaucoup de netteté les opérations pour teindre, pour cirer les toiles. — Suivant lui, nos plus belles toiles sont celles de Rennes. Le feu roi Charles le Sage n'en trouva pas de plus belles pour offrir au soudan d'Égypte. — Le frère gardien ayant demandé quel était le prix de la toile, Vincent lui répondit que l'aune de bonne toile valait trois sous quatre deniers, et, ajouta-t-il, ce n'est pas trop, puisque la livre de fil coûte seize deniers.

TISSERANDS EN LAINE.

Je fus très-content des réponses et des connaissances de Vincent. Je l'encourageai. Maître Vincent, lui dis-je, parlons maintenant du travail des étoffes : c'est le plus important. Je viens d'apprendre que les laines de la ferme de l'abbaye arrivèrent hier ; nous allons examiner quelles opérations elles doivent subir depuis l'instant où les brebis en sont dépouillées jusqu'au moment où elles sont posées sur les épaules des respectables dames de ce couvent. Je vous sup-

pose déjà reçu frère convers de la maison. Voyons
un peu, qu'allez-vous faire ? — Vincent me répondit :
Je porterai d'abord les laines dans les chaudières
pour les dégraisser, les laver ; ensuite je les étendrai
au séchoir. Dès qu'elles seront sèches, je les battrai,
je les trierai, j'en ferai deux parts : d'un côté je met-
trai les laines longues, propres à la chaîne ; de l'autre
les laines courtes, propres à la trame. Je graisserai
ensuite les laines de la chaîne avec du saindoux ou
du beurre, après quoi je les peignerai ; et puisque
maintenant le roi trouve bon que nous cardions celles
de la trame, je les carderai. Je ferai ensuite filer à la
quenouille les premières, et seulement au rouet les
dernières. — Maître Vincent, lui dis-je, combien de
marches mettez-vous à votre métier ? — Mon frère,
me répondit-il, deux pour les étoffes à pas simple,
comme le drap ; trois, quatre, pour les étoffes croisées (1). — Combien de fils, de portées, à la chaîne
de vos draps ? — Suivant le genre ou la qualité des
draps, tantôt quatorze cents, tantôt dix-huit cents. —
Votre chaîne est collée, vous la tendez sur l'ensouple (2) ; vous tissez, vous avez tissu toutes vos pièces
de drap : quels sont les apprêts que vous leur donne-
rez ? — Je les foulerai au moulin pour les dégager et
les feutrer ; je leur donnerai un trait de chardon pour
tirer en dehors le poil de la laine ; je les foulerai encore,
et quelquefois je les soufrerai ; quelquefois aussi je

(1) Le tissage à deux, à trois marches, est mentionné dans
les anciennes ordonnances, notamment dans celle qui est relative à la draperie de Châlons-sur-Marne, du mois de mai 1384.
(2) L'ensouple est un cylindre sur lequel on enroule la chaîne
de l'étoffe. On trouve ce mot dans le règlement de la draperie
de Rouen, confirmé par lettres patentes du 4 décembre 1378.

les tondrai avec de grandes forces ; je leur donnerai
encore un léger trait de chardon, lorsqu'on me deman-
dera des draps tout prêts ; je répéterai une, deux
fois, ces opérations. Enfin, si je ne veux pas laisser
mes draps en blanc, je les enverrai au teinturier,
sinon je les presserai, je les calandrerai. — Combien
de longueur donnerez-vous à votre pièce de drap ? —
Quinze aunes. — Et de largeur ? — Sept, huit quarts.
— Si le tisserand donnait des dimensions moindres à
ces pièces, que lui arriverait-il ? — Il aurait le poing
coupé ; et c'est bien fait, tant pis pour les voleurs :
les honnêtes tisserands ont toujours voulu conserver
leurs deux mains pour dire le chapelet. — Vincent ne
me parut point d'ailleurs étranger à la manière de
fabriquer les bures, les serges, les brunettes, les
camelots, les étamines. — Avant que je m'en allasse,
madame l'abbesse me demanda, par un signe, si
j'étais content. Je lui répondis, par un autre signe,
que je l'étais. Vincent a dû être reçu. — Voici les
prix que m'a donnés ce bon tisserand ; il les connaît
mieux que personne : la livre de laine, quatre sous ;
l'aune de drap, quarante sous ; l'aune de blanchet, six
sous. — La manière dont j'accueillis Vincent le ras-
sura si bien, que pendant la conversation il se permit
quelques traits de gaieté ; entre autres, il me dit en
riant qu'à Paris, à la fête de la confrérie des drapiers,
les frères de saint François n'avaient qu'une portion
de pain, et que le roi avait une portion de viande. Je
lui répondis que cela devait être ; que les cordeliers
n'avaient jamais passé pour les plus gourmands.

TISSERANDS EN COTON.

- Tandis que les Levantins font une si grande consommation de toiles de coton, nous n'en avons guère le goût, ou du moins, à cause de la cherté, nous en faisons bien peu d'usage. Aussi je ne mentionne cette fabrication que pour mémoire.

TISSERANDS EN SOIE.

Il n'en est pas de même des étoffes de soie : les chevaliers, les écuyers, les gentilshommes, les magistrats, sont tous vêtus de velours ou de satin ; les grandes dames n'épargnent rien pour avoir du taffetas, du damas, du cendal, du samit. Les tentures des maisons riches, les ornements d'église, ajoutent encore à la consommation. Nous n'avons en France aucune fabrique de soie (1) ; c'est aux cordeliers d'Italie à décrire cet art qui nous ruine. Nos oliviers, nos vignes, ne font pas à beaucoup près rentrer en France le numéraire que les mûriers en font sortir. Les marchands italiens, avec leurs paroles douces comme leurs soieries, avec leurs soieries douces comme leurs paroles, nous soutirent jusqu'au dernier écu : car ce n'est qu'avec des écus et avec beaucoup d'écus qu'on peut les payer. La livre de soie se vend trois livres ; il n'est pas étonnant que l'aune de velours se vende six. — Tisserands, tisser, *texere.*

---

(1) Les ordonnances du quatorzième siècle ne font aucune mention des soieries de fabrique française ; elles ne font mention que des soieries de fabrique italienne.

TOMBIERS.

Tous les jours les tombiers deviennent plus nombreux, et à peine peuvent-ils encore suffire, bien qu'ils aient des magasins de tombes de métal, de marbre, de pierre, de pierre incrustée de métal, de pierre incrustée d'émail, de pierre incrustée de marbre, prêtes à l'avance, où il ne manque guère que les noms et les armes. —Tous les jours le prix des tombes augmente ; vous n'avez pas une très-belle, même une belle tombe, pour cinq, même pour six livres. L'ordonnance n'a pu les remettre à l'ancien taux. Maintenant, qui a de quoi acheter une tombe l'achète, n'importe le prix. Eh ! mes amis, ne croyez donc pas que ces pesantes dalles empêchent que dans la suite des siècles les ailes des vents ou les ailes du temps dispersent vos cendres. — A son grand regret un bourgeois pauvre se contente du cimetière commun ; il lègue une petite somme pour se faire enterrer dans celui des clercs, et, s'il le peut, dans celui des chanoines (1). Outre ces deux cimetières de gens d'église, nous avons : les cimetières des adultes, les cimetières des enfants, les cimetières des hôpitaux, les cimetières des maladreries, les cimetières des lépreux, les cimetières des juifs. — Je m'étonne que les lois aient oublié d'établir les peines des cimetières ; elles auraient été d'un grand effet. Souvent c'est moins la crainte du supplice que la crainte de ne pas

(1) Le cimetière des chanoines, des clercs, était séparé de celui des laïques. La séparation des cimetières des adultes de celui des enfants a encore lieu dans plusieurs paroisses de village

y être enterré (1) qui arrête le scélérat. De même tel homme redouterait plus que toute autre punition celle de reposer dans le cimetière des juifs. — Chose singulière, tous les tombiers savent parfaitement écrire sur le cuivre, le marbre ou la pierre, et ne savent écrire ni sur le parchemin ni sur le papier. — Je trouve que les grandes tombes parlent comme les notaires : Ci-gît haut et puissant seigneur ; ci-gît honorable et discrète personne, messire... Dans le royaume des morts il faudrait lire : Ci-gît Pierre ; ci-gît Paul ; ces mots suffisent. Les tombes sont les portes de l'autre monde, par où ne passent pas les qualifications de celui-ci. — Tombier, tombe, tomber. Nous marchons plus ou moins sur la terre ; mais à la fin, tous, sans exception, nous tombons. Dieu veuille que nous tombions entre ses mains et que nous n'en sortions plus !

TONNELIERS.

Leur nom, le nom de leur art, réveille la joie de l'âme et lui porte l'idée du vin et du plaisir. — Tout le monde a vu monter un tonneau ; tout le monde d'ailleurs en monterait un sans l'avoir vu. C'est un des arts les plus faciles, et toutefois ce n'est pas un des moins importants. A la bonne qualité des douves

(1) Les corps des hommes suppliciés n'avaient pas la sépulture ecclésiastique. Il en était de même du corps des suicidés qui étaient traînés sur la claie et jetés à la voirie, ou ensevelis sous des tas de cailloux dans des endroits solitaires. On leur donnait ce qu'on appelait la sépulture des ânes, *sepultura asinorum*. — L.

tient la conservation du vin, à laquelle tient en partie la conservation de la santé. Les coutumes, les ordonnances, les règlements, entrent dans le plus grand détail sur l'espèce des bois, sur celle des osiers, sur la mise en œuvre, sur les prix. — Tonnelier, tonneau, *tonnellus*.

TOURNEURS.

L'étymologie de tourneur est facile à trouver : tourneur, tourner, tour, nom de l'instrument ainsi appelé parce que le bois, l'ivoire, ou la matière qu'on veut tourner, fait continuellement des tours sous l'outil de l'ouvrier. De tous les arts, celui des tourneurs est le plus simple, le plus facile, et, je crois, le plus joli. Surtout j'aime à leur voir tourner avec autant de légèreté que de goût les pieds, les pommes, les poteaux et les traverses des bancs et des chaises : c'est leur plus grande occupation ; elle est aujourd'hui fort grande. Les tourneurs de Paris, surtout les tourneurs en bancs et en chaises, sont fort renommés ; aussi les commissaires-priseurs ne manquent pas de mettre dans les inventaires, à l'article de ces meubles, *ex operagio Parisiensi.* — On fait maintenant quelques chaises en paille ; c'est une innovation, ou, si l'on veut, une singularité.

TUILIERS.

Celui-là était doué de l'esprit d'observation qui, s'étant aperçu que l'argile, pétrie, séchée au soleil, à l'air, durcissait et prenait de la consistance, s'en servit au défaut de pierre. Longtemps on n'employa que des tuiles crues, c'est-à-dire ainsi préparées ; elles étaient encore en usage dans certains pays, au siècle de Vitruve ; et, suivant cet auteur, ce sont les meilleures si on les garde pendant cinq ans. On fit ensuite sécher les tuiles par la chaleur du four ; aujourd'hui nous ne connaissons que cette manière. Qui n'aime à voir ces couvertures de belle brique nouvellement posées sur les tours des châteaux? On dirait qu'on les a coiffées d'un bonnet rouge.— Ordinairement le millier de tuiles vaut cinquante sous.— Tuilier, tuile, *tegula, tegere*, couvrir. Les tuiles sont employées surtout aux couvertures (1).

VANNIERS.

Si je n'avais eu à dire qu'aujourd'hui les vanniers font de grands coffres en osier, qu'on recouvre ensuite de cuir ; qu'ils font aussi de grands et de petits écrans, à travers lesquels on voit le feu sans en ressentir l'excessive chaleur, je n'aurais point parlé de l'art des vanniers, tellement simple, qu'à chaque nouveau pas il ne peut guère ni mieux ni plus mal faire. — *Vannus*, van, grand panier en forme de coquille plate, avec lequel on vanne ; il a donné le nom à l'art.

VERRIERS.

Il est difficile de fixer l'époque de l'invention du

(1) L'emploi des tuiles remonte chez nous à l'époque des Romains. On connaît celles dites à *rebord* dont les débris se rencontrent dans toute la France, et qui ont été en usage depuis l'époque gallo-romaine jusqu'au dixième siècle. — L.

verre ; mais il est sûr qu'elle remonte très-haut.
Les hommes ont dû s'apercevoir il y a longtemps
que le feu liquéfait, vitrifiait certaines substances,
telles que le caillou, le sable. — Depuis cette observation ou invention, que de progrès a faits cet art!
Aujourd'hui on coule dans de fort grandes proportions le verre en table. On le colore, on le peint,
et on lui incorpore, au moyen du feu, la couleur et
la peinture (1). — On fait maintenant en verre de fougère (2) toute sorte de vases et d'ustensiles. On fait
des candélabres, des bassins, des plats, des écuelles,
des cuillers, des pots, des aiguières, des gobe-
lets à coupe, dont les tablettes et les dressoirs
sont ornés. Rien de plus brillant, mais aussi rien
de plus fragile : ainsi des choses humaines. — Le
cristal est encore une espèce de verre ; mais la nature prend la peine de nous le fabriquer : aussi
combien n'est-il pas supérieur ! Aujourd'hui on taille
le cristal avec beaucoup de goût ; on le dore avec
la plus grande magnificence. Il est inutile de dire
qu'on dore par conséquent aussi le verre.— *Vitrum*,
verre, verrier.

(1) Pour obtenir des vitraux coloriés on peint le verre avec
des couleurs fusibles, qui ne sont elles-mêmes que des matières vitreuses. Pour que ces couleurs deviennent adhérentes, on
y mêle du borax et du silicate de plomb, on les broie avec de
l'essence de térébentine, et on les applique au pinceau sur
la vitre que l'on veut colorier. Cette vitre est ensuite soumise
à la cuisson. On ignore à quelle époque remonte la peinture sur
verre. Ce qui paraît certain, c'est qu'elle n'était point connue
des anciens, et qu'on n'en trouve aucun vestige avant le
dixième siècle.—L.

(2) Le verre de fougère est celui dans lequel il entre des
cendres de fougère.

VITRIERS.

J'ai souvent envié aux riches le plaisir de voir tomber la neige, les frimas, à travers les fleurs, les moissons, les fêtes de l'été, peintes sur leurs vitres. — C'est un bel art que celui du vitrier : voyez comme avec ses rubans de plomb il unit les divers morceaux de verre ! Il rassemble, il fixe dans ces panneaux les diverses parties des belles scènes qu'a dessinées le peintre. Et voyez comme il lie à des barres de fer ses panneaux destinés à braver les saisons et les tempêtes ! — Les vitres peintes sont un objet d'apparat et de magnificence qui n'appartient guère qu'aux temples, aux palais, tout au plus aux maisons des grands seigneurs. Les vitres en verre blanc, à carreaux losangés, siéent bien aux bourgeois ; mais qu'ils n'y mettent ni médaillons, ni chiffres, ni bordures, car j'aimerais autant leur voir attacher des éperons d'or à leurs souliers cloutés (1). — Le pied carré de verre blanc se vend trois sous. — Vitrier, vitre, *vitra*.

Frère André, ici finit le travail de notre frère Aubin ; ici finit aussi le mien.

(1) Les nobles avaient seuls le droit de porter des éperons d'or ou des éperons dorés. On sait qu'en 1302, les Flamands ramassèrent sur le champ de bataille de Courtrai une quantité considérable d'éperons d'or, pris sur les chevaliers français tués dans cette journée funeste, et qu'ils les suspendirent dans la cathédrale de Courtrai. Les rois accordèrent quelquefois aux non-nobles, à titre de privilége, le droit de porter des éperons d'or. Ce privilége fut concédé, entre autres, aux bourgeois de Paris. — L.

Ce petit écrit du frère Aubin a été, dans cette maison, l'objet des jugements les plus opposés. Plusieurs de nos frères ont dit qu'il y manquait bien des choses, entre autres, qu'il n'y avait rien sur la vente des métiers, ou taxe qu'à leur réception les maîtres payent au roi; rien sur le haut-ban, ou taxe que dans certaines villes les maîtres payent annuellement au roi pour le rachat des tailles et des coutumes; rien sur les juridictions des grands officiers de la couronne, des rois des métiers, des doyens, des syndics des jurés, des gardes; rien sur les matières de fabrication légales, sur les matières de fabrication prohibées, sur les heures où il est permis, où il est défendu de travailler, sur cette admirable police qui force les arts à marcher par les voies de la perfection, rien sur ces artisans d'élite, ces artisans valets de chambre du roi pris dans les divers métiers, dont ils deviennent les hauts et constants protecteurs ; rien sur l'accroissement progressif de l'importance politique de certains métiers, notamment des bouchers, aujourd'hui de fait les chefs, les maîtres du bas peuple (1); rien enfin sur les confréries, les solennels repas, les réjouissances, les joies annuleles en l'hon-

(1) Les bouchers de Paris formaient au moyen âge une corporation puissante et une espèce de république qui ne reconnaissait d'autre autorité que celle des officiers élus par tous ses membres. En 1413, ils s'allièrent au duc de Bourgogne, Jean sans Peur, et formèrent sous le nom de *cabochiens* et sous les ordres de l'écorcheur Jean Caboche, un de leurs chefs, un gouvernement révolutionnaire qui jeta la terreur dans Paris et massacra une foule d'habitants. Le souvenir de leurs excès ne s'était pas effacé au seizième siècle, et pour en prévenir le retour, Henri III, en 1587, supprima leurs priviléges et les fit rentrer dans le droit commun.—L.

neur du saint (1). Ils auraient voulu que ce traité, commençant ou finissant par les annales chronologiques des inventions, des perfectionnements, avec les noms de leurs auteurs, eût été en même temps et l'histoire des arts et l'histoire des artisans. Plusieurs autres de nos confrères, et c'est le grand, le très-grand nombre, auraient voulu au contraire qu'il n'y eût eu que la simple description de l'art ; tout le reste, suivant eux, étant d'une curiosité futile et même un peu bourgeoise.

Quant à moi, je n'ai point eu d'avis, et je n'en aurai que pour vous seul ; mais j'oserai vous le donner tout entier : le voici. Par la raison que l'histoire des arts doit faire partie de l'histoire des artisans, l'histoire des artisans doit faire partie de l'histoire des arts. Il y a plus, je ne m'arrêterai pas là. Cette idée en a amené d'autres. Je ne pense pas seulement, avec certains de nos frères, qu'il devrait y avoir une histoire des artisans ; je pense encore qu'il devrait y avoir une histoire des laboureurs, une histoire des bergers, une histoire de chaque état. Je pense que

(1) Depuis que ces lignes ont été écrites, un grand nombre de publications ont été faites au sujet des corporations du moyen âge. Nous indiquerons, entre autres, dans la collection des *Documents inédits relatifs à l'histoire de France*, publiée sous les auspices du ministère de l'instruction publique, le *Livre des métiers*, d'Étienne Boileau, prévôt de Paris sous Louis IX, et les volumes qui concernent Amiens et Abbeville. Le *Recueil des ordonnances* contient également un grand nombre de pièces relatives aux métiers. Les lacunes que signale Monteil dans le *Livre du frère Aubin* sont à peu près comblées dans l'*Introduction*, et ce qui n'est point dit par Monteil au quatorzième siècle se retrouve dans les siècles suivants. — L.

l'histoire de tous les états devrait être l'histoire. En vérité, je ne sais pourquoi, dans un siècle tel que le nôtre, l'histoire n'a pas, comme l'assemblée des états généraux, admis, avec le clergé et la noblesse, la bourgeoisie. Comment se fait-il donc que l'histoire, toute écrite par des plumes ecclésiastiques, ne soit pas chrétienne, et que, pour m'exprimer ainsi que sur la chaire, elle ne fasse point également cas des petits et des grands ? Comment se fait-il qu'elle ne daigne parler que d'un ou deux états, qu'elle dédaigne les autres ? Vous m'objecterez, et je m'objecte bien, Hérodote, Thucydide, Tite-Live, Tacite ; je m'objecte bien encore, sans que vous me les objectiez, nos grands historiens français. Aussi j'humilie ma pensée, je la refrène quand je la vois en opposition avec tous les sages, tous les hommes sensés. Pourtant, frère André, je ne puis, sauf correction, m'empêcher de croire qu'on pourrait faire l'histoire des artisans, au moins dans l'histoire des arts.

Écrit à Tours, le 2e jour de janvier.

LES VITRAUX

Lorsqu'il s'agit de la maison de Dieu, le pauvre couvent de Tours ne regarde pas à la dépense. Pour faire le vitrage de l'église, nous avons épuisé avec plaisir nos dernières ressources. Il a fallu tout acheter : fer, plomb, métaux, verres, couleurs. Il a fallu construire des fours pour la cuisson des peintures (1), nourrir et entretenir pendant quatre grandes années un frère lai peintre ; il a fallu enfin, comme il a refusé tout salaire, lui passer un acte portant fondation d'une messe à perpétuité, qui sera dite tous les ans, après sa mort, dans la chapelle du Jugement dernier. Ces vitraux nous coûtent beaucoup ; en revanche, ils sont très-beaux. Voici le sujet de leurs représentations ;

---

(1) Nous n'avons pas, à ma connaissance, de traités de la peinture d'apprêt faits dans ce temps ; mais nous avons beaucoup de ces anciens vitraux d'église peints avec des couleurs métalliques ou autres, qui ne devaient être rendues adhérentes au verre que par la cuisson des fours.

vous pourrez en parler tout comme si vous les aviez vus.

Première fenêtre à droite du rond-point : un soleil étincelant, celui de la Palestine, éclaire l'antique terre les patriarches, terre fleurie, parfumée, où croissent les plantes et les arbres les plus odoriférants. La campagne est couverte par un seul troupeau ; des bergers à grands coups de houlette, le divisent en deux ; ces animaux semblent bêler, mugir, se quitter à regret. Les tentes et les bagages sont chargés sur des chameaux. Deux hommes vénérables, placés sur le devant, se donnent le baiser d'adieu : séparation d'Abraham et de Loth. — A la fenêtre suivante, on voit, d'un côté, le vieux Jacob, dont la barbe blanche descend, coule, pour ainsi dire, à longs flots sur sa poitrine ; et, de l'autre, ses fils, qui lui présentent la robe de Joseph, trempée dans le sang d'un chevreau. La transparence du verre fait merveille. — Plus loin la femme de Putiphar tient le manteau qu'a laissé entre ses mains le jeune Joseph, qui s'échappe presque nu. Le visage de la femme de Putiphar, celui de Joseph, sont tout en feu, du désir du crime, de la rougeur de la vertu. La transparence du verre fait encore merveille. Prise de Jéricho. Une grande et forte ville, enceinte de hautes murailles et de tours chargées de soldats, assiégée par des hommes qui n'ont à la main que des trompettes, dont ils sonnent, croule ; les pierres roulent dans des nuages de poussière. — Les Ninivites, couverts de sacs, étendus sur la cendre, implorent la clémence de Dieu. — Un lierre, piqué à sa racine par un ver, sèche subitement. Jonas le regarde avec dou-leur, et semble dépérir comme le lierre. — Miracle des pains. Ils sont ronds, beaux, dorés ; ils semblent

tout nouvellement tirés du four. — Ascension. Ici le
verre a une pureté céleste. Jésus s'élève vers le ciel
aussi naturellement qu'un corps descend vers la terre.
La coupole azurée du firmament est fendue pour laisser entrevoir le paradis d'or et de rose.

Toutes ces peintures sont successivement placées
sur les vitraux de l'orient et du midi. Le soleil y donne
pendant notre grand'messe, et c'est alors une variété,
une vivacité, une richesse de couleurs, dont vous ne
pouvez vous faire une idée (1).

(1) Les vitraux, comme les sculptures des églises, n'étaient
pas un simple objet d'art et d'ornementation ; c'étoit, comme
le dit un ancien écrivain ecclésiastique, un enseignement qui
instruisait par les yeux les ignorants qui ne pouvaient s'in-
struire par les livres. La tradition biblique, la vie de Jésus, les
travaux de l'homme sur la terre, les vices symbolisés par
des monstres, les vertus symbolisées par des saints, et la justice de Dieu symbolisée par le jugement dernier, tels étaient
les sujets qui rappelaient tout à la fois aux fidèles l'histoire
de leurs croyances, de leurs devoirs et les mystères de la vie
future. La description que donne ici Monteil est rigoureusement exacte.

Parmi les vitraux coloriés les plus remarquables qui sont
connus aujourd'hui, nous citerons les portraits de Jeanne d'Arc,
de Charles VII, de Jacques Cœur, peints en 1436 à l'hôtel
Saint-Pol, à Paris, par Henri Mellin ; les vitraux de la cathédrale
et de l'hôtel de ville de Bourges, exécutés par le même artiste ; les
verrières de la cathédrale de Riom, données vers 1450 par Charles
de Bourbon et Agnès de Bourgogne ; les vitraux par lesquels,
à la fin du quinzième siècle et dans le cours du seizième,
on remplaça les anciens panneaux de l'église cathédrale
de Paris ; les vitraux de Notre-Dame de Brou (16e siècle), et
particulièrement la belle verrière placée dans le collatéral gauche, qui représente l'Assomption et le Couronnement de la
Vierge, et le Triomphe de Jésus-Christ ; les ouvrages de Nicolas
Pinaigrier et d'Angrand-le-Prince à Saint-Étienne-du-Mont de

Du côté de l'occident sont les scènes terribles. A la voix de Jésus, le Lazare se réveille ; la vie est rentrée dans son corps, déjà livré aux lois de la dissolution; des milliers d'insectes s'éloignent de sa peau livide. — Ensuite c'est le jugement dernier. L'ange tient au haut des cieux une trompette d'or qui fait éclater les pierres des tombeaux. De tous côtés les ossements percent la terre; on voit des bras, des jambes, des corps, des têtes, se chercher, se réunir. Le genre humain forme une immense ligne, attendant en silence la voix tonnante du souverain juge. — Enfin c'est l'enfer. Vers l'heure des complies, le soleil y parvient, et semble enflammer ces lieux redoutables. Les voûtes brûlent ; de larges cuves bouillonnent; le pavé, les grilles de fer rouge, les corps des démons, étincellent; des montagnes de serpents, hérissées de têtes et de dards, retombent sur les damnés. Ce tableau est d'un grand effet, et très-propre à inspirer une heureuse terreur. On nous a assuré que déjà un pécheur bien connu pour tel dans toute la ville, s'est converti à cette fenêtre.

Écrit à Tours, le 19e jour d'avril.

Paris ; les vitraux peints par les frères Gontier à Troyes, dans la cathédrale, la collégiale, Saint-Martin-ès-Vignes, Moutier-la-Celle, Saint-Étienne-l'Arquebuse; ceux de la cathédrale d'Auxerre, ceux du château de Gaillon, exécutés d'après les ordres du cardinal Georges d'Amboise; ceux de la cathédrale de Metz; les compositions de Jean Cousin, à Troyes, à Paris et dans diverses villes de l'Ile-de-France; les verrières du château d'Éco. en; celles de Saint-Patrice de Rouen; celles de l'abbaye de Cerfroy; celles de la cathédrale de Châlons en Champagne. (Patria.)

LA PROCESSION

Une autre personne part aujourd'hui pour Toulouse : vous aurez bientôt cette nouvelle lettre.

On n'est pas revenu à Tours de l'admiration qu'ont excitée nos vitraux, et je ne puis moi-même m'empêcher de vous en parler encore. Le jour où pour la première fois ils devaient éclairer notre église, le peuple s'y était rendu en foule. A un signal donné, les châssis de toile placés en dehors pour défendre les peintures fraîches contre les impressions de l'air tombent en un instant, et en un instant toutes les voûtes et tout le vaisseau se trouvent illuminés de lumières teintes des plus belles couleurs. Comme le public témoignait sa satisfaction d'une manière peut-être plus bruyante qu'il ne convenait à la sainteté du lieu, j'ordonnai au frère chantre d'entonner une hymne, après laquelle nous nous rangeâmes en une longue procession qui, se dirigeant vers la porte de l'église, congédia d'une manière polie toute l'honorable et nombreuse assemblée.

Frère André, quel est celui qui le premier, osant peindre des figures sur un corps aussi lisse, aussi fragile que le verre, parvint à y fixer les couleurs par le moyen du feu ? Celui-là donna aux modernes, dans l'art de la peinture, une vraie supériorité sur les anciens. Et depuis cette invention, combien les procédés se sont-ils perfectionnés ! Combien la nouvelle alchimie n'a-t-elle pas fourni de matières, de métaux, de chaux, de mixtions plus solides et plus brillantes ! Et, de plus, avec quel art nos peintres ont-ils su cacher dans les plis des draperies, dans les ombres épaisses, dans les forts traits, les divers plombs qui unissent les diverses pièces de verre ! Avec quel art ne les ont-ils pas ciselés pour obtenir le blanc au milieu des autres couleurs ! Ah ! quelles études ! quels travaux ! quelles peines ! quels efforts ! mais aussi quels effets ! Dans les arts d'imitation, l'œil de l'homme est-il destiné à voir un objet plus beau que ces tableaux transparents, grillés, encadrés dans de légers filets de pierre, qui, dans plusieurs de nos temples, semblent en former les merveilleuses parois ?

La peinture sur émail a naturellement suivi les progrès de la peinture sur verre. En ce genre nous sommes également supérieurs aux anciens, car des pièces de comparaison subsistent et le prouvent. Gloire aux émailleurs de Montpellier, de Limoges, dont les ouvrages sont recherchés et sont célèbres dans tout l'univers !

Nous sommes encore supérieurs aux anciens dans l'art que, suivant leur mensongère mythologie, Arachné enseigna aux hommes. Rien chez eux n'a été produit de comparable aux tapisseries de haute lice qui sortent des ateliers d'Arras ; vous diriez que les grands personnages se meuvent, qu'ils revivent, qu'ils parlent. Oserai-je aller jusqu'au bout de ma pensée ? Il semble, en voyant ces belles tentures de nos grandes salles, que les hommes des siècles passés sont venus entourer ceux du siècle actuel. Nous nous accoutumons trop aux choses admirables, nous ne savons plus les admirer.

Je faisais un jour ces réflexions devant la communauté, lorsqu'un de nos frères, le frère Porphire, m'empêchant brusquement de poursuivre, se prit à me dire : Comment se fait-il, frère gardien, que, vainqueurs des anciens dans trois genres de peinture, nous n'ayons pas, dans deux autres genres, qui sont et les plus faciles et les plus communs, une victoire aussi incontestable ? Je veux parler de la peinture sur bois, et surtout de la peinture à fresque : car je ne puis croire que nos grandes compositions du Déluge ou du Massacre des Innocents l'emportent sur les grandes compositions des portiques d'Athènes ou des palais des premiers Césars ; du moins est-il assuré que nous n'éprouvons pas le même enthousiasme que les anciens. — Eh ! frère, vous n'avez pas été en Italie, lui dit un jeune provençal qui est le peintre du couvent ; en Toscane surtout, les productions des écoles du Cimabué, du Giotto, de Buffamalco, de Lorenzetti, attirent des concours presque tumultueux. Là un puissant roi, suivi de tout le peuple d'une grande ville, traverse les champs pour aller voir les tableaux auxquels travaillait un peintre dans un petit village. Et si en France, parce que le climat est moins ardent l'admiration publique est moins vive, il ne s'ensuit pas que les progrès de la peinture y soient moindres. En effet, qu'étaient les peintres des siècles passés en

comparaison de Pierre Soliers, de Girard d'Orléans,
en comparaison des peintres de l'hôtel de Saint-Pol?
Des barbares, des barbares, vous dis-je. Qui voudrait
bien faire laverait tous les murs de nos églises, qu'ils
ont si ridiculement barbouillés. Ils ne connaissent pas
la nature. Nous qui la connaissons, nous l'imitons,
nous l'embellissons. Voyez les tableaux de nos grands
maîtres ; voyez l'expression, le mouvement des figures, la richesse de leurs draperies mêlées d'argent et
d'or. Remarquez la beauté des conceptions, la variété
des plans qui, au moyen des divers compartiments,
vous montrent, dans un seul tableau, [plusieurs tableaux. Frère Porphire ! ayez donc des yeux, ou plutôt ouvrez-les.

Écrit à Tours, le 24ᵉ jour de mai.

Albâtre sculpté.— Résurrection du Christ. — Costumes du XIVᵉ siècle
·(Cluny, nᵒ 138).

LE TRAVAIL DES MAINS

Vous pensez que tous les frères de l'ordre indistinctement devraient exercer un art mécanique ; je le pense comme vous. J'avoue que je n'ai pas été toujours de cette opinion. J'aimais trop les sciences. Mille fois j'ai médité sur les moyens de simplifier les signes de l'écriture, d'abréger les mots (1), d'abréger les lettres, enfin de perfectionner la seule manière possible de donner à tout le monde des livres et des bi-

---

(1) L'abréviation de l'écriture remonte à l'époque romaine. On l'attribue à Ennius; elle fut perfectionnée par Tiron, secrétaire de Cicéron; de là le nom de notes tironiennes données à une espèce d'écriture sténographique dont l'usage s'était conservé dans les bas siècles du moyen âge. Il n'est pas besoin d'ajouter que les manuscrits jusqu'à une époque relativement moderne sont remplis d'abréviations.—L.

L'inventaire des livres de la bibliothèque de Charles V, *estant en son chastel du Louvre, en trois chambres, l'une sur l'autre*, fait en 1378, porte le nombre des volumes qui s'y

bliothèques. Je ne voyais la splendeur de la religion et de l'État que dans le nombre des hommes savants. L'immense bibliothèque du Louvre, où il-y a, dit-on, neuf cents volumes, me paraissait encore trop petite. Mais l'âge nous change ; et il me semble qu'en même temps qu'il courbe notre corps il redresse notre esprit. Si les bénédictins, les bernardins, surpassent en quelque point les cordeliers, c'est par le travail des mains, qui s'est encore maintenu dans plusieurs monastères, où, durant l'intervalle des offices, j'ai vu les moines conduire la charrue, essarter, planter, moissonner. Le scapulaire, que portent aujourd'hui par honneur les religieux, n'était autrefois que l'habit de leur atelier. C'est à mon regret, autant qu'au vôtre, qu'on n'a point voulu arrêter, au dernier chapitre, qu'à l'avenir les frères mineurs, en conformité de leur règle, s'entretiendraient de leur travail.

Dans ce moment, nous faisons bâtir un nouveau cloître autour du grand préau ; nous aidons tous chacun selon nos forces. Rien de plus monastique et en même temps de plus agréable que ces arcades grillées par des barreaux, où se jouent ensemble la lumière du soleil et les ombres qu'elle projette ; rien de plus artistement sculpté que les ornements des chapitaux, où l'on voit des tours, des forteresses, des griffons, des singes, des fleurs, des fruits, des personnages, dans les postures les plus bizarres et les plus propres

trouvaient alors à neuf cent neuf. Voyez, dans le tome II des Mémoires de l'Académie des Inscriptions et Belles-Lettres, le Mémoire de Boivin sur la bibliothèque du Louvre.—Les livres de Charles V sont en grande partie conservés aujourd'hui dans la bibliothèque de la rue de Richelieu.

à divertir un moment pendant la récréation ou à satisfaire le goût des connaisseurs et des étrangers.

Souvent, en voyant ces nouveaux portiques, je me
dis : Combien de religieux y circuleront encore, après
nous, avant que les siècles aient pu les entamer ! combien de mille ans resteront à la même place les assises
que nous venons de poser ! Il me semble que ces piliers porteront tous les âges futurs, tant les diverses
parties en sont bien liées, tant elles contribuent par
leurs proportions à la solidité générale de l'ensem-
ble(1). La seule chose qu'on puisse craindre, ou plutôt
supposer, ce serait, dans la suite des temps, une invasion des Sarrasins ou des Turcs. Eh bien ! la France,
toute conquise, ne laisserait pas toucher à ses cloîtres ; le sacrilége qui oserait y porter la main serait
écrasé sur les premières pierres qu'il aurait détachées.

Écrit à Tours, le 18ᵉ jour d'avril.

---

(1) Monteil exprime ici une idée très-répandue au moyen âge,
à savoir que ceux qui osaient détruire les églises et les cloîtres
recevaient, dans l'année même, le châtiment de leur profanation.
Les moines croyaient à l'éternité des monastères, comme les
romains à l'éternité du Capitole. — L.

LES VARIATIONS SÉCULAIRES

———

Mardi prochain, quand la cloche de matines sonnera à l'église de Saint-Martin de Tours, j'aurai juste quatre-vingt-seize ans. Je suis né à peu près avec le siècle, et je meurs à peu près avec lui.

Mes affections ont toujours été douces ; j'ai donc pu vivre longtemps. Jusqu'ici j'ai porté sans m'en apercevoir le poids de l'âge ; mais maintenant je sens à chaque heure mourir en moi quelques parties de mes forces. Autrefois j'allais, je venais, j'agissais : maintenant je suis réduit à réfléchir, à penser. Il me semble, à la vérité, que la vieillesse de ma tête est un peu moins avancée que celle de mes pieds et de mes mains.

Aujourd'hui tout le monde est allé se promener aux champs ; il n'est resté au couvent que les malades, les infirmes et les vieillards. Je me trouve seul dans ma cellule, assis sur le coffre de mes habits, vis-à-vis une petite fenêtre devant laquelle passent des nuages qui se poussent les uns les autres, qui à tout instant se renouvellent et se présentent sans cesse avec des formes et des couleurs différentes. Pour moi, qui ne vis plus que dans le passé, ce sont les générations des hommes, ou plutôt les générations de leurs opinions, qui véritablement sont bien aussi légères que les nuages et pour le moins aussi changeantes.

Eh! mon frère, dans tout ce qu'on a vu, dans tout ce qu'on voit, cela n'a-t-il pas été, cela n'est-il pas vrai? Tout n'a-t-il pas été, tout n'est-il pas aussi changement? Nos anciennes institutions, qu'étaient-elles? des changements ; nos nouvelles institutions, que sont-elles? des changements.

Considérons d'abord la royauté, qui, placée au point le plus éminent, attire naturellement notre pensée : que de changements, que de variations! C'est dans les camps, c'est des cris et des acclamations des soldats que les premiers rois reçoivent leur auguste caractère ; ensuite c'est dans l'église, c'est des mains des prêtres (1). Dès que nos rois avaient les cheveux coupés, ils ne pouvaient plus régner : aujourd'hui ils portent les cheveux courts, et sont bien mieux obéis que nos rois chevelus. Le trône s'est rétréci en même temps qu'il s'est élevé ; il n'y a plus eu de place que pour un. Aujourd'hui, sur le trône de Clovis ou de Clotaire ne sont plus en même temps assis deux, trois et quatre rois ; aujourd'hui le royaume de Clovis ou de Clotaire n'est plus divisé en deux, trois et quatre lots ; il n'est plus partagé commé le champ d'un homme qui a laissé plusieurs enfants. On ne voit plus

(1) Par la cérémonie du sacre et l'onction de la sainte ampoule qui, d'après les idées de l'ancienne monarchie, conférait aux rois l'esprit de sagesse, de force et de justice.—L

actuellement nos rois entrer en campagne contre les
seigneur de Corbeil, de Montlhéry ou du Puiset. Actuellement les rois de France ne font la guerre qu'aux
rois d'Angleterre, aux rois d'Espagne, aux empereurs
d'Allemagne. Devenus si puissants, nos rois ne peuvent plus être pauvres; ils n'ont plus à craindre comme
Charles le Gros d'être obligés de recevoir l'aumône
d'un homme d'Église, ils ont pour vivre le grand
domaine de Hugues Capet, les grands domaines de
ses successeurs, le grand domaine de la France : car
au jour actuel, ils en sont vraiment les hauts seigneurs, bientôt il faudra dire les seuls seigneurs.

Et dans les autres parties des constitutions de
l'État, y a-t-il eu moins de variations ? Nos anciens
champs de Mars, nos anciens parlements, où l'on
voyait à peine le roi, où l'on ne voyait pas le tiers
état, qui les reconnaîtrait dans nos états généraux,
où l'on voit si bien le roi, où le tiers état se fait si
bien voir (1) ?

Que de variations encore dans les ordres du clergé
et de la noblesse ! Les évêques de Louis le Débon-
naire ne sont plus ; le clergé maintenant a ses communes : les communes des carmes, des augustins,
des jacobins, des cordeliers. Les nobles de Charles
le Simple ne sont plus : ils avaient démoli le trône et
en avaient emporté les pierres, sur lesquelles ils s'é-
taient assis. Le roi a depuis reconstruit son trône ;
seul il y est assis aujourd'hui.

(1) Le tiers état parut pour la première fois aux états généraux du mois d'avril 1302; jusque-là les assemblées convoquées
par les rois, sous le nom de cour ou parlement, *curia domini
regis parliamentum*, étaient exclusivement composées des
vassaux et des dignitaires ecclésiastiques.—L.

L'ancienne royauté, les anciens champs de Mars, l'ancien clergé, l'ancienne noblesse, et j'ajoute l'ancienne législation, ont eu le même sort.

Aux lois ripuaires, aux lois saliques, aux lois capitulaires ont succédé les coutumes, les établissements, les ordonnances : que de variations dans les lois (1) ! Jugements de la croix, épreuves par le feu ou l'eau, combats judiciaires : que de variations dans la jurisprudence !

Et dans l'art de la guerre, et dans celui de la marine, que de variations encore ! Sous les rois de la première race, armées toutes composées de gens de pied ; dans ces derniers siècles, armées toutes composées de gens à cheval. Grand nombre de petits vaisseaux dans les temps où la marine n'osait quitter les côtes ; aujourd'hui que la marine parcourt toutes les mers, petit nombre de grands vaisseaux.

Même les progrès de nos connaissances ne sont que des variations ; et que de variations dans nos sciences, dans nos arts ! Dans la philosophie, il n'y a pas longtemps qu'on proscrivait, qu'on flétrissait, qu'on brûlait publiquement les livres d'Aristote. Partout aujourd'hui, on ne parle, on ne veut entendre parler que d'Aristote ; on ne cite, on ne veut citer qu'Aristote ; on ne reconnaît, on ne veut reconnaître qu'Aristote, que l'autorité d'Aristote. — Dans la physique, dans la médecine, les préjugés, fuyant devant nos lumières, ont rétrogradé vers les ombres des anciens temps.— Dans les lettres, autrefois on ne voulait que de grandes légendes, que des *mers d'his-*

(1) Voir le volume relatif à l'ancienne magistrature.

toires (1); aujourd'hui on ne veut que des fabliaux, que des romans.

Dans les beaux-arts, autrefois la musique ne connaissait que des unissons ; aujourd'hui elle ne fait entendre que des accords. Autrefois on ne peignait que sur bois; aujourd'hui on ne peint que sur verre. Autrefois les architectes ne voulaient que des ordres grecs, que des colonnes ; ils ne veulent aujourd'hui que des ogives, que des piliers.

Dans les arts mécaniques, autrefois on ne façonnait la matière que de cent façons; aujourd'hui on la façonne de mille.

Et dans le commerce, que de variations encore! Autrefois le commerce allait à peine d'un bout d'une province à l'autre; aujourd'hui il va d'un bout de la France à l'autre, d'un bout de l'Europe à l'autre, d'un bout du monde à l'autre.

Et dans l'agriculture ? Nos agriculteurs savaient autrefois labourer, fumer, semer, recueillir, c'était tout; aujourd'hui ils savent mille secrets, ils savent tous les secrets de la nature.

Que de variations surtout dans les usages de la vie! Nos ancêtres étaient si simples, si grossiers! nous sommes si polis, si raffinés!

Tout ce que l'homme fait, il le défait et le refait sans cesse; l'homme est sans cesse changeant : c'est que l'homme considéré dans ses œuvres tend sans cesse à la perfection, comme le fruit qui est sur l'arbre tend cesse à la maturité.

Mais considéré dans sa nature, l'homme est toujours le même.

(1) *Oceanus historialis; mare historiarum.*

Ses organes restent les mêmes. Dans la campagne, un animal pousse un cri; le plus habile musicien ne l'entend ni mieux ni plus vite que le rustre le plus ignorant, qui représente les premiers hommes : c'est que les organes de l'homme, qui sont l'ouvrage de Dieu, sont parfaits, ne changent pas.

Ses instincts restent les mêmes.

Ses affections, qui sont des instincts, restent les mêmes. Un père, un fils des premiers âges, s'aimaient autant que s'aiment un père, un fils de nos âges : c'est que l'instinct de la conscience de l'homme, qui est l'ouvrage de Dieu, est parfait, ne change pas.

La conscience, qui est aussi un instinct, reste la même. Une belle action, une action juste, n'est pas plus belle, n'est pas plus juste pour nous que pour nos ancêtres; la vertu, le vice, ont toujours été les mêmes : c'est que l'instinct de la conscience de l'homme, qui est l'ouvrage de Dieu, est parfait, ne change pas.

Sa raison reste la même. La raison de nos ancêtres a opéré comme la nôtre; la nôtre, bien qu'elle opère sur un plus grand nombre d'idées, opère comme celle de nos ancêtres : c'est que la raison de l'homme, qui est l'ouvrage de Dieu, est parfaite, ne change pas.

Frère André, depuis qu'elle est créée, cette raison est religieuse : oui, il y a une religion naturelle à l'homme, qui, à cet égard, a formé, qui forme, qui formera la pensée universelle.

Ne vous hâtez pas de me faire une objection que j'ai prévue et à laquelle je vais répondre.

Je sais que, lorsque la vie commença à s'affaiblir dans les deux corps politiques les plus forts de l'antiquité, la république d'Athènes et la république de Rome, les opinions d'Épicure et de Lucrèce eurent dans le monde quelque vogue; mais la raison ne tarda pas à reprendre son empire.

Le besoin de respirer l'air frais m'amena un jour de ce printemps dans une prairie étincelante de milliers de gouttes de rosée; sur chacune brillait la même image, la grande image du soleil. La fermentation de la terre éleva des nuages qui voilèrent le ciel; ces milliers de gouttes ne brillèrent plus. L'air redevint pur, ces milliers de gouttes redevinrent brillantes. Alors je me rappelai notre raison, qui, dans tous les hommes, a le même type; je me rappelai les principales époques de son histoire.

En ce moment, frère, le divin livre de l'Évangile, qui renferme le divin livre de la religion naturelle à l'homme, qui a la même source, qui a le même auteur, est ouvert devant moi au chapitre le plus important, à celui auquel ont cru les hommes de tous les siècles, de toutes les parties de la terre, au chapitre de la justice divine, dont le bras me montre au delà des portes de la vie un autre monde. Si je réfléchis, je ne crains plus les ombres du passage qui nous y mène; je ne puis sortir des mains de Dieu; je ne puis tomber qu'entre les mains du meilleur des pères.

Écrit à Tours, le 12e jour de décembre.

QUINZIÈME SIÈCLE.

LES BANNIÈRES DES MÉTIERS

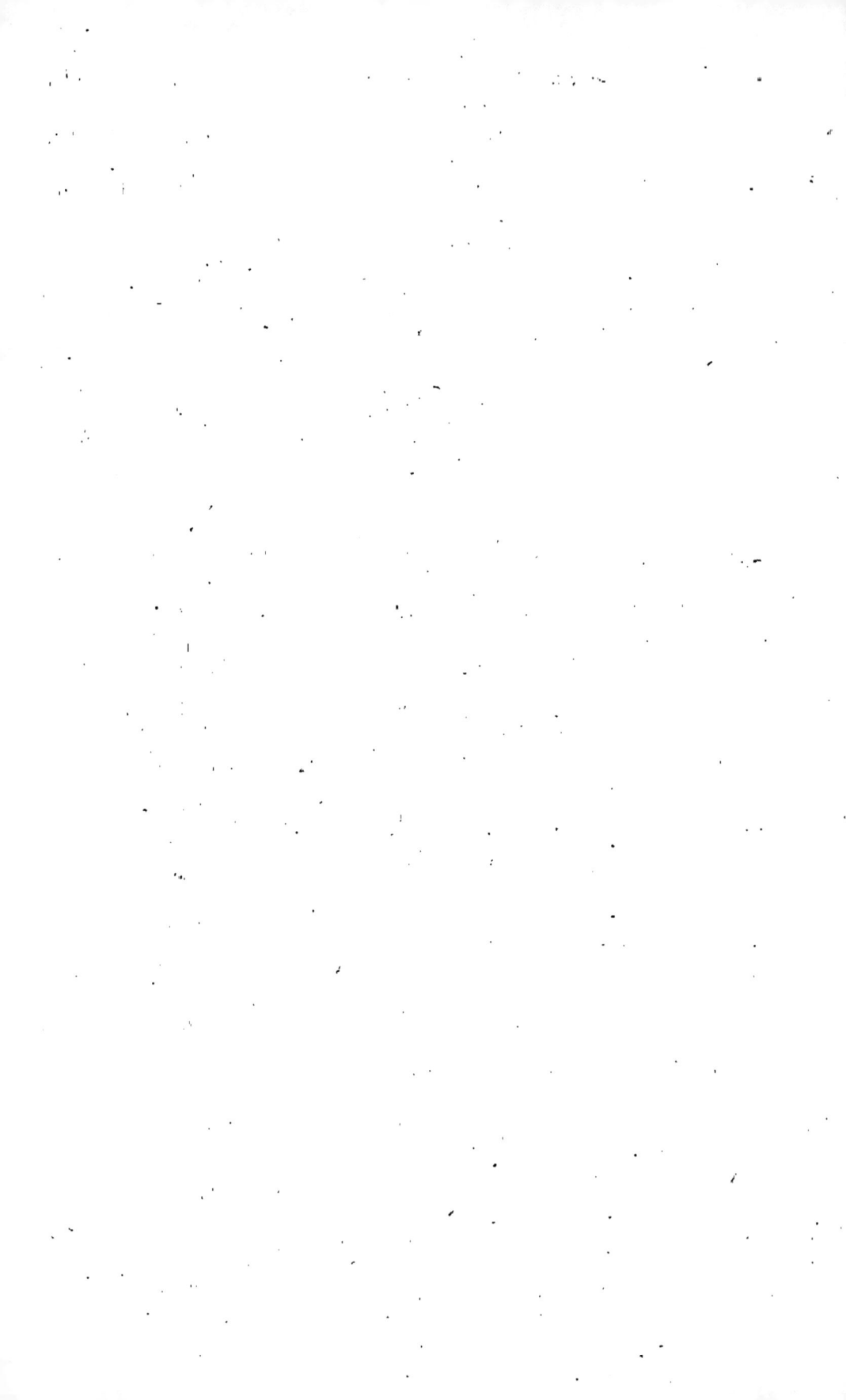

QUINZIÈME SIÈCLE

LES BANNIÈRES DES MÉTIERS

ARGUMENT

Pour nous initier à la vie industrielle du quinzième siècle, Monteil met en scène un riche orfèvre, maître Hardouin, c'est-à-dire un homme occupant dans la hiérarchie des corporations un rang élevé, et se trouvant, par l'exercice d'une profession qui exigeait des connaissances étendues, en mesure de bien juger les choses de son temps. Maître Hardouin passe successivement en revue toutes les bannières des métiers, depuis la *bannière de saint Éloi*, sous laquelle se groupent tous les ouvriers qui travaillent les métaux, jusqu'à la *bannière de saint Jean porte Latine*, qui réunissait ces infatigables propagateurs de la pensée humaine qu'on appelle les imprimeurs.

Malgré les désastres du règne de Charles VI, et des premières années du règne de Charles VII, malgré les famines et les disettes de 1418, 1420, 1437, 1481, 1483, qui réduisent les pauvres gens à manger, comme le dit un contemporain, les « herbettes des champs sans pain, sans sel et sans cuire », malgré

la Praguerie, les guerres de Louis XI contre les ducs de Bourgogne, malgré les ravages des armées étrangères et des armées
françaises elles-mêmes qui portent le meurtre et l'incendie
dans le royaume qu'elles sont chargées de défendre, la fortune
publique de la France ne cesse pas de grandir, parce qu'il
arrive toujours, après les plus cruelles épreuves, une ère de
réparation et de prospérité, un grand roi après un prince im-
bécile.

Jeanne d'Arc, ce miracle vivant de notre histoire, efface la
honte de Charles VI, et des premières années de Charles VII.
Louis XI, en s'appuyant sur les gens de petit état, favorise
le mouvement ascensionnel des classes laborieuses; il pro-
tége l'agriculture et l'industrie, et affranchit le royaume
d'une foule de tributs qu'il avait payés jusqu'alors aux étrangers pour se procurer les marchandises qu'il ne fabriquait
pas lui-même. « Prêtant l'oreille à toutes gens, et s'enquié-
rant de toutes choses », il établit dans les villes et dans les
bourgs de nouveaux marchés, conclut des traités de commerce
avec les nations voisines, favorise la plantation des mûriers,
appelle en France les plus habiles ouvriers de la Grèce et de
l'Italie, développe la marine marchande, crée de nouvelles routes ou répare les anciennes, facilite les relations commerciales par l'établissement des premiers relais de poste qui trans-
portent, avec son autorisation, les missives des particuliers, et
imprime enfin la plus vive impulsion à toutes les branches de
l'activité humaine. Des associations de capitalistes se forment
pour la première fois dans le but d'exécuter de grands travaux
publics, d'améliorer le cours des rivières, de faciliter la navigation intérieure. C'est ainsi que l'Eure est rendue navigable en
1472, et que la Seine l'est également depuis Troyes jusqu'à
Paris.

La découverte de l'Amérique, l'imprimerie (1), l'application
de la boussole à la navigation, les voyages des grands naviga-
teurs, Diaz, Colomb, Covilham, la dispersion des savants,
des ouvriers et des artistes grecs après la prise de Constantinople par les Turcs, les expéditions de Charles VIII en Italie,
font entrer l'Europe et la France dans une ère nouvelle. L'essor
du travail national est retardé, et le sera longtemps encore, par
les entraves du système corporatif et de la réglementation arbi-

(1) On trouvera plus loin une note sur les origines de l'imprimerie.

LES BANNIÈRES DES MÉTIERS AU XVᵉ SIÈCLE, d'après Herbé et les *Arts somptuaires*. — Dans le fond, le *Pilori*, la *Cour des comptes* et la Tour Saint-Jacques.

traire. Mais de nouvelles forces sont mises à la disposition de l'activité humaine; les procédés technologiques se perfectionnent, et le grand mérite de l'orfévre maître Hardouin, c'est de nous faire connaître, dans les pages qui suivent, d'une part, combien était dure encore la condition des travailleurs du quinzième siècle, et de l'autre, combien étaient nombreux et importants les progrès qui s'accomplissaient chaque jour dans l'industrie française. — L.

MAÎTRE HARDOUIN.

L'orfévre Hardouin, quoique riche, quoique dignitaire dans son corps, est fort aimé. Ce soir il s'est assez longtemps promené sous les fenêtres de l'hôtel de ville, au milieu d'un grand nombre de fabricants et d'artisans, qui tous lui ont successivement parlé. Il a serré successivement la main à chacun en signe de l'attention qu'il avait donnée à ce que chacun venait de lui dire; enfin il est entré. Il avait un habit de travail, mais d'un drap frais; un tablier, mais d'un beau chamois violet; un bonnet, mais de velours rouge brodé en argent. Il portait à sa ceinture un brillant marteau d'acier à deux têtes; ses mains étaient douces et blanches comme celles d'un conseiller. Il a salué, a pris la parole et a dit : Messires, les diverses histoires des divers artisans que je vais vous raconter ne sont que les diverses parties de la même histoire, de l'histoire de l'artisan, suivant les divers métiers qu'il exerce, diversement malheureux, mais toujours le plus malheureux. On fera dans quelques jours la procession générale ; j'en ai reçu la semonce. Voyez d'avance passer les artisans, marchant métier par métier, chacun sous la bannière de sa confrérie (1). Je vous déclare de leur part que, si vous croyez être les plus malheureux, leurs rangs vous sont ouverts. Ensuite s'adressant nominativement au cultivateur, il a ajouté : Remi, depuis que je vous connais, et il y a bien des années, car j'ai été nourri dans votre village, je me souviens de vous avoir entendu dire, comme aujourd'hui, que les cultivateurs étaient les plus malheureux; cependant je ne me souviens pas de vous avoir jamais vu persuader personne. Mais Remi, puisque vous êtes si malheureux, venez donc avec nous, soyez des nôtres.

————

(1) La bannière de chaque confrérie portait l'image du saint qu'elle avait choisi pour patron. C'était sous cette bannière que les gens des métiers se groupaient, chacun suivant sa profession, lorsqu'ils étaient appelés à faire le service militaire. Il en était de même dans les fêtes de la corporation, dans les fêtes nationales et les solennités religieuses. Lorsque des processions générales avaient lieu, toutes les corporations de la même ville les suivaient rangées sous leurs bannières. Cet usage s'est conservé jusqu'à la révolution. — Les gens des métiers adoptaient en général pour patrons les saints qui passaient pour avoir exercé la profession qu'ils suivaient eux-mêmes : c'est ainsi que tous les ouvriers qui travaillaient le fer, l'or, l'argent et se servaient du marteau s'étaient placés sous le vocable de saint Éloi, l'orfévre du roi Dagobert. Mais il est souvent fort difficile de déterminer les motifs de leur choix, et de dire par exemple, pourquoi les tailleurs s'étaient mis sous la protection du pape saint Luce, et les potiers de terre sous la protection de saint Fiacre. — L.

LA BANNIÈRE DE SAINT ÉLOI.

Voulez-vous être riche, très-riche ? Oui ! oui ! on ne peut se tromper sur votre réponse. Eh bien ! passez sous la bannière de saint Éloi ; faites-vous recevoir à sa confrérie. Vous voilà reçu. Maintenant il faut extraire, fondre les métaux, être mineur. Allons, suivez-moi, sortons de la ville, courons par monts et par vaux ; cherchons des mines de fer, de cuivre, de plomb, d'étain, d'argent, d'or. Pour les découvrir nous aurons à connaître les aspects du sol. Marchons, Remi ! marchons encore ! N'allons pas plus loin ! Il y a sûrement ici, au-dessous de nous, une excellente mine. Sans autre délai ouvrons la terre.

Heureusement le hasard amène en ces lieux un homme de loi. Mes amis, nous dit-il, doucement ! doucement ! arrêtez-vous ! écoutez-moi un peu. Je vous conseille avant tout de savoir si le maître général gouverneur des mines de France a fait faire son cri depuis au moins quarante jours et si le propriétaire a renoncé à sa mine ; ensuite si le seigneur ne veut pas non plus la faire exploiter à son profit. Mais je suppose qu'il ne le veuille pas, alors il aura le vingtième du minerai et le roi en aura le dixième. Quant au propriétaire, il n'aura rien : sa terre est stérile. Vous pouvez commencer l'exploitation sans qu'il vous autorise ; sachez, toutefois, que, si sa terre était en culture, vous auriez indispensablement besoin d'obtenir son autorisation ou celle du juge des lieux.

Mais, Remi, toutes les difficultés sont levées ; nous pouvons dès le moment mettre la main à l'œuvre. Courage donc ! creusons ! creusons ! L'excavation

n'est pas assez large, le puisard assez profond; la
galerie, à mesure que nous avançons, doit avancer,
et en même temps être étançonnée, maçonnée. Tail-
lons, retaillons la pierre. Voyez, Rémi! voyez, le métal se montre, brille : ne perdons pas un moment;
vite! le fil à plomb pour mesurer l'obliquité des cou-
ches! Il y en a dans toutes les directions; les filons
rayonnent dans tous les sens. Que là terre est riche!
Réjouissez-vous donc! Quoi! vous êtes là tout
triste!

C'est que l'eau des sources vous gagne? Ah! vous
criez, vous avez peur? Mais voilà que l'hydraulique
accourt à votre secours; elle vient avec ses pompes,
avec son admirable roue à pots, qui en un moment
va dessécher la mine. Mais quoi! vous êtes encore
plus triste! C'est que vous ne pouvez respirer dans
ces caves? l'air fixe vous suffoque? La mécanique accourt aussi à votre secours; elle va renouveler l'air
avec ses soufflets, ses ventilateurs, ses éventails de
plume, avec ses linceuls agités. Ah! maintenant je
vous entends crier encore : Comment sortir le miné-
rai qui a été extrait? Il y a un passage, fort large, à
la vérité, mais qui n'a qu'un pied de hauteur, entre
deux énormes lames d'un roc dur, inattaquable. Eh
bien! voilà des sacs de peau de cochon, remplissez-
les. Bientôt vous allez voir venir de grands chiens,
élevés pour le service de ces travaux. Ils seront tout
bâtés; vous les attellerez à des cordes, et ils traîne-
ront ainsi le minerai au delà de ce passage. Je m'en
aperçois, l'impatience est à la fin la plus forte : vous
courez respirer hors de la mine, vous ressuscitez.
Sans doute la vie coûte beaucoup à gagner sur la
terre, mais elle coûte encore plus à gagner au-des-

sous. Remi, le mineur la gagne au-dessous et au-dessus.

Allons ! sortez avec lui. Il a tiré le minerai hors·de la mine; il n'a plus qu'à l'épurer, à le laver au courant des eaux descendant de la montagne, dont les chutes mettent en jeu le pilon qui doit l'écraser, le soufflet du feu qui doit le fondre. Avez-vous remarqué déjà que chaque espèce de métal a une forme de fourneau différente ? Bientôt vous verrez les opérations par lesquelles on sépare les divers métaux qui se trouvent mélangés dans la même mine. Mais vous me dites, vous me répétez : En voilà assez ! en voilà trop ! Vous vous enfuyez sans vouloir regarder ces grandes forges où l'on coule en fonte les poêles, les pots, les marmites, même vos fers de charrue. Rien ne peut vous arrêter : c'est peut-être encore que dans ce moment vous vous souvenez d'avoir rencontré des mineurs de la Normandie qui changeaient de pays et d'état. J'en ai rencontré moi aussi, et plus d'une fois.

Il n'y a pas très-longtemps que je venais de Langres ; une famille de bonnes gens y allaient, qui me demandèrent si la ville était loin. Mes amis, leur dis-je, à votre accent je vois que vous êtes Normands. Ils en convinrent ; ils me dirent qu'ils étaient ferrons des mines de fer d'entre Orne et Aure ; qu'ils avaient fait des barres de fer d'un trop petit poids ; qu'ils avaient été mis à l'amende ; qu'ils en avaient fait d'un trop grand poids, qu'ils avaient été mis à l'amende ; qu'ils avaient été ruinés ; qu'ils avaient vendu tous leurs biens, excepté le minerai et le charbon, qu'il est défendu de vendre. Mais, leur dis-je, quelle est donc la justice qu'il y a dans votre pays ? Il y a, me répondirent-ils, un juge ferron comme nous, élu par nous, qui nous juge d'après nos statuts. Sa cour, qu'il tient à Glos-la-Ferrière, ne ressemble d'ailleurs en rien à celle des bailliages. Le juge siége sur une haute enclume, jambe deça jambe delà; ses jugements sont écrits dans le registre comme ils sortent de sa bouche, et, quand il nous juge et qu'il nous condamne, il nous parle quelquefois comme un artisan irrité qui est dans une taverne : imaginez les belles sentences. Dans les cours des bailliages, les huissiers crient : Paix là ! paix là, messires ! A son audience, les huissiers, qui sont aussi des ouvriers en fer, tiennent toujours à la main un marteau de trente livres, et, au moindre bruit, vous le portent au visage, toujours prêts à vous casser les dents (1).

Remi, si, comme moi, vous avez rencontré des ferrons de Normandie, peut-être n'avez-vous pas, comme moi, rencontré des ramasseurs d'or ; peut-être même n'avez-vous pas été, comme moi, dans le midi de la France, où la libérale nature fait aux pauvres qui ne peuvent tailler les profondes entrailles de la terre des aumônes d'or le long des fleuves et des rivières. L'automne dernier, je voyageais sur les bords du Rhône ; j'étais à pied. Je vois sur la grève nombre de gens de tout sexe et de tout âge occupés à ramasser de l'or de pallole. Je m'approche, et, soupesant le panier d'une jeune fille tout rempli de sable noir veiné d'or : Ma jolie enfant, lui dis-je, allons, ramassez de belles coiffes, de beaux rubans, de beaux souliers. Oh ! messire, me répondit-elle, nous ne ramassons que pour le compte des ramasseurs patentés

(1) Lettres du roi, août 1442, relatives aux ferrons.

par lettres du roi (1); nous ne sommes que les ramasseurs des ramasseurs ; nous faisons de tous les mauvais métiers le pire.

Si ramasser l'or pour le compte d'un autre est le
pire des métiers, ce n'est pas du moins le plus difficile ; c'est celui d'extraire l'or de la mine, surtout de
l'en séparer, de le fondre, de l'affiner.

Demandez à nos maîtres des fourneaux du Rous-
sillon, du Languedoc, du Dauphiné, du Forez, du
Lyonnais ! Aussi les Français, que ces travaux rebu-
tent, n'étant plus aujourd'hui soutenus par la magnificence de Jacques Cœur (2), qui avait tant de mines

---

(1) Lettres du roi, 12 octobre 1481, relatives aux ramasseurs
d'or.

(2) Jacques Cœur, argentier, c'est-à-dire trésorier et ministre
des finances de Charles VII, né vers 1400, mort en 1456. Ce
grand homme, c'est un nom qui lui est dû, est le créateur du
commerce international en France. Jusqu'à lui ce commerce
avait été abandonné aux étrangers. Il voyagea dans le Levant,
arma des navires et fonda en Afrique, en Asie, en Espagne, en
Italie, en Angleterre, des comptoirs qui étaient desservis par
300 facteurs. L'importance de ses relations, l'exploitation des
mines de plomb, de cuivre et d'argent du Bourbonnais et du
Lyonnais, ses opérations de banque lui procurèrent une immense fortune; il excita la jalousie des courtisans, qui voulaient faire confisquer ses biens pour s'en faire donner une
partie par le roi. La protection d'Agnès Sorel, la maîtresse de
Charles VII, le sauva momentanément, et c'est là peut-être le
seul service que les maîtresses des rois aient rendu au pays;
mais à la mort d'Agnès, ses ennemis l'accusèrent de l'avoir
empoisonnée, et de s'être rendu coupable de faux-monnayage
et de concussion. Il fut condamné à mort, et sans l'intervention
du pape Nicolas V, la sentence aurait reçu son exécution. La
peine capitale fut remplacée par le bannissement; il quitta la
France en 1453, et mourut trois ans plus tard dans l'île de
Chypre, où il s'était retiré. — L.

et qui en retirait tant d'or, d'argent et d'autres métaux, sont-ils obligés de livrer presque toutes les mines aux étrangers, excepté celles de laiton, et par une raison excellente, parce qu'il n'y en a pas, bien que dans des lettres-patentes on en ait fait concéder par le roi. C'est ici où jamais le cas de dire : Ah ! si le roi le savait ! -

Soyez de bonne foi, Remi : l'art d'extraire, de fondre les métaux, ainsi que je l'avais prévu, ne vous convient plus. Est-ce donc celui de les travailler ? Voyons.

Commençons par le fer. Les ateliers de la serrurerie sont fort accessibles ; ce ne sont pas, il s'en faut bien, ces grands enfers où l'on fond le métal des mines. Vous aurez d'ailleurs à choisir entre les fers du Languedoc, du Lyonnais, du Berry, de la Normandie. Toutefois, je vous en préviens, jamais, dans aucun temps, on n'a si bien travaillé la petite serrurerie, les clanches, les loquets, les palatres, les serrures volantes, les serrures à bosse. Dans les grandes maisons, il n'y a pas plus de la moitié des serrures en bois ; toutes les serrures des chambres de maître sont en fer. Jamais aussi, dans aucun temps, on n'a si bien travaillé la grosse serrurerie. Qui a vu les grilles du Plessis, les ferrures d'Amboise (1), qui a vu les grandes croix des clochers, de six cents, de huit cents livres pesants, pourrait vous le dire. Jamais, dans aucun temps, on n'a autant forgé, ferré ; nous sommes vraiment, et sans fiction

(1) Les portes en fer du château d'Amboise existent encore ; et, quant à l'ancienne serrurerie, elle s'était conservée jusqu'aux réparations intérieures que le duc de Penthièvre y fit peu de temps avant la révolution.

poétique, au siècle de fer. Nous avons des maisons
toutes garnies de fer, des maisons de fer ; nous avons
des hommes habillés de fer, des *hommes de fer*. Cependant vous balancez un peu. Peut-être savez-vous
un conte que je sais aussi. Un serrurier, après avoir
doublé de fer en dedans et en dehors la porte d'un
château, se présenta pour en demander le payement.

Il appela, il se nomma ; la porte demeura toujours
fermée. Il s'en retournait tristement, lorsqu'il ren-
contra un homme qui lui dit : Pourquoi la faisiez-vous
si forte ? Le conte ne finit pas là ; je le reprendrai
pour vous ou pour d'autres. Aujourd'hui, en France,
il n'y a pas moins de six cent mille portes, ou de fer,
ou à grilles, ou à bandes de fer (1). Quel beau développement pour la serrurerie ! Sans doute ! direz-
vous, si l'on payait, ou, comme dit le conte, si l'on
pouvait se faire payer.

Vous conviendrait-il plutôt d'être maréchal ? Oui,
me répondrez-vous, si je pouvais ferrer les chevaux
toujours assis sur un fauteuil, comme l'on représente
saint Éloi ; mais autrement, il n'y a que des coups de
pied à gagner. Vous pouvez même, Remi, ajouter :
et des amendes, ce qui, pour bien des gens, est souvent pis. Allez ferrer un pied qu'un autre aura paré,
ajusté, vous payerez quinze sous, si je ne suis un
menteur. Savez-vous, ne savez-vous pas la médecine

(1) Il y avait en France 40,000 communes et au moins
60,000 châteaux ou maisons fortes, 10,000 villes, bourgs ou
villages entourés d'une enceinte, 100,000 églises, chapelles,
monastères, couvents, hôpitaux, prisons ou autres établissements publics, qui tous avaient une ou plusieurs portes de fer
ou fortement ferrées.

la chirurgie des chevaux? Vous ne la savez pas,
vous ne pouvez être maréchal.

Le métier de coutelier serait-il plus de votre goût?
On fait actuellement des couteaux pour couper le
pain, pour chapeler le pain ; des couteaux pour tran-
cher la viande, pour ouvrir des huîtres ; des couteaux
gras, des couteaux maigres, des couteaux pour les
divers jours de la semaine, pour les diverses parties
du repas ; des couteaux à manches d'acier, des couteaux *pragois*, avec leur gibecière pour les serrer.
On fait toutes sortes de rasoirs, et on en fait de si
beaux, qu'on les enchâsse dans des étuis d'or garnis
d'un peigne et d'un miroir de toilette. Votre air me
dit non! Non soit.

Sûrement ce ne serait pas gagne-petit que vous
voudriez être ? Quel métier que celui de ces pauvres
gens, chargés de leur meule, courant de village en
village pour aiguiser les petites forces ou ciseaux de
jeunes filles, qui croient bien vous payer en vous
donnant une maille au chien, une maille au chat (1),
et souvent moins, une simple inclination de tête, une
simple œillade. Oh ! j'en suis sûr, les villageois, vous
ne recevriez pas volontiers pareille monnaie.

Ce serait peut-être émouleur de grandes forces
que vous voudriez être ? Mais si vous enviez ce métier, d'autres l'ont envié aussi, qui guère mieux que
vous n'étaient en état de le faire. Ils ont excité des
plaintes générales dans la draperie et mis le roi de
fort mauvaise humeur. Aussitôt amendes de pleuvoir
non par deniers, par sous, mais par écus, par livres.

(1) Petites monnaies étrangères qui circulaient illégalement
en France.

Le refrain des nouveaux règlements royaux est que les émouleurs de grandes forces ont, par leur ignorance, rendu impossible la tonture unie des draps et ruiné les fabriques. Depuis ce temps, ils sont obligés à un apprentissage de deux ans, à fournir un cautionnement de dix marcs d'argent, à prêter serment devant la cour du bailliage, enfin à venir tous les ans des provinces les plus éloignées pour élire leurs jurés et tenir leur chapitre général sur les progrès ou la décadence de l'art.

Si je ne me trompe, vous balancez. Aimeriez-vous mieux donc être alênier, faire des alênes d'acier ou de fer? — Être éperonnier, faire des éperons pour les bourgeois de Paris, qui ont des éperons dorés, qui ne vont jamais à cheval? — Être lormier, faire des mors et des brides? Bon métier, pourvu que vous ne vous disiez pas lormier de Bretagne. — Être tireur de fil de fer? Bon métier encore, mais autrefois bien meilleur, lorsque le fil de fer étranger était prohibé. — Être aimetier? Du métier de tireur de fil de fer à ce métier il n'y a qu'un pas, car les lois permettent de tirer le fil de fer à celui qui fait des hameçons. —Être épinglier? — Être fabricant de fil de cardes? Mais ce métier se transmet héréditairement. Vous pourriez cependant être reçu maître, si votre père était aimetier, car les fabricants de fil de cardes ont fait part aux aimetiers du privilége de se transmettre leur métier héréditairement ; et les aimetiers, en revanche, leur ont fait part de leur privilége exclusif de forger le fil de fer.

Autrefois l'état de haubergier était aussi honoré qu'important. Les ordonnances leur disaient que sur la solidité des mailles de fil de haubert, ou plates, ou à clou, reposaient la défense et la sûreté de la France. Toutes les troupes étaient couvertes de hauberts (1); aujourd'hui on n'en porte guère. Vous auriez raison, vous ne voudriez pas être haubergier.

Si j'étais de vous, je préférerais être brigandinier; gardez seulement que, lorsque vos cuirasses ou brigandines ne sont à l'épreuve que d'un demi-coup, elles portent la marque de cette épreuve, et non celle de l'épreuve d'un coup.

Vivent plutôt les armes offensives! n'est-ce pas? Voulez-vous être faiseur d'arcs? Vous me direz que l'antique flèche, qui depuis le commencement du monde a tué tant d'hommes, ne fait pas aujourd'hui tant de mal, cela est vrai; toutefois on peut encore vivre de ce métier, si l'on ne peut plus en vivre splendidement. Et si vous en avez envie, souvenez-vous que les statuts vous prescrivent de ne faire les arcs qu'avec du bois d'if (2); souvenez-vous cependant

___

(1) Haubert, de l'allemand *hals-berg*, défense du cou. C'était une espèce de blouse, ou *cotte de mailles* formée de petits anneaux de fer entrelacés qui se prêtaient aux mouvements du corps. Le haubert fut remplacé vers le milieu du quatorzième siècle par la cuirasse.

(2) L'arc se composait de deux parties seulement, la corde et le bois, qui était quelquefois remplacé par le fer. L'arbalète était un arc établi sur une monture de bois analogue à nos canons de fusil. L'arc lançait des flèches longues d'un mètre environ, on le bandait avec la main; l'arbalète lançait des flèches courtes et massives nommées *carreaux*, on la bandait soit en appuyant l'extrémité de la monture, la crosse, comme on dirait aujourd'hui, sur la terre, et en ramenant la corde avec le pied jusqu'au cran de détente, soit à l'aide d'une petite mécanique. La corde, en se détendant, faisait partir le carreau posé dans une rainure taillée dans le bois de la monture. La portée de l'arc était d'environ 200 mètres; l'arbalète portait plus loin et sa

aussi qu'il vous est loisible de les faire de plusieurs
pièces, seulement il faut bien les coller ; il faut de
plus garnir de corne vos arcs ; il faut que vos flèches
soient de bon bois sec, qu'elles soient bien ajustées,
bien lisses ; il faut qu'elles soient bien empennées et
qu'elles aient trois pieds de long, ou il faut payer
vingt sous d'amende.

Ne désireriez-vous pas plutôt être arbalétrier ? *Être
vous le pouvez*, pour parler comme les statuts ; il
vous sera même permis de faire des arbalètes de bois,
aussi bien que des arbalètes d'acier. Toutefois, de
quelque matière qu'elles soient, elles doivent être à
quatre, à deux poulies au moins, et elles doivent
d'ailleurs être fortes et bonnes : car, si l'acheteur, en
tirant les trois coups d'essai, les rompt, vous y êtes
pour vos fournitures, votre travail et surtout pour votre honte. Tâchez de trouver cela juste, car il n'en
sera ni plus ni moins.

La cavalerie n'a eu, n'a et n'aura, n'a pu, ne peut
et ne pourra avoir pour arme que la lance. Les profits
sur les flammes et les riches garnitures sont d'ailleurs
quelquefois assez bons. Cependant je ne veux pas
que vous fassiez des lances, que vous soyez lanciers,

---

force d'impulsion était plus grande, mais elle tirait beaucoup
moins vite. Elle fut proscrite en 1139, par le second concile de
Latran, comme trop meurtrière, ce qui n'empêcha point de s'en
servir jusqu'aux premières années du dix-septième siècle. On
a dit que l'usage de l'arbalète ne remontait pas au delà des
dernières années du onzième siècle, mais cette assertion est
démentie par une miniature conservée dans le *Commentaire
d'Haymon* sur *Ézéchiel*. (Bib. nationale, n° 303. F. Lat. de
Saint-Germain.) Cette miniature, exécutée par Heldric, abbé de
Cluny, mort en 1010, représente des soldats armés de véritables arbalètes.

car à l'air guerrier qui vous anime quand vous mettez votre bonnet sur l'oreille, je vois que vous aimeriez à faire encore mieux ; je vois que vous aimeriez surtout à forger cette arme qui fait la parure, la puissance des nobles et des rois, qui, malgré le nouvel usage des engins à feu, ouvre encore plus souvent que toute autre la porte de la mort : soyez fourbisseur, je le veux bien ; fabriquez des miséricordes, des épées étroites et courtes, des épées de bataille, des épées longues et plates, garnies d'une traverse en fer pour toute garde (1); mais vous avez sans doute fait entrer dans vos calculs que les ordonnances exigent qu'attenant votre atelier de forge, vous ayez une grande salle d'armes où vous et vos valets de métier, toujours bien habillés, devez recevoir les belles gens, qui souvent, après avoir dégaîné cent épées, sortiront sans en acheter une.

Aucun de ces métiers ne sera le vôtre, en ce moment je m'en aperçois ; je ne m'y attendais pas. Mais me direz-vous, ne pourrai-je donc travailler le cuivre? Vous voulez maintenant travailler le cuivre ? Je n'empêche : allons, travaillons le cuivre. Toutefois, avant de commencer, examinons et examinons bien.

D'abord il faut que vous et moi sachions que, de même que, depuis la prise de Constantinople et la dispersion des habitants, tous les Grecs d'Allemagne ou d'Italie qui viennent en France se disent Grecs de Grèce, de même, depuis la prise de Dinant et la dispersion des habitants, tous les chaudronniers de

___

(1) Il existe encore un grand nombre de ces épées. On lit dans l'Histoire de Bayard qu'à ses derniers moments il baisait son épée à l'endroit où elle formait une espèce de croix avec la garde.

Normandie et d'Auvergne qui parcourent les provinces se disent Dinandiers de Dinan, et vous, bon Champe₁ nois, vous serez obligé de mentir comme un Normand ou comme un Gascon, si vous voulez avoir de l'ou-| vrage. Eh ! croyez-vous d'ailleurs que les chaudron-; niers d'aujourd'hui soient seulement des chaudron- niers à chaudrons, à chaudières, à marmites, enfin des chaudronniers de l'ancien temps ! On travaille actuellement partout le cuivre comme à Dinant (1), ou mieux peut-être, comme à Lyon. Un chaudronnier habile, avec la pointe d'un marteau fait sortir au fond de ses plats, de ses bassins, des paysages, des per- sonnages, des scènes ; il fabrique des tableaux en relief qu'on trouve souvent dignes d'être argentés, même d'être dorés. Il est orfévre en cuivre : et pour les rois économes il fabrique quelquefois des couron- nes en cette matière. Cependant je ne voudrais pas de cet état, les gains fussent-ils dix fois plus consi- dérables ; voici mes raisons : Je passais un bel après- midi devant une boutique, où je vis un homme qui, respectueusement et sans bouger ni crier, se laissait frapper à grands coups de bâton par une femme : je croyais être à Paris, je m'approche. Cet homme était un jeune homme et cette femme était sa mère ; elle pouvait avoir trente-quatre ou trente-six ans ; son fils, seize ou dix-huit. Messire, me dit-elle, en conti- nuant à frapper et en redoublant, ce malheureux-là, que j'aime plus que ma vie, veut être chaudronnier comme son beau-frère, qui mille fois le jour enver-

_____

(1) Déjà, au commencement du quinzième siècle, la ville de Dinant, près Liége, avait donné son nom aux ustensiles de cuivre.

rait le métier à tous les diables ; encore hier il lui disait : Chrétien, renonce à vouloir prendre mon métier. Quand tu auras fini ton apprentissage, tu ne pourras établir d'atelier que dans les grandes villes ; tu ne pourras vendre en détail que les jours de foire ; tu ne pourras réparer les vieux ustensiles que jusqu'à un certain point, car, s'ils paraissaient neufs, tu payerais l'amende ; tu donneras sur chaque fonte une demi-livre de cuivre au luminaire de Saint-Éloi ; tu ne feras de nouvelles fontes qu'autant que la précédente sera de cent livres pesant ; tu ne travailleras la nuit qu'à fondre, car, si l'on t'entend alors marteler, gare le garde général ! Chrétien, mon ami, tu tremblerais devant le garde général ; tu n'as pas idée de sa contenance et de son air terrible lorsqu'il siége au haut du banc : il a le bonnet sur la tête, tu as le tien à la main ; il t'interroge, et tu te troubles ; tu ne trouves pas la force de lui répondre. Quand son beau-frère fut sorti, continua cette femme, j'ajoutai : Mon fils, songe donc, toi qui es si paresseux, que la mode des coqs de cuivre (1) gagne de tous côtés, et compte d'avance que tu serais obligé d'aller sur une étroite toiture à cent, deux cents pieds de haut, en placer un, dont le bec et la queue doivent marquer le vent qui souffle avant que tu sois descendu de l'échelle. Songe encore, toi qui es si honteux, qu'alors la curiosité rassemblera au-dessous de tes chausses vingt ou trente mille hommes, accourus la bouche béante, comme lorsqu'aux jours de fêtes on jette du haut des

---

(1) Les coqs que l'on plaçait au sommet des clochers. Dans la symbolique chrétienne, le coq est l'emblème de la vigilance, et du prédicateur qui annonce la parole de Dieu. — L.

tours les oublies au peuple. Mais, ajouta-t-elle, ce
qui l'enflamme, il me l'a avoué, car il m'avoue tout ,
c'est que, depuis qu'il a appris que le pot de chambre
du roi était de cuivre, il a conçu l'espoir de le faire.
Insensé ! qui ne voit point qu'il n'est pas plus d'étoffe
pour cela que je ne le suis moi pour être comtesse de
Champagne. A peine eut-elle fini de parler, qu'elle se
mit à recommencer de plus belle sa correction. Je
l'arrêtai. Jeune homme, dis-je au fils, vous devez
obéir aux bons conseils de votre mère. Ma bonne
femme, dis-je à la mère, je vous ai bien écoutée : vos
raisons sont assez bonnes pour se passer de bâton.

Remi, j'ai dissuadé d'être balanciers bien des gens
qui en avaient l'envie : si vous l'aviez, je tâcherais de
vous dissuader aussi. Dans ce métier, un ouvrier mal-
habile ruine ou damne mille marchands. Jugez de
son importance et de sa difficulté par les précautions
que la loi a prises. L'apprenti, avant de mettre la
main à l'œuvre, comparaît devant la justice, et lui
prête serment. Durant cinq ans entiers il est tenu de
demeurer au pain et au pot de son maître. Devenu
maître, les balances doivent toutes être signées de
son nom ; il n'y a que lui à qui il soit permis de les
réparer. Enfin, la loi veut que tous les ans les balanciers se reposent pendant douze jours après la Pentecôte. Oh! quel long travail, quelle longue application un si long repos atteste !

En ce moment je crois vous entendre me dire : A
peine au dernier siècle il y avait cinq ou six horloges
en France (1); aujourd'hui il y en a une à chaque couvent, à chaque château ; à Troyes, à Reims surtout,

_____

(1) L'emploi des horloges sonnantes, dans les couvents, est

c'est, au-dessus de votre tête, une continuelle pluie
d'heures. Bien plus, il y a plusieurs riches bourgeois
qui en ont de petites dans leurs salles, et il est même
probable qu'il en sera bientôt en France comme en
Italie, où l'on en porte à la ceinture de très-petites
qui marquent exactement les vingt-quatre heures sur
la montre. Laissez-moi être horloger; je vendrai les
grandes horloges vingt, trente livres, et les petites à
proportion. Je serai peut-être chargé de celle de la
ville ; on m'appellera le gouverneur de l'horloge, ou
même quelquefois plus simplement le gouverneur. A
cela je vous répondrai : Si vous n'avez fait un long,
un très-long apprentissage, il faudra le faire ; si vous
ne savez les mathématiques, les hautes sciences, il
faudra les apprendre, et ensuite vous ne serez qu'au
niveau de nos médiocres horlogers ; vous serez encore bien loin de pouvoir faire une de ces horloges
nocturnes à qui vous dites le soir de vous réveiller,
et qui le lendemain vous réveillent à l'heure, plus
loin de pouvoir marquer avec des sphères métalliques
les révolutions planétaires, les imperturbables mouvements de la grande horloge du monde. Remi, les
horloges des grandes villes, qui sont l'honneur de
notre âge, la gloire de l'intelligence humaine, eh bien!
c'est l'ouvrage des horlogers (1).

mentionné pour la première fois en 1120, dans les statuts de
l'ordre de Cîteaux. Les moines s'étaient empressés de les adopter, parce qu'elles les dispensaient de veiller auprès des sabliers
et des clepsydres, ou d'observer le cours des astres, pour savoir les heures des offices de nuit. — L.

(1). Les horloges publiques étaient véritablement, selon le
mot de notre ancienne langue, des *mécaniques célestes et ter-
restres*. Ce fut surtout dans les villes municipales du nord de

La fonte de ces grandes cloches de trente, quarante mille livres, dont la forte vibration, en même temps que le mouvement, fend quelquefois les plus épaisses murailles, et quelquefois vous force à déplacer ou à faire taire la cloche pour conserver le clocher, est encore une autre merveille de notre âge.

Une autre, c'est la fonte de ces grands ouvrages en bronze, de ces grandes croix avec des arcs-boutants et des scènes de la Passion, qui forment comme de hautes pyramides de métal. Dans un moment alors le fondeur peut s'enrichir, peut se ruiner ; bien plus, dans un moment il peut perdre trente, quarante ans de renommée et de gloire : aussi quelquefois alors son âme, exaltée par la crainte et l'espérance, brise, éclate les organes de la vie, et va apparaître dans un monde où, si elles sont connues, nos grandes agitations, même celles des fondeurs, sont bien risibles et bien petites. Ainsi vous ne voulez pas être fondeur, travailler le bronze, je m'en crois sûr.

Vous ne voulez pas travailler le plomb, être plombier, je m'en crois sûr encore, dût-on vous donner l'entreprise de la couverture de tant d'édifices, de tant

---

la France et dans la Flandre, que les horloges méritèrent ce nom. On les orna de statues souvent plus grandes que nature. Ces statues, armées de marteaux, levaient le bras pour frapper l'heure sur le timbre, et, avant ou après la sonnerie, de bruyants carillons faisaient entendre des airs variés. Les horloges de ce genre se nommaient des *jacquemars*, probablement du nom d'un habile ouvrier, Jacques Aymar, qui excellait dans leur fabrication. Outre les arabesques, les statues, les peintures et les dorures, les horloges offraient encore, au nombre de leurs ornements, des devises et des sentences qui avaient trait à la fuite rapide du temps, à l'incertitude de l'avenir, aux surprises inattendues de la mort. — L.

de riches maisons qui décorent aujourd'hui nos villes
ou même de ces immenses canaux qui, ainsi que les
artères, se ramifient sous terre pour donner l'eau
sur nos places publiques et la faire briller au haut des
fontaines en champignons, en gerbes, en mille jets
diversifiés par le mécanisme du siphon, le même sans
doute par lequel la savante nature donne le mouvement au sang et le fait circuler dans les veines. —
Vous ne voulez pas travailler l'étain, être potier, ni
par conséquent être pintier, ni même planeur. Vous
pourriez encore cependant planer la vaisselle d'étain
de la cour.

Je vois que vous voulez être orfévre, je le vois.
Vous pensez que vous serez peut-être anobli, car les
premières lettres d'anoblissement furent, dit-on, ac-
cordées à Raoul l'orfévre (1). Non, vous pensez plutôt qu'à force de manier l'or et l'argent il vous en
restera, comme aux financiers, un peu dans les mains;
mais, Remi, les orfévres tiennent trop à leur gloire
pour ne pas être pauvres. Le prix de leur long et difficile travail, qu'ils sont obligés de vendre aux ignorants, surpasse ou du moins devrait surpasser celui
de la matière. N'avez-vous pas vu aux cérémonies
ces habits orfévrés (2) qui jettent un si grand éclat,
ces boutons brillants, ces élégantes broderies, ces

(1) Raoul l'orfévre remplissait auprès de Philippe le Hardi les
fonctions de trésorier. Les lettres qui l'anoblissent sont
de 1270. — L.

(2) Dans leurs relations des grandes cérémonies ou des entrées des rois, les historiens du quinzième siècle ne parlent
que d'habits orfévrés; voyez entre autres la *Chronique* de Jean
de Troyes, année 1461, et le *Recueil des rois de France* par
Dutillet : Couronnement de Louis XI.

chefs-d'œuvre de goût et de patience? Et toutefois
ces enrichissements ne sont pas, il s'en faut bien, les
derniers efforts de l'art : ce sont plutôt ces hauts
chandeliers à flambeau, ces flacons, ces plats, ces as-
siettes armoiriées d'émail, ces aiguières, ces coupes,
ces vases dont les creux de la gravure, remplis, suivant les ingénieux procédés des Italiens, de poussière
de plomb et d'argent, représentent en teintes moitié
mates, moitié brillantes, des chasses, des hameaux,
de riants paysages, d'heureux agriculteurs; ces images
d'or et d'argent portées au chapeau, ces tableaux
d'argent aux personnages à tête d'or qui parent les
appartements; ces beaux, ces magnifiques, ces fa-
meux treillis d'argent qui entourent les tombeaux des
saints : toutes ces grandes pièces d'orfévrerie, dont,
avant l'exécution, les modèles en bois ont été exposés
aux yeux du public, tous ces chefs-d'œuvre sculptés,
ciselés, fondus ou martelés, sortis de la main de notre Papillon, qu'envie inutilement à la ville de Troyes
l'orfévrerie de Paris, la première du monde.

Ah! ne soyez pas orfévre. Moi, après avoir essayé
d'un grand nombre d'autres métiers qui tous m'auraient plu d'avantage, j'ai été jeté et fixé dans celui-
là par un inévitable coup du sort. Croyez-m'en, Remi,
de tous les malheureux états d'artisan, c'est le plus
malheureux. Soyez plutôt lapidaire, et, puisque vous
aimez tant les richesses, maniez plutôt les rubis et
les diamants. Vous serez d'ailleurs continuellement
entouré de jolies femmes, Eh! qu'avez-vous à craindre de leurs caprices? N'avez-vous pas toujours, ne
pouvez-vous pas faire parler toujours les ordonnances? Une douce voix vous dit : Maître Remi, les
améthystes, les grenats de mon collier sont montés

sur argent ; je les voudrais montés sur argent doré,
sur or. Vous répondez : La loi ne le veut pas. —Une
voix encore plus douce vous dit : Maître Remi, j'aime
la transparence et le brillant des améthystes ; je n'en
aime pas la couleur violette : teignez-moi ces pierres
en rouge. Vous répondez : La loi le défend. —Maître
Remi, je vous apporte des perles d'Orient, que vous
mettrez sur le devant de mes boucles d'oreilles, et
des perles d'Écosse, que vous mettrez par derrière.
Madame (ou Mademoiselle), la loi ne permet pas qu'on
trompe personne, même les galants. — Maître Remi,
comme elle serait belle une aigrette d'émeraudes, de
balais, de rubis, variée par les améthystes ! Votre réponse est facile, elle est tout écrite : « Les améthystes
« ne peuvent estre ainsi mises, si ce n'est en manière
« d'envoirrement servant de cristal. » — Mon bon
maître Remi, je vous prie, coûte que coûte, de me
garnir en verres, posés l'un sur l'autre, ou en doubles
verrines, mes bracelets d'or. Votre réponse est aussi
facile; elle est aussi tout écrite : « C'est pour le roi !
« c'est pour le roi ! » Mais je vous entends me dire
que vous perdrez vos pratiques; je ne vous dis pas le
contraire.

Remi! connaissez-vous des artisans qui, dans le
même atelier, travaillent un jour les métaux les plus
précieux et un autre jour les métaux les plus communs, qui à chaque coup terminent chaque pièce de
leur ouvrage, qui exercent l'art le plus simple et le
plus facile, qui cependant se regardent au-dessus des
artisans, qui en renient le nom, qui sont les plus
heureux, qui se disent les plus malheureux? Si vous
ne les connaissez pas, je les connais moi : ce sont
les monnayeurs, qu'on divise en ouvriers, c'est-à-dire

en monnayeurs qui ne font pas grand'chose, et en officiers surveillants, c'est-à-dire en monnayeurs qui ne font rien. Les ouvriers sont exactement et richement salariés en bel or ou en bel argent : car dans l'heureux pays des monnaies, dans les hôtels de fabrique, le cuivre n'a cours qu'à l'extérieur. Ils ont les poches pleines d'espèces neuves, et cependant, comme s'ils ne pouvaient payer, ils sont exempts de tous les impôts établis et à établir ; ils sont exempts de corvées, de chevauchées, d'ost, de guerre, de logement de gens de guerre. Ce n'est pas tout, et voilà pourquoi je ne vous ai pas dit : Soyez monnayeur. Ils se succèdent par droit héréditaire et par droit d'aînesse. Leurs places sont comme des fiefs, mais non des fiefs masculins ; car la fille unique, ou la fille aînée, lorsqu'il y en a plusieurs dans la famille, transmet son privilége à son époux et à ses descendants. Vous me demanderez peut-être comment cette race privilégiée, qui, ainsi que toutes les races privilégiées, doit devenir fainéante, se corrompre, par conséquent diminuer, peut suffire à toutes les fabrications monétaires, dont le nombre et l'activité tous les jours augmentent. Je vous répondrai qu'à chaque nouveau règne, le roi a droit d'instituer un nouvel ouvrier dans chacun des quarante hôtels des monnaies (1). Je vous dirai de plus que, lorsque les bras manquent, les monnayeurs du serment d'empire sont

(1) A l'époque de la première féodalité le droit de monnayage, comme tous les autres droits régaliens, avait été usurpé par les seigneurs. En 1262, saint Louis déclara qu'à l'avenir ce droit appartiendrait à la couronne; mais les grands feudataires n'acceptèrent point sans résistance cette nouvelle législation. Sous Louis XIV, quelques seigneurs exerçaient encore en France le droit de monnayage, comme au treizième siècle.—L.

admis dans les hôtels comme les monnayeurs du serment de France ; mais les uns prétendent à une grande suprématie sur les autres.

J'avais pris chez moi une petite parente pour me servir en même temps de fille de boutique et de fille de compagnie de ma fille. Un recuiteur, c'est ainsi que dans les monnaies on nomme l'apprenti, s'enflamma d'une belle passion pour ma jeune parente. Tous les jours il venait lui dire : Madeleine ! ma chère Madeleine ! je suis du serment de France ! je ne suis pas du serment d'empire ! Entendez-vous ! je suis du serment de France ! Madeleine, toute vaniteuse d'avoir fait une aussi illustre conquête, ne put long-temps s'en taire avec moi. Maître Hardouin, me dit-elle, mon recuiteur n'est pas du serment d'empire ; il est du serment de France, et il n'en veut pas moins être mon époux. Mais apprenez-moi, ajouta-t-elle, quelle est donc cette si grande différence entre les ouvriers des deux serments ? La voici, lui répondis-je. C'est que, parmi les monnayeurs, les uns jurent aux hôtels des monnaies d'Allemagne, et les autres aux hôtels des monnaies de France, de ne pas être des voleurs. Ils jurent aussi de garder le secret de la fabrication, et je crois qu'en général ils le gardent ; mais pour le vôtre, prenez-y garde. Madeleine sentit sa vanité décroître de plus de trois quarts. Toutefois, dès que le recuiteur fut monnayeur, c'est-à-dire ouvrier avec gages, elle l'épousa. Aux fêtes des noces on ne manqua pas, suivant l'usage, de beaucoup promettre. Le jeune époux devait être fondeur, fiertonneur, tailleur, balancier, essayeur, prévôt ou chef des ouvriers. Le cœur de Madeleine s'enfla de vanité et d'espérance plus que jamais. Toutefois, comme les monnayeurs sont tournaires, c'est-à-dire obligés de travailler successivement dans les divers hôtels, un jour d'hiver, qu'il gelait et neigeait, le mari de Madeleine reçut ordre de partir sur l'heure pour aller dans les lointaines montagnes du Gevaudan, à Marvejols, où l'on avait établi un nouvel hôtel des monnaies. Il fallut obéir. Le jeune ménage vint me dire adieu, et je n'en ai pas eu de nouvelles.

Je vous ai parlé de ma jeune parente, je vais maintenant vous parler de ma fille. Elle n'est pas moins spirituelle que belle ; mais, par un goût invincible qu'elle a contracté dans son enfance, elle n'aime que les hommes blonds. Le jeune maître particulier des monnaies, qui était un beau brun, venait plus souvent chez moi que ses fonctions ne l'y appelaient. Ce que je craignais arriva. Bien que j'eusse recommandé à ma fille de ne pas être si belle, et qu'elle y eût fait, me dit-elle, tout ce qu'elle pouvait, le maître particulier en devint épris et me la demanda en mariage. Vous voyez mon embarras. Maître, lui dis-je avec franchise, je suis forcé de vous avouer que ma fille ne peut aimer que des hommes blonds, et vous savez que dans ce cas il est à craindre que les enfants soient blonds, quoique le père soit brun. Vous penserez, je crois, qu'il ne serait pas prudent de se hasarder. Oh ! me répondit-il d'un air leste, je me charge de donner à la belle un peu de goût pour les bruns, laissez-moi faire. Je lui laissai le champ libre. D'abord il mit en jeu ses parures, ses habits, ses aiguillettes d'argent, son couteau de chasse à poignée d'or. Ensuite il se présenta avec une grande flûte de cinq pieds, sur laquelle il chanta ses tourments. Rien n'y faisait. Il en vint aux tendres compliments, aux grandes déclara-

tions, et certes, toutes les fois que je l'écoutais, je
trouvais qu'il n'était pas maladroit. Mais le goût invincible de ma fille me tranquillisait. Enfin le maître
particulier s'y prit comme le recuiteur. — Henriette,
lui dit-il, je voudrais que les maîtres particuliers fussent plus puissants, plus riches, pour mettre à vos
pieds l'éclat et la fortune d'un plus haut état; mais le
nôtre tel qu'il est n'est pas à dédaigner. C'est nous qui
dans l'hôtel des monnaies commandons ; c'est nous
qui employons ou n'employons pas les ouvriers; c'est
nous qui facilitons les ventes, les achats, les marchés,
qui faisons l'abondance, ou, s'il nous plaît, la disette
de la nouvelle monnaie. Et il continua à vouloir l'é-
blouir par le beau côté de son état. Mais ma fille en
connaissait l'autre côté : car, ainsi que toutes les jeunes filles, elle écoutait tout, et elle avait entendu le
recuiteur, devenu monnayeur, se plaindre dans son
ménage du maître particulier et ne pas l'épargner. —
Maître, lui répondit ma fille, vous dites vrai, mais
vous ne dites pas tout : car le maître particulier n'est
réellement, aux termes de l'ordonnance, que le fermier des monnaies. Le roi veut-il qu'il soit forgé à
Troyes cent, deux cents marcs d'or et dix ou quinze
fois autant de marcs d'argent, il ordonne qu'on pu-
blie à son de trompe qu'à tel lieu, tel jour, telle heure,
on adjugera au rabais, à la chandelle, la ferme des
monnaies ou l'entreprise de leur fabrication. Tout
homme, en faisant, comme on dit, la meilleure condition, en fournissant quatre mille livres de cautionnement, peut aussi bien que vous être adjudicataire,
fermier, prendre aussi bien que vous le titre de maître particulier. Ensuite, ajouta-t-elle, vous pouvez
bien sans doute frapper plus de monnaie que ne porte

votre bail ; mais vous ne pouvez en frapper en moindre quantité. C'est à vous à trouver de l'or et de l'argent au prix fixé par le roi. Le bon temps des fermiers des monnaies est passé. On ne verra plus, comme il y a soixante, quatre-vingts ans, plus ou moins, un fermier général des monnaies de France les refondre à un titre nominal si différent de l'ancien (1), qu'il pouvait donner au roi, pour un bail de dix mois, une somme plus forte que celle des revenus d'une année entière, sans compter qu'il n'y perdait guère lui-même. Autrefois le profit du roi ou le seigneuriage élevait le prix du métal monnayé beaucoup trop au-dessus du métal en lingot. Aujourd'hui il a été volontairement et presque totalement remplacé

---

(1) Les brusques changements de la valeur nominale des monnaies ont été très-fréquents au moyen âge. Depuis Louis VII jusqu'à la Révolution, cette valeur a changé cent quarante-sept fois pour les pièces d'or et deux cent cinquante fois pour les pièces d'argent. Il suffisait d'une simple ordonnance royale pour que l'écu qui valait trois livres n'en valût plus que deux. Quand on avait ainsi décrié les monnaies, on forçait le public à les porter aux hôtels, où les agents du fisc les rachetaient au prix fixé par les ordonnances. Après une refonte on les remettait en circulation, en élevant dans une proportion plus ou moins forte la valeur nominale. La différence entre le prix de rachat et le prix d'émission faisait le bénéfice du roi. Sous le roi Jean, le taux du marc d'argent, qui servait de base au système monétaire, a varié entre quatre livres et dix-huit; sous Louis XIV et sous Louis XV, entre vingt-sept livres et cent vingt. Un certain nombre de nos rois ont eu recours aux changements de monnaies pour combler le déficit de leurs budgets, sans augmenter les impôts; mais ces changements n'avaient d'autre résultat que de jeter une perturbation profonde dans les fortunes, et de ruiner à la fois les familles et le crédit de l'État.—L.

par les tailles, les subsides fixes ; il n'est que de dix sous par marc, que d'un vingt-quatrième de la valeur des espèces ; il n'est de presque rien, et votre ancienne importance est réduite à bien peu. Vous étiez les hauts financiers de l'État ; vous en êtes redevenus les monnayeurs.

Le maître particulier, après un si docte congé, disparut. Ma fille aurait pu ajouter, car elle avait dû l'entendre dire aussi au recuiteur que les alliages des fontes tendent tous les jours à se simplifier ; qu'à l'avenir il n'y aura plus que des monnaies ou toutes d'argent, ou toutes de cuivre, ce qui réduira encore plus l'importance des maîtres particuliers. Elle ne le lui dit pas ; mais elle lui en dit assez pour m'attirer sa haine, car il croyait que c'était moi qui l'avais ainsi instruite. Il voulut se venger. Dès le lendemain il me força à lui porter toutes les matières d'or et d'argent que j'avais reçues comme orfévre-changeur. Je sus aussi qu'il me faisait épier pour savoir si je n'achetais pas, comme orfévre, l'or ou l'argent au-dessus du taux fixé par le roi.

Il ne se borna pas là, il ameuta contre moi le garde et le contre-garde de la monnaie. Ces gardes-juges, qui sont à quelques égards et qui se croient à tous égards nos supérieurs, reçoivent notre serment, et ont le droit de vérifier si notre argent et notre or sont au titre légal. Le garde ne venait que rarement : il vint toutes les semaines, bientôt tous les jours, bientôt plusieurs fois par jour, et il n'oubliait jamais de me dire : Ce n'est pas tout que de travailler au charbon de saule, il faut que votre or soit à dix-neuf karats, et votre argent à onze deniers douze grains de fin. Un jour, de meilleure heure qu'à l'ordinaire, il

entre, va droit à une boîte d'argent que je venais de
finir, fait l'essai de l'argent, le trouve au-dessous du
titre, l'enveloppe, y appose son signet, m'y fait ap-
poser le mien, et commence contre moi une procé-
dure qui épouvante ma fille et mes amis.

Les gardes et les contre-gardes, qui sont aussi les
officiers royaux chargés de la surveillance de la fabrication des monnaies, ont au-dessus d'eux les maîtres généraux provinciaux, et ceux-ci les maîtres généraux, au nombre de six, qui forment la chambre
des monnaies.

Un de ces derniers vint faire sa tournée à Troyes.
J'en suis informé ; je ne perds pas de temps, je m'ha-
bille le plus proprement que je puis, comme un jour
de confrérie. Je cours chez lui, je lui raconte les per-
sécutions que j'ai éprouvées et que je j'éprouve. —
Orfévre, me répondit-il, je vous ferai justice : je représente ici la souveraine chambre des monnaies, qui
peut tout. Vous savez que c'est elle qui régit, par la
bouche du roi, tout le numéraire de la France : car ce
qui nous plaît plaît au roi, ce qui nous déplaît lui déplaît, et son bon plaisir est toujours le nôtre. Si nous
voyons, continua-t-il, l'or sortir de la France, devenir rare, aussitôt, sous le nom du roi, nous haus-
sons le prix du marc et nous le retenons dans l'intérieur ; si nous voyons au contraire qu'il devient trop
abondant, aussitôt encore, sous le nom du roi, nous
baissons le prix du marc, et bientôt il change de
proportion nominale avec l'argent et les autres métaux. Ainsi, quand le roi veut que l'argent vaille tantôt dix, tantôt onze, tantôt douze fois moins que l'or,
c'est nous qui le voulons. Eh ! pensez-vous qu'il
faille peu savoir pour gouverner ce mouvement mo-

nétaire d'après le papier-journal du cours des villes
de l'Europe? Vous comprenez maintenant pourquoi
le roi nous appointe de deux cents livres, nous généraux, et pourquoi à son avénement il ne change et ne
peut guère changer les officiers des monnaies. Le
chancelier, quand il nous écrit, nous traite de frères,
de très-chers frères. C'est la souveraine chambre
qui, pour prévenir les vols de ceux qui lavent à l'eau-
forte les espèces d'or, a voulu que maintenant celles
qui ne pèseraient pas le poids légal pussent être re-
fusées ; et la France entière s'est couverte de trébu-
chets, et les vols ont cessé. Autrefois, de pauvres
seigneurs recélaient dans leurs forts châteaux des
faux-monnayeurs qui, avec un gros d'argent, vous faisaient trois francs ; aujourd'hui il n'est plus de murailles qui puissent être fortes contre la souveraine
chambre. Aujourd'hui la souveraine chambre vous
fait prendre un homme dans toute l'étendue de la
France, et pour le faire conduire devant elle, tous
les sergents, toutes les prisons sont à ses ordres, à
son service. Il y a plus : quand le roi accorde des lettres de rémission à un criminel de délit monétaire,
nous pouvons, comme le parlement, passer outre, le
faire fouetter, le faire pendre, le faire bouillir sur le
feu. Orfévre, je vous le répète, je vous rendrai justice. Il me tint parole.

La salle où je comparus était remplie et environnée
d'orfévres, de valets, d'apprentis ; elle était remplie
et environnée aussi de monnayeurs de tous grades. Je
m'avançai d'un pas ferme vers le maître général des
monnaies, qui tenait entre ses mains ma boîte d'argent. Mon général, lui dis-je, le roi, éclairé par les
lumières de la souveraine chambre des monnaies, in-

terprétant la bénignité des saints, a permis d'employer l'or et l'argent d'un bas titre aux reliquaires ; cette boîte en est un : lisez le *Non venundetur*, la prière que fait le donateur aux âges futurs de ne pas vendre son don (1). Les monnayeurs crièrent de toutes les parties de la salle que cette inscription se mettait aussi sur les vases d'or et d'argent donnés, n'importe quel fût leur usage. Mon général, continuai-je, veuillez examiner la principale figure, c'est celle d'un apôtre. C'est celle d'un philosophe grec ! crièrent encore de toutes les parties de la salle les monnayeurs. Alors le maître général, ayant vu à un côté du principal personnage, vêtu d'une robe flottante, la grosse tête d'un bœuf à cornes dorées, me dit : Orfévre, reprenez votre boîte, je vous la rends : dans ce procès, l'oiseau de saint Luc est la pièce décisive. Je sortis au milieu des orfévres, qui, me félicitant, me pressant, m'embrassant, me portèrent, pour ainsi dire, chez moi dans leurs bras.

LA BANNIÈRE DE SAINT BLAISE.

Oh ! je suis bien fâché, a continué l'orfévre Hardouin après une petite pause, que ce gros messager qui parlait ici avec tant d'assurance nous ait échappé. Ne voulait-il pas essayer de pleurer et de nous faire pleurer sur son malheureux sort ! Mais ceux de nous

(1) Avant la Révolution, il y avait dans les anciens châteaux, dans les anciennes riches maisons, d'anciennes pièces d'argenterie où le *non venundetur*, — qu'elle ne soit pas vendue, — était la prudente substitution d'un père à ses petits-fils.

qui étions le plus près de la fenêtre, nous l'avons entendu détacher son cheval, monter dessus, et s'en aller en chantant, avec la voix d'un homme qui n'avait pas soif. Je lui avais aussi demandé si quelques-uns des nombreux métiers de la bannière de saint Éloi lui plaisaient, ou s'il avait envie de passer sous la bannière de saint Blaise ; si, par exemple, il voulait être meulier, quitter son état, où, en se promenant tous les jours à cheval dans les campagnes, en faisant soir et matin bonne chère dans les meilleures hôtelleries, il gagnait tous les jours de l'or à jointées. Et vous, Rémi, et vous, messires, je vous le demanderai aussi, avez-vous cette envie ? Alors ne consultez pas votre servante, si elle est, comme la mienne, fille d'un maître de ce métier. Malheureux état des meuliers! me disait-elle il n'y a pas longtemps ; mon père mourut en le maudissant, et toute sa vie il n'avait cessé de le maudire. Il se plaignait surtout de ce qu'on croyait heureux les meuliers, parce qu'ils gagnaient vingt sous pour arrondir une meule, vingt sous pour l'arréer, vingt sous pour la percer ; mais, ajoutait-il, lorsqu'il nous arrive un accident à la dernière de ces trois façons, nous les perdons toutes. Ce ne serait rien, et nous pourrions encore y vivre si maintenant on ne cerclait en fer les meules ; aussi n'en faisons-nous plus ou presque plus. Quand mon père fut mort, continua ma servante, tous les meuliers vinrent nous visiter, mêler leur affliction à la nôtre, nous faire toutes sortes d'offres de service et d'assistance. Ils revinrent quelque temps après en dansant, et amenèrent mon frère pour le recevoir maître. On avait préparé une salle de festin, et, au-dessus, un grenier où, pendant que dans la salle les

maîtres faisaient bonne chère, se divertissaient, le
dernier maître reçu, le manche du balai à la ceinture
en guise d'épée, avait conduit mon frère, qui ne cessait de crier comme si on le battait à être tué. J'étais
accourue ; on m'avait empêchée d'entrer. Enfin mon
frère sortit : il tenait par le bras le maître qui l'avait
reçu, et tous les deux riaient à gorge déployée. Après
la fête, mon frère me dit que les coups de bâton, qui
peut-être, dans les anciens temps barbares , étaient
franchement donnés et reçus, n'étaient actuellement
que simulés ; qu'ils précédaient et suivaient, ou du
moins étaient censés précéder et suivre les promesses faites par les nouveaux maîtres, de s'aimer entre
confrères du métier, de ne pas découvrir le secret de
la meulière, de ne pas nommer à l'acheteur les divers
maîtres auxquels appartiennent les diverses meules à
vendre, de ne pas frapper devant lui les meules, pour
prouver, par leur son, qu'elles sont bonnes, de peur
qu'il répète cette expérience sur les autres meules et
laisse les mauvaises. Oh! pour cela, dis-je à mon
frère, ce n'est pas honnête. Sans doute, me répondit-
il ; mais, vois-tu, c'est dans les statuts.

Voilà pour les meuliers ; et ne croyez pas que les
autres confrères de saint Blaise soient plus heureux.
Ma servante, celle-là même dont je viens de vous
parler, est une jeune veuve d'un carrier, ou, pour
parler comme elle, d'un *perrier*, qui, la seconde semaine après les noces, travaillant au fond de sa *per-
rière*, qu'il avait affermée fort cher à la ville, resta et
reste encore enseveli sous un éboulement de plus de
cent pieds. Aussi, voyez à l'orifice des carrières ces
appareils de mécanique avec lesquels on retire les

pierres des profondeurs aux anciens carriers inaccessibles.

Mais je vais, messires, vous faire une autre proposition. Y a-t-il quelqu'un dans l'assemblée qui veuille extraire, cuire les plâtres ? Qu'il y regarde bien avant de dire non. Aujourd'hui les carrières en sont d'une exploitation facile ; elles sont plus commodes ; elles sont pavées, couvertes : le mauvais temps du siècle dernier est passé, car au siècle actuel tous les états sont moins malheureux.

Personne ne dit mot ? Toutefois, messires, il me semble que si l'on ne veut ni extraire ni cuire le plâtre, peut-être y a-t-il quelqu'un qui voudrait le travailler : il aura actuellement bien moins de difficultés, de discussions. La mesure, la forme des marches des escaliers en plâtre ont été légalement fixées ; il en est de même de l'épaisseur des planchers, de même de l'épaisseur des murs et des manteaux des cheminées (1). Ajoutez que maintenant un plâtrier est bien

(1) Dans les bas siècles du moyen âge, on ne connaissait pas les cheminées adossées aux murs avec les conduits en manteau. Le foyer, placé au milieu de l'appartement, était surmonté d'un tuyau qui traversait les étages supérieurs et portait la fumée au-dessus du toit. Ce n'est qu'au douzième siècle qu'on voit paraître de véritables cheminées. Les plus anciennes avaient leur tuyau établi en encorbellement à l'extérieur des murs. Dans les petits appartements, où elles étaient étroites et basses, on leur donnait le nom de *chauffe-panses*. Dans les châteaux, elles étaient construites à hauteur d'homme ; une famille entière pouvait s'y chauffer à l'aise, et on établissait quelquefois des bancs de pierre sous leur manteau, le long des jambages. Elles conservèrent leur ampleur jusqu'à la fin du règne de Louis XIV, c'est-à-dire jusqu'à l'époque où la vie de famille commença à s'affaiblir, et depuis lors elles allèrent toujours en se rapetissant. — L.

au-dessus de ce qu'autrefois il était, qu'on moule,
qu'on façonne au jour présent très-artistement le
plâtre. Voyez seulement les hauts et larges tuyaux
des cheminées, décorés de riches ornements d'architecture (1) : ne sont-ils pas, pour les toitures de nos
maisons, d'élégants panaches, au-dessus desquels
ondoie la fumée à des hauteurs que l'œil admire ?
Vous compterez encore pour quelque chose qu'il n'y
a pas d'état où l'on soit plus poli ; la plus petite parole incivile se paye, parmi les ouvriers, dix deniers,
que reçoit l'offensé : aussi dit-on que, lorsque les ouvriers en plâtre travaillent chez les gens riches, ils
donnent plutôt qu'ils ne reçoivent leçon de politesse.

Messires, en est-il de vous comme de moi ? Jamais
je ne passe devant un édifice en construction sans
reconnaître le quinzième siècle à ses grands appareils
mécaniques, à ses tours, à ses chèvres, à ses grues,
à ses échafaudages, qui tournent en spirale autour des
dômes et des pavillons (2). Je le reconnais encore
bien mieux à ses nouvelles coupes de pierres, à son
nouveau goût. Quelqu'un veut-il être maçon ? Il ma-
niera aujourd'hui quelquefois le marbre, le basalte et
le porphyre (3). Non, personne ne veut l'être. Ah ! je
m'en doute, on sait le reste du conte du serrurier. Il
avait un frère maçon, qui bâtit aussi un château ; il se

(1) Telles sont les cheminées qu'on voit dans les miniatures
des manuscrits du quinzième siècle représentant des bâtiments.

(2) A la miniature du folio 50 vᵒ, du manuscrit de la Bible
historiaux, conservé à la Bibliothèque du roi, représentant la
tour de Babel en construction, on voit un échafaudage en spirale dressé en dehors de la tour.

(3) Plusieurs édifices du quinzième siècle où ces différents
genres de pierre ont été employés subsistent encore.

présenta aussi au pied des murailles pour demander
son payement ; il appela aussi et se nomma, et ce fut
de même inutilement. Lorsqu'il s'en retournait,
l'homme que son frère avait rencontré s'approcha de
lui et lui dit : Pourquoi l'avez-vous fait si fort ? Ce
qui me donnerait à croire que c'est un conte du temps
passé, c'est qu'aujourd'hui cet homme aurait dit :
Pourquoi l'avez-vous fait si beau ? Aujourd'hui on fait
tout en même temps et fort et beau ; malheureusement on ne paye pas aujourd'hui les maçons mieux
qu'autrefois ; et, à cet égard, cet ancien conte est bon,
et sera longtemps bon.

J'ai cependant connu un confrère de saint Blaise
qui n'était pas malheureux. C'était un très-pauvre et
très-vieux couvreur, vêtu d'une très-vieille livrée, mi-
partie d'orange et de bleu. Il se tenait habituellement
sur la porte de son voisin le notaire, pour avoir occasion de servir de témoin et d'entendre lire sa qualité
d'ancien maître couvreur juré, officier de l'hôtel de
ville de Dijon ; et jamais alors il ne manquait de dire,
en se regardant : Et j'en porte l'habit (1).

LA BANNIÈRE DE SAINT FIACRE.

Écoutez encore, messire. Il me semble que l'état
des potiers de terre, quoiqu'un peu obscur, n'est pas
à dédaigner. Maintenant ces ouvriers manient si ha-

---

(1) Cet habit à Dijon était mi-partie orange et bleu. Dans les
villes du moyen âge, les officiers des municipalités étaient habillés aux frais de la commune, qui leur donnait chaque année
certain nombre d'aunes de drap.

bilement leurs vernis que les tarifs des droits d'entrée les appellent peintres. D'ailleurs, quelles formes si belles, si élégantes, que celles de leurs vases, de leurs plats, de leurs tasses, de leurs bouteilles de terre ! Quelle belle poterie que cette poterie azurée qui nous vient de Beauvais ! Dans ses fabriques, quelle entente parfaite de la qualité des argiles, du plombage, des cuites et des recuites ! Là, on n'a pas à craindre les retoupages à la chaux, au suif, au fromage, aux œufs, dont ailleurs on se sert pour cacher les gerçures de la poterie, ni même les retoupages à la terre. Je me ferais volontiers, à Beauvais, confrère de saint Fiacre. Et vous, messires, votre air me répond tout aussi clairement que votre bouche, vous craignez les droits de tonlieu (1). Vous craignez d'avoir des valets qui, sans autre attirail qu'une roue fixée sur un pieu, travaillent secrètement pour leur compte ; vous craignez encore plus les prud'hommes, qui ne vous épargneraient pas les amendes s'ils vous surprenaient à tourner vos pots ou à les éventer avant cinq heures du matin. Mais, si vous ne le savez pas, je vous dirai qu'aujourd'hui vous pouvez les enfourner et les défourner à toute heure ; et, convenez-en, c'est quelque chose, surtout quand on a passé plusieurs siècles à ne pouvoir enfourner, et plusieurs autres à ne pouvoir défourner qu'au moment où il plaisait à la loi.

Si je vous parlais d'être tuiliers, il n'est aucun de

---

(1) On désignait sous le nom général de tonlieu les droits qui se percevaient, au profit du roi ou du seigneur, sur les marchandises étalées dans les marchés, et sur celles qui entraient dans les villes ou qui passaient sur les routes et les rivières aux endroits où étaient établis des péages. — L.

vous qui ne me répondît que ce serait trop bas descendre. Et moi, à mon tour, je vous répondrais que, bien que nous ne voyions pas encore de comtes qui soient tuiliers, nous en voyons du moins qui possèdent et n'ont pas honte de posséder des tuileries dont le rapport est de deux, de trois milliers de tuiles. Je vous répondrais de plus qu'aujourd'hui on commence à faire des tuiles portant gravées des inscriptions, des fleurs, des armoiries (1); même qu'on les vernit, qu'on les peint, et que, si cette mode se propage, vous verrez bientôt les salles décarrelées, recarrelées. Mais alors les tuiliers seront heureux, me direz-vous. Oui, je le répète, si la mode se propage ; oui, si, tandis que tout le monde fuit aujourd'hui l'état de tuilier, tout le monde alors ne veut pas le prendre.

LA BANNIÈRE DE SAINT JOSEPH.

Messire le clerc, qui jouez la comédie par pénitence, vous qui êtes volontairement si malheureux, voulez-vous être encore plus malheureux ? faites-vous char-

(1) Bien que l'église Saint-Nicolas de Troyes ait été brûlée en 1524, je crois cependant que les carreaux de brique qui en pavent l'entrée, près l'escalier du calvaire, sont de la fin du quinzième siècle ; ils sont gravés de lettres romaines, de fleurs, de losanges, de croix de Jérusalem, de pièces de blason; ils ressemblent aux pavés peints dans les miniatures des manuscrits du quinzième siècle. Ces carreaux de l'église de Saint-Nicolas sont vernis; il me semble en avoir vu aussi au château de Chenonceaux en Touraine, bâti par le général des finances Boyer, vers le commencement du quinzième siècle.

pentier. Dans cet état, point de faute qui, de manière
ou d'autre, n'emporte sa peine, et toujours une peine
grave. Manquez-vous d'adresse, il y va de votre sang;
manquez-vous de courage, il y va de votre vie. Aujourd'hui les périls se sont encore accrus depuis la
révolution faite dans la coupe de nos toits, bien plus
élevés, bien plus rapides que ceux d'autrefois. La
preuve, vous ne l'ignorez pas, est tout près du lieu
où je parle; car sans doute, comme les autres, vous
vous plaisez à regarder souvent les flèches de nos
églises, surtout la flèche de Saint-Loup (1), qui s'é-
lance si hardiment dans le ciel. Remarquez encore
qu'en même temps que les périls se sont accrus, en
même temps se sont accrues les difficultés. Et cela
doit être dans une ville comme Troyes, dont les maisons sont bâties par les charpentiers, et non par les
maçons (2): ici l'art, se perfectionnant de jour en jour,
en est venu à ce point que l'ouvrier, posant la scie et
la hache, prend le ciseau et sculpte sur les solives
des fenêtres, surtout sur les solives des portes, ou la
représentation du maître de la maison avec l'habit,
les insignes de son état, ou celle du saint qu'il affec-
tionne le plus, ou celle de personnages antiques, ou
quelquefois même celle de grotesques personnages,
qui vous arrêtent, qui vous font rire, qui vous rappellent pour vous faire rire encore. Heureuse ville !
heureux habitants ! mais malheureux charpentiers !

Malheureux, plus malheureux menuisiers ! car, par

(1) *Topographie de Troyes* par Courtalon, liv. IV. Cathédrale
et abbaye de Saint-Loup.

(2) Au quinzième siècle, Troyes était, comme aujourd'hui,
bâti de bois et de plâtre.

leur travail, les menuisiers sont, s'il est possible,
supérieurs aux charpentiers. Ils ont multiplié autour
de nous les agréments de la vie ; ils ont, pour ainsi
dire, tapissé nos appartements de lambris, ornés
d'une variété de filets, de fleurs, de blasons, de devises, de toute sorte de sculpture ; ils ont rendu tous
nos meubles plus beaux, plus commodes; ils ont, avec
raison, agrandi nos armoires, où maintenant on pourrait loger ; avec autant de raison, ils ont raccourci de
moitié nos anciens longs bancs, ainsi que leurs marche pieds et leurs estrades, en ont enjolivé de petites
pyramides les dossiers, et en ont orné de façons d'é-
cailles et de coquilles les perches. Ce n'est pas tout :
ils ont encore recoupé ces demi-bancs en chaises de
trois places, et enfin ces chaises de trois places en
chaises de deux, d'une place ; et l'on peut, dès ce
moment, prévoir que si ces chaises, garnies d'étoffe
ou de maroquin, continuent à être à la mode, elles fi-
niront sûrement par mettre les bancs dehors. Mais
peut-être, quoique vous fussiez tenu de faire un long
apprentissage, d'acquérir la légèreté de la main, la
justesse, l'habileté de l'œil et tant d'autres qualités
que l'art exige toutes à un si haut degré , avez-vous
peur de ne pas souffrir assez ; attendez, voici de quoi
vous satisfaire. Entre gardes des différents métiers,
lorsqu'il nous arrive de nous rencontrer, nous nous
faisons volontiers politesse. Le dernier jour de l'Avent,
le premier garde juré des menuisiers m'arrêta dans
la rue. Il fait bien froid, lui dis-je. Eh bien ! me répondit-il, ne me quittez pas, et peut-être, sans aller
bien loin, vous ferai-je bientôt chauffer : avançons !
Le garde aperçoit des pièces de menuiserie tout fraî-
chement peintes : il en soupèse plusieurs, il les trouve

de bois neuf; il en soupèse d'autres, il les soup-
çonne de bois vieux; il en ratisse un bout : C'est du
bois vieux, dit-il d'un ton magistral, qu'on le brûle !
Aussitôt la canaille, les jeunes garçons, d'obéir
joyeusement à ses ordres; aussitôt feu et grand feu.
A quelques-pas de là, feu et plus grand feu encore.
Le garde était entré chez un de ces nouveaux menui-
siers-lambrisseurs, dont le nombre s'est tellement
accru qu'il forme aujourd'hui une des grandes divi-
sions de l'état de menuisier; il y découvrit de l'aubier
dans les joints de plusieurs panneaux. Toutefois il se
contenta de les faire dépecer quand l'aubier n'était
pas dans une partie susceptible d'effort; mais pour
les meubles de noyer, où il y avait de larges nœuds,
il fut inexorable. Un banc de taverne venait d'être
terminé, qui n'avait ni l'épaisseur ni les membrures
voulues par les statuts : le garde met le menuisier à
l'amende. Pendard, lui dit-il, penses-tu que ce soit un
banc pour entendre le catéchisme ? Nous continuâmes
à marcher. Il trouva plusieurs de ces cages fixes,
treillissées aux fenêtres, qui deviennent de plus en
plus communes; il y remarqua des défectuosités, il
s'irrita. Mais le maître menuisier le prit sur un ton
encore plus haut. Je travaille, lui dit-il, pour un pauvre bourgeois qui le veut ainsi; nous avons le droit
de faire de mauvais ouvrage de commande : si vous
ne le savez, sachez-le ! Le garde continua sa visite;
il entra chez un menuisier où il me montra des assemblages faits à la colle. Nos devanciers, me dit-il, as-
semblaient avec des goujons de fer; les règlements
le veulent encore, mais bientôt ils permettront qu'on
s'en passe, et je fais semblant de ne pas voir les li-
cences que l'art prend tous les jours dans ses déve-

loppements et dans ses progrès. Quelques jours après je rencontrai ce même garde à la veillée chez un ami commun. Nous sortîmes ensemble. Vous m'avez vu, me dit-il, faire la police le jour ; venez! vous me la verrez faire la nuit. Nous parcourûmes les rues. Il s'arrête devant une porte de boutique; il écoute : bientôt il frappe à coups redoublés. On vient, on ouvre. Est-ce pour l'évêque? est-ce pour le roi? demanda-t-il brusquement ; où est l'ordre? Le maître menuisier lui répondit : Nous pouvons travailler aussi pour les princes, voilà l'ordre; j'ai d'ailleurs eu soin comme vous voyez, de fermer les portes et les fenêtres. Le garde se retira. Au bout de la rue, nous entendîmes un menuisier qui, portes et fenêtres ouvertes, sciait et clouait des planches à grand bruit; je le fis remarquer au garde, qui me répondit : Oh! ce sont des bières, des menuisiers de cérémonies funèbres ; on peut y travailler le jour, la nuit, quand on veut, car pour les ouvrages des morts la loi ne s'en inquiète guère. Assurément aucun des beaux clercs qui jouent la comédie ne voudrait du malheur des charpentiers ou des menuisiers; je suis de leur avis : il vaut mieux faire le saint sur le théâtre.

LA BANNIÈRE DE SAINT MARC.

— Ce qui répond mieux que tout aux chagrins censeurs des mœurs actuelles, a continué l'orfévre Hardouin, ce sont les portes vitrées, *les huis enchassillés*, qui remplacent, dans les beaux appartements,

les portes épaisses derrière lesquelles toute sorte
d'actions demeuraient cachées (1). Personne, je pense,
ne blâme ou n'ose blâmer les nouvelles portes ; mais
les nouvelles vitres blanches à légères verges de fer
excitent les regrets des admirateurs du temps passé ;
ils redemandent les anciennes vitres jaunes, vertes,
bleues, rouges. Toutefois le bon bourgeois qui aime
son patron en voit mieux l'image au milieu du verre
blanc ; le bon gentilhomme qui aime ses armoiries en
voit bien mieux, au milieu du verre blanc, les nobles
couleurs. La nature ne fait pas des prairies de fleurs ;
elle sème des fleurs dans les prairies. Nous avons
élégamment semé dans le verre blanc, le verre de
couleur. Les anciennes vitres interceptaient la pureté
et l'éclat du jour : de là cet universel changement
voulu par un siècle qui avant tout et en tout veut la
lumière. Les vitres sont devenues aujourd'hui plus
communes, mais les vitriers sont devenus plus nombreux ; car il est passé, depuis près de cent ans, le
temps où, dans son château de Montpensier, la du-
chesse de Berri ne savait s'il était minuit, s'il était
midi, parce que *les chassitz de ses fenestraiges étaient*

(1) L'emploi des vitres dans les fenêtres et les portes remonte, selon toute probabilité, au quatrième siècle de notre
ère. Saint Jérôme parle en effet de fenêtres closes au moyen
de lames de verre. On appelait *chambres verrées* les chambres qui avaient des vitres, et *verrières* les fenêtres qui en
étaient garnies. Au quinzième siècle, les fenêtres se composaient de quatre panneaux qui s'ouvraient à l'intérieur, et s'ap-
pliquaient en se fermant sur des traverses disposées en forme
de croix ; c'est de là que nous vient le mot croisée. Voir sur
les vitres : Aimé Champollion-Figeac, *Documents palćogra-
phiques*. Paris, 1868, in-8°, p. 62.—L.

des ensires de toille sirée par défoult de verrerie.
Cependant l'apprentissage des vitriers, d'ailleurs fort
long, est toujours terminé par un an d'exercice chez
un des jurés ; cependant les frais de leur réception
sont de huit livres, payées en parties au tronc de la
confrérie, en partie à la bannière militaire. Cependant
il faut que pour neuf deniers, pour un sou au plus par
carreau ou losange, ils vous donnent du plomb de bonne
qualité, avec soudure des deux côtés ; il faut surtout
qu'ils ne vous donnent aucune losange faite de deux
triangles ajustés, encore moins de plusieurs morceaux
de verre plombés. Qui maintenant veut être vitrier?

Lanternes! lanternes! mes bonnes lanternes!
criait, il n'y a pas longtemps, à l'entrée de la nuit, un
homme qui en tenait une allumée. Je lui achetai une
grande lanterne de rue pour pendre devant ma maison. Il me garantit qu'elle était de bois neuf, et com-
posée de toutes les pièces requises par les ordonnances. Quels sont les ouvriers, lui demandai-je, qui
font les grandes belles lanternes de salle? — C'est
nous. — Et ces beaux lustres suspendus, composés
de deux traverses de bois assemblées en croix, aux
quatre bouts desquelles on met une chandelle?—C'est
nous. — Et ces porte-flambeaux de bois qui sou-
tiennent et qui allongent les flambeaux de cire que,
pendant les grands repas du soir, les valets tiennent
autour de la table (1)? — C'est nous. Sa voix grossis-
sait à mesure que sa vanité intérieure se dilatait.
Mais, lui dis-je, dans votre état, vous êtes donc bien

---

(1) L'usage de se faire éclairer par des valets portant des
torches à la main, est mentionné par Grégoire de Tours, au
sixième siècle.— L.

heureux? — Nous bien heureux! me dit-il en remettant aussitôt et avec humeur sa charge sur les épaules : Lanternes! lanternes (1)! Et il s'en alla en continuant à crier dans la rue : Lanternes! lanternes! entendant faire pour moi allusion au proverbe si connu qui s'exprime par ces deux mots quand on nie, ou quand on traite de conte ce qu'on vous dit.

Lanternes! lanternes! criait un autre jour, en plein midi, un homme qui ne portait que des soufflets. — Lanternes! lanternes! criait aussi, par un beau soleil, un homme qui ne portait que des boisseaux, des tamis, des sacs. Je demandai à chacun d'eux pourquoi il criait Lanternes! tandis qu'il n'en vendait pas. Le souffletier me répondit qu'il pouvait faire aussi et qu'il faisait aussi des lanternes, et que, lorsque le jour il criait Lanternes! comme l'objet le plus honorable de son métier, le peuple savait qu'alors il ne vendait que des soufflets. Le boisselier, qui pouvait aussi faire et qui faisait aussi des lanternes, me donna la même réponse!

L'expérience me rend tous les jours plus avare de félicitations envers les artisans, tous ou moins ou

(1) Les lanternes étaient connues de l'antiquité, mais on a tout lieu de croire que la fabrication s'en était perdue dans les bas siècles du moyen âge, car un historien du neuvième siècle signale comme une invention très-remarquable qu'on ait trouvé de son temps le moyen d'empêcher le vent de souffler les lumières, en les plaçant dans une petite boîte garnie de corne. Les lanternes, suivant le rang des personnes, se fabriquaient avec des métaux précieux, du fer ou du cuivre; il y en avait aussi en bois et en ivoire. L'usage en était très-répandu; chacun avait sa lanterne pour sortir le soir, attendu que les premiers essais d'éclairage public ont été faits sous Louis XIV. — L.

plus malheureux. La mi-carême dernière, je passais
près de la boutique d'un maître vannier ; il criait et
faisait crier sur la porte : Rouets ! rouets ! Achetez
des rouets ! achetez des quenouilles, des fuseaux, des
écuelles, des hanaps, des billes, des billards, des
flûtes, des sifflets ! Saint Marc, votre bon patron, vous
mette en paradis ! lui dis-je ; certes, votre métier n'est
pas le pire, car, outre les ouvrages de vannerie, vous
vendez là mille autres ouvrages en bois. — Vous vendez ! vous vendez ! me répondit-il avec une fureur
qu'il s'efforçait inutilement de modérer, je ne vends
pas, car personne n'achète. Allez-moi donc arrêter
aux barrières de la ville tous les objets de notre
commerce qu'on apporte de dehors, ces grandes
charretées de quenouilles, ces grandes charretées de
tasses, ces grandes charretées de flûtes, que l'enfer vomit aujourd'hui sur la terre !

Les nattes sont devenues d'un usage si général,
qu'en hiver elles couvrent tous les planchers. Maintenant on fait même des châlits en nattes pour les prisonniers (1), dont, à cet égard du moins, le sort s'est

(1) L'emploi des nattes pour couvrir les parquets était un
progrès notable, car jusqu'au quinzième siècle on ne s'était servi
que de paille, même dans les plus nobles maisons. La chambre
où le duc Guillaume de Normandie reçut le jour était jonchée
de paille : la sage-femme qui le reçut dans ses bras le déposa
sur cette paille et, si l'on en croit le chroniqueur Albéric de
Trois-Fontaines, l'enfant, en agitant les doigts, en saisit quelques brins ; la sage-femme voulut les lui reprendre, mais il
les serra bien fort, comme s'il eût refusé de les lâcher : *Par-
foy*, dit-elle alors, *cet enfant commence jeune à concquerre.*
Le mot de la sage-femme est apocryphe, mais l'anecdote nous
initie à un usage de nos aïeux, et c'est par ce motif que nous
la rapportons ici. — L.

bien amélioré. Chacun sait combien peu sont payés les ouvriers qui font les nattes, et combien cependant ils sont nombreux ; ainsi on peut à volonté dire : Nattier, petit métier, grand métier ; on peut encore dire : Pauvre métier.

Vous connaissez tous ici, messires, cette grosse réjouie de tonnelière qui demeure au coin de la rue. Elle s'est mariée à quinze ou seize ans ; c'était alors une jeune, une petite rose. Je la trouvai, le lendemain de ses noces, la tête penchée et tout en pleurs. Quoi ! ma belle enfant, lui dis-je par manière de plaisanterie, vous pleurez ; mais c'est encore trop tôt. — Ah ! maître Hardouin, me répondit-elle, mon mari a bien fait son chef-d'œuvre, son cuvier : il a, sans reproche, bien donné son grand pain, son bon lot de vin aux confrères ; il est bien passé maître. Mais, comme tout le monde sait, mon mari est très-amoureux de moi, et, s'il est distrait à proportion, il se ruinera : car, pour chaque douve gâtée, amende ; pour chaque douve rouge *non réélée*, amende ; pour chaque mauvais cercle, amende ; pour chaque mauvaise chevillure, amende ; et, s'il cesse d'être distrait, de se ruiner, ce sera encore pis : il cessera d'être amoureux.

LA BANNIÈRE DE SAINT COME.

— Sire Robin, oui, j'en conviens, les financiers, bien que vous soyez les plus riches, vous êtes les plus malheureux : car enfin vous le dites, et qui le sait mieux que vous ? Ainsi vous ne risquerez rien à changer d'état. Eh bien ? de nos différentes bannières

choisissez celle qui vous convient le mieux. Il me
semble que c'est celle de saint Côme : c'est celle des
barbiers ; il y a aussi de l'argent chez eux ; il y a
même de la gloire. Les barbiers se croient les plus
savants, les clercs, les Grecs des artisans ; ils se
croient, pour le rang, au moins autant que les orfévres ; ils disent que, si entre les familles de ces deux
états on voit peu d'alliances, c'est que les barbiers ne
veulent pas. Les orfévres ne disent rien. Pourtant
faut-il avouer que l'état de barbier a son importance.
Veut-on s'en convaincre, on n'a qu'à assister à leur
chef-d'œuvre. Les jurés sont rangés en silence sur
leurs bancs. Vous voyez amener un pauvre diable,
ramassé dans les rues à cause de sa barbe, de sa che-
velure hérissée : c'est une espèce de sanglier. Il faut
que le récipiendaire le rase lestement et sans le faire
sourciller ; ensuite qu'il le tonde élégamment et à la
mode. Mais ce n'est rien. Vous voyez bientôt après
amener un homme pauvre, gras à lard, comme quelquefois il s'en trouve pour faire enrager les riches.
Aucune veine ne paraît sur son corps ; le récipiendaire est tenu de le saigner sans hésitation et sans
aide. Avant il a soutenu, en présence des magistrats,
un examen sur la petite chirurgie, sur les premiers
éléments d'anatomie, sur les veines du corps humain,
là où elles gisent, et, ce qui est plus difficile, et cependant ce qu'exigent les statuts royaux, *à quoi elles
servent;* avant il a forgé solennellement des lan-
cettes dont un des juges a brisé la pointe pour vérifier le grain et la trempé de l'acier ; avant il a composé des onguents pour les blessures et même pour
les brûlures. Enfin il est reçu maître ; il va s'établir
à une rue, à une place commerçante, à un marché, à

une avenue de ville, à un bout de pont. Aussitôt commence pour lui la police la plus rigoureuse. Les inspecteurs lui demandent ses lettres d'institution, scellées par le premier barbier du roi, qui, par lui ou par ses nombreux lieutenants, exerce sa juridiction sur tous les barbiers du royaume ; on lui demande aussi les quittances des cinq sous qu'il lui doit. On revient ; on visite ses outils, ses instruments, ses pots. Ce n'est pas tout, car voici le pis. Il est né rieur ; vous savez qu'il arrive quelquefois aux jeunes gens d'avoir les maladies des gens vieux, et aux gens vieux d'avoir les maladies des jeunes gens ; vous savez que les femmes ont aussi, comme les hommes, des maladies singulières. Il voudrait, à la veillée, rire un peu avec ses amis, naturellement de la même humeur que lui ; aussitôt l'ordonnance lui commande le silence des confesseurs. Quand viennent les grandes fêtes, le profit, au lieu d'augmenter, diminue. Qui de vous ces jours-là a pu se faire raser? On ne peut que se faire peigner ; on ne peut se faire couper les cheveux, excepté qu'on prenne la tonsure ou qu'on se marie. Sans grande nécessité on ne peut se faire purger ; on ne peut que se faire saigner. Le malheureux barbier est, ces jours-là, obligé de dépendre ses bassins et ses enseignes. Quand vient la fête de la confrérie, il n'a le temps ni de manger ni de boire, encore moins celui de chanter et de danser. Ce jour-là, de plus solennels et de plus longs offices se succèdent, et la grande procession des barbiers, qui attire tant de monde, ne rentre qu'à la nuit. Pour les affaires, les procès que le corps du métier a ou peut avoir, il faut donner trois deniers par semaine. Il faut donner aussi tous les ans trente deniers pour l'almanach astral des saignées, que dix mille barbiers sont obligés d'acheter, et que peut-être mille au plus entendent. Comptez encore au nombre des malheurs de cet état que les barbiers passent pour se mêler de mauvais métiers, par cela seul que le règlement le leur défend ; et que par cela seul qu'il ordonne aux barbières d'être sévères, elles passent pour ne l'être pas.

LA BANNIÈRE DE SAINT AMAND.

Il y a une ville où je voudrais, mais seulement un jour de l'année, être brasseur de bière : c'est à Rouen. Le jour de la confrérie de ce métier, les maîtres vont dîner au réfectoire de l'abbaye de Saint-Amand, au milieu de plusieurs rangées de jolies vierges normandes.

LA BANNIÈRE DE SAINT HONORÉ.

Bien des gens qui crient, crient surtout qu'on ne peut être malheureux au milieu de la belle farine, au milieu du beau pain. Ils s'imaginent que la confrérie de saint Honoré est particulièrement bénie ; il ne se souviennent pas que le boulanger est obligé, comme la justice, d'avoir continuellement la balance à la main, et que, lorsqu'il la tient mal, ils lui en prend autrement qu'à la justice. Ils ne se souviennent pas non plus que son pain doit avoir et le poids légal et la blancheur légale ; que l'inspecteur est toujours

suivi d'essaims de pauvres prêts à dévorer les four-
nées adjugées à la charité publique, et que le boulanger en faute peut être pris non-seulement dans sa
boutique, mais encore dehors, jusque sous le couteau,
sous la dent de ses pratiques, car tous sés pains doivent porter sa marque. Vous me direz que les boulangers ont des priviléges, qu'ils peuvent, dans certaines
villes, forcer quelquefois les marchands blatiers à
leur vendre du blé ; je vous dirai que, dans d'autres,
ils ne peuvent acheter que longtemps après que le
marché est ouvert, qu'après midi sonné. Vous me
direz que, dans certaines villes, ils font crier le prix
du pain à la halle ; je vous dirai que, dans d'autres,
ils ne peuvent en vendre que hors de la ville. Vous
me direz qu'à la campagne les boulangers peuvent
tenir autant de porcs qu'ils veulent; je vous dirai
qu'à la campagne les boulangers ne peuvent aller
vendre du pain en carriole dans les villes. Parlerai-je
du tonlieu imposé aux boulangers, de l'obole qu'ils
payent ici sur chaque pain? Non, j'aime mieux parler
du danger des émeutes. Ah ! messire Pierre Lapierre,
qui êtes si malheureux, s'il faut vous en croire, vous
ne me citerez qu'un seul échevin qui ait été pendu
par le peuple, et encore ça été bien loin d'ici, à Douai,
tandis que moi je vous citerai cent boulangers, et le
double de meuniers.

Et, pour en venir maintenant à ces pauvres meuniers, ce n'est pas le seul malheur de leur état. Leur
art n'a pas fait de progrès sensibles ; au lieu que,
depuis que le droit de cuire son pain est devenu de
plus en plus général, l'art de la boulangerie s'est rapidement et merveilleusement perfectionné. Qu'on le
sache, qu'on se le rappelle, qu'on ne l'oublie pas,

c'est à Boutiflard qu'ici nous devons la liberté des fours (1).

LA BANNIÈRE DU SAINT-SACREMENT.

Bien des gens aussi envient aux bouchers leurs gras crochets, leurs gras étaux. Je l'ai toujours remarqué, ils regardent particulièrement avec plaisir leur bannière. Ils ne connaissent pas ce malheureux état. Je vais faire une petite histoire vraie, depuis le premier jusqu'au dernier mot. Mon ancien voisin Paul-aux-Poules, beau garçon de vingt-trois à vingt-quatre ans, disputa le cœur d'une jeune personne à mon ami Germain, et mon ami Germain, dans cette occasion, eut le mauvais rôle. Furieux contre son rival, Germain voulait tantôt l'attendre et l'assommer, tantôt l'embarquer et le livrer aux Turcs. Enfin il se décida à le faire boucher. Paul-aux-Poules, n'ayant pas d'état, indécis sur celui qui lui convenait, tomba dans les piéges de Germain, qui le fit vouloir être boucher. Il en apprit le métier, et fut reçu maître. Alors Germain, ne pouvant plus contenir sa joie, vient me dire : Me voilà content : il est boucher. Et vous ne savez pas ! la ville va, dit-on, faire revivre un ancien usage, d'après lequel il sera dans quelques jours obligé, avec ses camarades, de mettre un chapeau de verdure, de traîner, attelés deux à deux, jusqu'à la léproserie, un chariot où sera assis, au milieu de vingt-cinq porcs gras, l'aumônier en surplis portant la croix;

(1) Voir ce qui a été dit plus haut au sujet de la banalité.

en même temps les trompettes sonneront, ce qui
n'empêchera pas d'entendre les cris des enfants et du
petit peuple : « Vilains ! Serfs ! Bœufs trayants ! »
Je veux crier aussi, je veux crier, ajouta Germain.
Et ensuite de se frotter les mains en signe de joie.
— Oh ! lui dis-je, cet usage est aboli par acte authen-
tique au moins depuis le milieu de ce siècle, et l'on
vous a fait là un conte de vieux ou même de vieille.
— Peut-être, me répondit-il ; mais toujours sera-t-il
obligé de donner les langues de bœufs aux lépreux ;
il n'en vendra pas, il n'en mangera pas une seule. Et
Germain de se frotter encore les mains. Avant tout il
sera obligé de louer un *banc à chair*. Et Germain de
se frotter les mains. Qu'il vende, qu'il ne vende pas,
il devra tenir son étal toujours garni (1). Et de se

(1) Les bestiaux ont toujours été rares dans le moyen âge, ce
qui tenait aux vices de la législation, à un état de guerre presque continuel et au mauvais état de l'agriculture ; mais quand
la viande manquait, on ne s'inquiétait point de chercher les
raisons économiques qui la faisaient disparaître : on s'en prenait aux bouchers de sa cherté et de sa rareté, de même que
l'on s'en prenait aux boulangers de la cherté du pain, et on
leur enjoignait sous les peines les plus sévères de pourvoir aux
besoins de la consommation. Cet ordre, souvent répété au
moyen âge, leur fut encore donné le 8 août 1645, sous peine de
la vie. En 1653 parut un nouvel édit qui leur enjoignait de
quitter Paris dans les vingt-quatre heures, et cette fois encore
sous la même peine, si dans ce délai ils n'avaient point garni
leurs étaux.

Pour que les approvisionnements en viande eussent été as-
surés, il eût fallu dans l'agriculture une réforme radicale ; il
eût fallu garantir aux populations des campagnes le bien-être
et la sécurité, les défendre contre les ravages des soldats français qui mettaient tout au pillage, même en temps de paix ;
développer les ressources pécuniaires ; ne pas interdire,

frotter les mains. Oh! cela n'est rien ! tout cela n'est rien ! et voici surtout ce qui me réjouit : il ne pourra tuer de bête que les jurés ne l'aient vue manger de bon appétit. Et de se frotter les mains. On veut construire ici, comme dans d'autres villes, un abattoir : il ne pourra plus tuer chez lui. Et de se frotter les mains. Les bouchers forains pourront, comme lui, sinon venir tuer le bétail, du moins en vendre la viande dans l'enceinte de la ville. Et de se frotter les mains. Il n'est pas riche : il voudra partager la viande d'un gros bœuf avec un autre boucher ; les règlements et les jurés l'en empêcheront. Et de se frotter les mains. Qu'il ne s'avise pas de parer les viandes avec des graisses qui n'en auraient pas fait partie ! Et de se frotter les mains. Il ne sera pas content, il ira ailleurs ; il trouvera plusieurs villes où l'on perçoit le droit d'épaule. Et de se frotter les mains. Il en trouvera plusieurs autres où l'on n'a pas renoncé à l'ancien usage de ne vendre la viande qu'aux portes de l'enceinte. Et de se frotter les mains. J'espère que dans la ville où il s'établira les bouchers n'auront pas le privilége exclusif de vendre le poisson de mer, et que, tandis qu'on viendra vendre à leur nez, à son nez, du cerf, du sanglier, des lièvres, des lapins, ils ne pourront et il ne pourra que les visiter. Et de se

comme on le faisait, les cultures fourragères dans l'intérêt exclusif de la production du blé ; changer les conditions des baux, alléger les tailles et les aides, supprimer les droits seigneuriaux, activer la production agricole en lui donnant pour auxiliaire la liberté du commerce. Mais rien de tout cela n'avait lieu : le gouvernement se contentait de décréter l'abondance, sans prendre aucune des mesures qui pouvaient la faire naître.— L

frotter les mains. Il lui sera bien permis, au jour actuel, de faire manger aux bons chrétiens les bêtes homicides ; mais il sera forcé de jeter à la rivière les bêtes malades, les bêtes condamnées par les gens de l'art, les moutons atteints de la clavelée, les bœufs qui auront le charbon. Toutefois, vous me direz que dans les villes où il y a beaucoup d'esprit, comme à Caen, on fait manger les porcs ladres aux prisonniers, parce qu'il n'est pas sûr que cette viande donne la lèpre, et que, si elle la donne, il n'y a pas grand mal que ce soit aux voleurs. Je n'ignore pas non plus que dans une autre ville où, s'il n'y a pas plus, il y a au moins autant d'esprit, à Bordeaux, le boucher est bien plus à son aise : car les lois de la police, après avoir posé en principe que les estomacs du vulgaire sont plus forts ou moins précieux, ordonnent que la bonne viande soit vendue aux grandes halles, et que la mauvaise viande, la viande échauffée, gâtée, avariée, soit vendue aux marchés du petit peuple. Mais au diable s'il va dans la Basse-Normandie, dans la Basse-Gascogne ; nous savons comme les bons, francs et loyaux Champenois s'y enrichissent.

LA BANNIÈRE DE SAINT NICOLAS.

Comptez encore une autre victime de l'amour dans notre malheureux état d'artisan. Une chandelière-cirière venait d'être reçue maîtresse. Elle avait vingt-un, vingt-deux ans. Un apprenti de vingt-quatre ans, une apprentie de seize, se présentent en même temps à elle. La jeune maîtresse balança longtemps, sollicitée tantôt par le jeune homme, tantôt par la jeune fille; enfin le jeune homme, qui avait l'avantage de parler aussi par les yeux, fut préféré à la jeune fille, et même peu de temps après il obtint la main de la chandelière. Dans ce jour, me dit-il, car c'est lui qui m'a raconté son histoire, mes liens avec mon métier furent, comme avec ma femme, indissolubles. Si le métier était bon, je dirais : A la bonne heure ! mais vous allez en juger. Il n'est pas aujourd'hui permis de mêler la vieille cire avec la nouvelle; quand ma femme se le permettait et qu'elle était surprise, elle avait son excuse toute prête : C'est mon sot de mari, mon sot d'apprenti qui ne veut rien apprendre. Maîtresse, lui disaient les jurés et les jurées, vous avez mélangé du suif de mouton avec du suif de vache ; vous n'en avez pas obtenu l'autorisation des cours de justice. C'est mon sot de mari, mon sot d'apprenti. Même excuse encore si elle mettait plus d'étoupe que de coton aux mèches. Même excuse si d'une livre de cire elle faisait plus de cent soixante menues bougies. Même excuse si sur les torches elle ne marquait pas le poids par livres et par onces. Un jour elle avait fait des chandelles avec du suif noir ; les jurés et les jurées en sont informés et courent aussitôt chez elle. Cette fois ce fut à moi à mentir ; il me fallut dire que c'était pour un bourgeois. Comme vous savez, les bourgeois peuvent faire faire de la chandelle avec du suif aussi noir qu'ils le veulent. Être obligé de mentir est, dans mon état, ce qui toujours m'a coûté le plus ; il n'en coûtait peut-être pas autant à ma femme. Quoi qu'il en soit, je sentais que l'un et l'autre nous méritions d'en être punis et je désirais que nous en fissions notre pénitence dans ce monde plutôt que dans l'autre ; nous la fîmes sans trop attendre.

Il se présenta chez nous un homme court, gros, lourd, d'une stature apoplectique ; il avait peur de mourir : il nous commanda un vœu de sa stature en cire du même poids que lui, qui pesait cent quatre-vingt-quinze livres. Nous mettons aussitôt la main à l'œuvre ; le vœu est porté à l'église, où, à côté des anciens vœux du quatorzième siècle, il attire l'admiration en même temps qu'il atteste le progrès de l'art. Mais voilà tout ce que nous en avons tiré : le voué n'a pas d'argent pour nous payer, et depuis longtemps il se porte bien à nos dépens, car jamais l'œuvre de l'église n'a voulu nous rendre son vœu. Cela a dégoûté ma femme du métier : elle n'a plus voulu être maîtresse. Elle a voulu que je fusse maître, je le suis : je suis bien plus malheureux.

LA BANNIÈRE DE SAINT JEAN-BAPTISTE.

Un gros, j'entends un riche pelletier, me disait, il n'y a pas très-longtemps, que, de tous les artisans qui suivaient les bannières des saints, ceux qui suivaient celle de saint Jean-Baptiste étaient les plus malheureux, et que les plus malheureux de ceux qui suivaient cette bannière c'étaient les pelletiers. Avait-il raison, avait-il tort ? Écoutez-le et jugez-le. Aujourd'hui, me disait-il, au lieu de ces nobles fourrures de la Norvége ou de la Russie, tout le monde se contente des bourgeoises fourrures des animaux qui bêlent dans nos bergeries. Autrefois ours, martres,

petit-gris ; maintenant mouton, agneau, chevreau (1).
Gardez-vous cependant de croire que l'art soit dé-
chu, même qu'il n'ait pas fait de grands progrès. Les
pelletiers actuels ont d'abord l'avantage de voir si la
peau de la bête vivante peut ou ne peut pas être
portée sans danger. Au jour présent, ils ne demandent plus qu'un peu de soufre pour donner à la laine
de leurs pelleteries une couleur azurée et une élasti-
cité qui plaisent tant à l'œil et à la main. Ils tein-
draient parfaitement leurs pelleteries ; mais il leur est
défendu de les teindre. Ils préparent fort bien leurs
peaux à la graisse et peut-être lés prépareraient-ils
aussi bien et mieux à l'huile, si cela leur était permis.
Combien de peaux d'agneau, me dit le pelletier en
terminant, croyez-vous que nous sommes tenus
d'apprêter lorsque nous faisons notre chef-d'œuvre?
Vous répondrez vingt, trente, quarante ; vous n'ose-
rez répondre cinquante. Nous sommes tenus d'en
apprêter cent, et les jurés sont là : ils les comptent ;
ils ne feraient pas grâce d'une.

Pauvres pelletiers ! direz-vous, et certes ce n'est
pas sans raison ; mais dites aussi : Pauvres fourreurs !
La loi, quelquefois si dure envers les artisans, l'est
continuellement envers eux ; elle ne leur parle que
par prohibitions et par menaces. Je comprends qu'elle
n'aime pas les bizarres oppositions des fourrures à

(1) Au temps de Charlemagne, on employait pour les fourrures les peaux de martre, de loutre, de chat, de loir et d'hermine. Au treizième siècle, on trouve, en sus de ces fourrures,
l'agneau, le renard, le lièvre, le chien, le lapin, l'écureuil et la
martre zibeline. L'usage des vêtements fourrés était à peu près
général à cette date. En 1292, on comptait à Paris 214 pelletiers ou fourreurs, et 19 drapiers seulement.—L.

longue laine, à courte laine, de peau de mouton, de peau d'agneau, les fourrures de laine, de poil, de peau d'agneau, de peau de chevreau. Je comprends qu'elle ne veuille pas qu'on les aime, je comprends qu'elle les interdise; mais quand elle ne veut pas qu'un homme petit ait un petit manteau fourré, un homme grand un grand manteau; quand elle veut que les manteaux fourrés soient faits au commun patron du manteau de la ville, je comprends qu'elle a sans doute aussi ses raisons, mais je voudrais bien les savoir.

Vous avez dit : Pauvres pelletiers ! Pauvres fourreurs ! Bientôt vous direz : Pauvres gantiers (1) ! Un de ces derniers soirs je sortis sans lanterne ni lumière. En passant devant une boutique où pendait pour enseigne une de ces grandes mains rouges qui vous cueilleraient un potiron aussi aisément que la nôtre cueillerait une orange, j'entendis à travers les ais mal joints de la porte quelqu'un qui se plaignait. On a voulu, disait-il, que les peaux fussent corroyées à l'alun, qu'on ne fît pas de gants neufs avec des gants vieux, je l'approuve; j'approuve aussi qu'on ait voulu nous faire travailler la nuit; mais l'on a fixé le commencement de notre travail à cinq heures du matin et la cessation à dix heures du soir : c'est

---

(1) L'usage des gants était très-répandu au moyen âge. Aux treizième et quatorzième siècles, ils recouvraient le poignet, même chez les femmes. Les gants des bourgeois étaient en basane, en peau de cerf, ou en fourrures ; ceux des évêques étaient faits au crochet, en soie avec fils d'or; ceux des simples prêtres étaient en cuir noir. Contrairement à ce qui se fait aujourd'hui, il était défendu de paraître ganté devant les grands personnages.—L.

trop tôt et trop tard. Nos seigneurs les statuts disent qu'on ne peut perdre de temps en *jolivetés*, et moi je leur réponds que nous ne sommes pas venus dans ce monde pour ne faire que des gants. Cette voix n'était pas celle du premier valet, encore moins celle du maître; elle annonçait dix-huit, vingt ans au plus.

Suivant moi, être obligé le dimanche d'étaler si haut les marchandises, qu'un homme ne puisse les atteindre avec la main, n'est pas un grand malheur pour les mégissiers; toutefois ils s'en plaignent. Permis à eux; mais lorsque je les entends se plaindre aussi de ces méchants mahométans de Maroc qui veulent garder leur secret, je leur réponds tout doucement : Hé! vous voulez bien garder le vôtre! Ne vous êtes-vous pas fait défendre par le roi d'enseigner la mégisserie aux tanneurs?

Mais, je le dis ici de la part des tanneurs, peu leur importe; ce qui leur importe c'est que la France n'ignore pas leurs efforts, leurs perfectionnements; et elle les ignore, et c'est là, sans doute, leur grand malheur. Aussi ai-je toujours pensé qu'une des plus belles institutions religieuses et civiles serait la conservation dans les grandes églises des meubles, des habillements, qui ont été à l'usage des saints : les âges futurs respecteraient cette suite de reliques chronologiques, où l'on verrait les progrès successifs de tous les arts, où l'on verrait surtout le mauvais cuir des siècles derniers, le bon cuir du siècle actuel. Cependant on pourrait absolument trouver, même en France, même à Troyes, des gens qui tiendraient moins à la gloire et plus à ce que le vulgaire appelle le solide : eh bien! je prouverai à ces gens qu'ils ne voudraient pas être tanneurs. En effet, dans cet état, messires, êtes-vous apprenti, vous êtes obligé de payer dix sous au roi pour qu'il vous permette de travailler au cheval de fust ou chevalet, et vous ne pouvez dans toute l'année mettre pour votre compte que trois ou quatre cuirs au tan. Êtes-vous maître, vos cuirs, avant de passer dans le commerce, doivent être inspectés, examinés et signés au seing, à la marque des jurés, ou à celle de la ville ; et s'ils ne sont bien assouplis, bien engraissés, vous les corroierez encore et vous payerez l'amende. Enfin, lorsque vous vous marierez, vous pourrez bien ne pas faire danser vos confrères ; mais, en quelque nombre qu'ils soient, vous ne pourrez ne pas les faire boire.

LA BANNIÈRE DE SAINT CRÉPIN.

Si cette conservation des reliques des vêtements était instituée, on reconnaîtrait les riches saints du dernier siècle à leurs souliers, terminés par de longs crochets, de longues griffes ; car les saints riches sont obligés de s'astreindre aux modes, et l'on verrait encore si les souliers d'alors étaient aussi mal taillés, aussi mal cousus qu'ils étaient ridicules. La France au quatorzième siècle était presque toute en sabots ; au quinzième elle est presque toute en souliers. Il n'y avait pas alors, il y a maintenant du cuir. Maintenant les souliers sont faits par grandes quantités, par grandes voitures, qui sont amenées dans les marchés ; on en a même établi des redevances d'un plus ou moins grand nombre de paires, et il faut qu'à ce sujet je vous raconte qu'on les acquitte quelquefois d'une manière assez extraordinaire. J'étais il y a quelques années à Montejean-sur-Loire. Je dînais au château. Tout à coup les deux battants de la porte de la salle s'ouvrent, et il entre le valet du prieur, qui pose devant le seigneur une pile de souliers qu'il avait sous le bras. Le seigneur les examine, les compte, lui donne quittance et lui dit : Tu me remets des souliers bien forts, bien cousus, bien cloutés ; tu me les remets à l'heure du dîner, à la bonne heure ; tu es en chaperon, à la bonne heure encore ; mais tu n'es pas et tu devrais être chaussé de souliers à double semelle, ainsi qu'il est écrit sur mes titres : soit pour cette année. Souviens-toi cependant que l'année prochaine j'y regarderai de plus près.—Puisque l'on fait tant de souliers, est-ce à dire que le métier soit bon? Non certes, car il est mauvais, il est le pire : tout le monde l'a envié, a voulu le prendre. Pendant certaines années de mortalité l'on a enterré à Paris jusqu'à dix-huit cents cordonniers (1), et j'ai vu le temps où il s'en établit à Troyes

(1) Il faudrait un volume pour décrire en détail les variétés de chaussures qui ont été de mode en France depuis l'origine de la monarchie. Nous trouvons, sous les deux premières races, la caliga romaine, qui s'attache avec des bandelettes montant jusqu'aux genoux ; le *soccus*, d'où on a fait socques, qui ne s'attachait pas ; le *carpisculus*, d'où on a fait escarpins ; le *calceus*, en cuir noir ; le *campagus*, qui fut porté par les rois mérovingiens et les évêques, après l'avoir été par les Césars. Sous les premiers Capétiens, nous trouvons les souliers à bec et à oreilles, qui ne faisaient pas un pli, dit un chroniqueur contemporain, et que des serviteurs exercés rendaient luisants. (Richer, *Hist. de son temps*, édit. Guadet. Paris, 1843, in-8°, t. II, p. 35, 36.) On les appelait *sotulares rostrati* parce qu'ils avaient un bec, *rostrum*, dont la pointe effilée se ren-

en si grand nombre qu'on y en compta jusqu'à cinq
cents. Rien n'a pu arrêter l'élan qu'a pris leur art,
surtout depuis qu'il lui a été accordé l'insigne privilége de travailler à la chandelle. Allez visiter notre
marché aux souliers, vous serez étonné. Toutefois, je
conseillerai à ceux qui voudraient être apprentis de
considérer combien cet art est devenu compliqué, à
cause des grandes fenêtres des souliers, des grands
retroussis des bottes. De plus, les outils sont aujour-
d'hui si nombreux qu'ils remplissent, à côté de l'ouvrier, de larges corbeilles. Et pour passer maître ce
n'est pas un, deux, trois, c'est quatre chefs-d'œuvre
que vous devez faire. Dans plusieurs villes, lorsque,
avant neuf heures du matin en été et dix en hiver,
quelqu'un voudra vous acheter une paire de souliers,
ne croyez pas que vous puissiez les lui vendre : il faut
que vous et lui attendiez que l'heure soit sonnée.
D'ailleurs, exposez devant votre boutique des souliers qui soient ridés, vendez des souliers ou des
bottines non graissés à un homme qui ne serait pas
malade, laissez acheter des souliers de veau par un
homme qui ne serait pas constitué en dignité, ne
faites pas des souliers de mouton pour les enfants au-
dessous de cinq ans, amende ! amende ! Il ne vous
servira de rien que les doublures, les contre-forts
soient en basane ; car il ne suffit pas d'observer la loi
en un point, il faut l'observer en tout. Les cordonniers se plaignent avec raison que les chaussures
sont à trop bon marché : pour quatre sous une paire
de souliers, pour six sous une paire de bottines, pour

---

versait en arrière ; les bottes à créperon, ainsi nommées parce
qu'elles faisaient du bruit en marchant, *crepita quia crepitat.*—L.

dix sous une paire de housettes, pour vingt sous une paire de houseaux. Ils se plaignent encore avec plus de raison que, lorsque les maîtres selliers n'ont pas d'ouvrage, ils peuvent travailler comme maîtres cordonniers.

A leur tour, les savetiers se plaignent que les cordonniers les empêchent d'employer le cuir de porc, et de raccommoder le soulier de manière qu'il redevienne neuf de plus des deux tiers. Ils se plaignent aussi que les cordonniers puissent, pendant certains jours, vendre comme eux de vieilles œuvres réparées. Quand, les samedis au soir et les autres grandes veillées, les savetiers de Paris ou de Tours se vantent d'avoir carrelé les bottes catalanes de Louis XI, les savetiers de Troyes se vantent d'avoir raccommodé les vieilles chausses de Charles le Chauve. Je conviens qu'alors les uns et les autres ne sont pas si malheureux. Toutefois, messires, pas un de vous, pas même le commissionnaire, fils de portier, petit-fils de capitaine-concierge, toujours allant, toujours venant, toujours content, toujours gai, toujours les mains, les poches ouvertes, ne voudrait d'aucun de ces métiers.

Et certainement vous ne voudriez pas non plus, et il ne voudrait certainement pas davantage, de celui des patiniers, autres malheureux confrères de saint Crépin, malheureux surtout par les lois réglementaires, qui depuis longtemps ont attaché le signe distinctif des divers rangs à la forme, aux ornements de quelques chaussures. Vers la fin de l'été ou vers le commencement de l'automne, malgré le chagrin que me donnait la perte récente d'un proche parent, il me fallut rire, quand un maître patinier vint apporter à

mon avocat, que j'étais allé voir, une paire de patin-
et une paire de galoches. Aussitôt que l'avocat eu;
vu les galoches, il commença à se fâcher. Le patinie
lui dit : J'aurais bien voulu, mais je n'ai osé les fair
telles que vous me les avez demandées. L'avocat s(
lève avec fureur , et, faisant pirouetter le pauvre patinier sens devant derrière, il le pousse vers la porte
en lui disant : Eh! qui donc plus qu'un avocat a le
droit de porter les galoches à semelle sciée, à cuir
noir, à boucles de fer?

LA BANNIÈRE DE L'ANNONCIATION.

J'entre dans un atelier de tisserand en linge. Les
fils de chanvre, de lin, filés par les doigts des jeunes
fileuses à un degré de finesse inconnu à leurs aïeules,
sont au nombre de dix-huit cents, parallèlement tendus sur l'ensouple et passés dans la lame de quatre
quarts ou d'une aune de long. Le malheureux tisserand monte sur son siége de labeur et de peine, et
voilà tout aussitôt venir le public, qui, endoctriné par
les ordonnances, sait que les nouvelles fabriques
françaises sont au moins égales aux fabriques étrangères, et lui demande les tabliers de table, les nappes,
les essuie-mains ou touailles de l'œuvre de Damas
ou de Venise, au même prix que celui de l'œuvre
de Troyes et de Châlons. Diable! quel difficile et en
même temps si mauvais métier ! Qu'en dites-vous?
Oh! si c'était là tout ; mais écoutez encore. Un ouvrier
a commencé une pièce de linge, il a mille excellentes
raisons pour ne pas la finir ; n'importe, il faut qu'il la

finisse. Un ouvrier s'en est allé on ne sait où, peut-être en Espagne, peut-être plus loin ; il a laissé le fil ourdi, personne ne peut le tisser sans l'autorisation des jurés. Écoutez, surtout maintenant, vous qui êtes fringants et gaillards. Un maître a-t-il des amourettes, une maîtresse a-t-elle des galants, leur ouvroir est scandaleusement abattu en présence de tout le peuple. Un maître nouvellement arrivé dans une ville avec sa femme ne peut-il justifier de la célébration de son mariage, il est obligé de passer outre. Il en sera de même partout où il ira ; partout les jurés le repousseront. Mais ses mœurs sont bonnes, il s'est marié à la vue de tout le monde : il a l'estime, il a la confiance, il a la vogue du moment. Vous pensez qu'il va augmenter le nombre de ses métiers ; non, il ne lui est pas permis d'en avoir davantage, car il en a cinq.

LA BANNIÈRE DE SAINTE ARREGONDE.

En ce moment on chuchote autour de moi, et j'entends dire : Mais du moins le métier de tisserand en toile est bon ! les toiles françaises sont aujourd'hui fort recherchées ; on en fait même des envois en Italie (1).

(1) Antérieurement au quinzième siècle, on ne portait guère que des chemises de laine, quand par hasard on en portait. Lorsque l'usage des chemises de toile se fut répandu, le goût du beau linge gagna tous les gens à l'aise. On ouvrit, pour montrer la chemise, les manches et le haut des habits, et c'est de là qu'est venu le nom d'habits *fenestrés*, donné au quinzième siècle à certains habits de luxe. Cette mode eut un bon côté :

Eh ! qui vous nie, messires, que l'art ait avancé?
Assurément le tisserand en toile ou le toilier,
comme on dit en Normandie, et comme sans doute,
si cette province était plus centrale, on dirait par
toute la France, en sait bien plus que ceux qui l'ont
enseigné, et pour cela en est-il moins malheureux?
L'apprenti donne à la confrérie une livre de cire au
commencement, une autre à la fin de son apprentissage. Et, pour l'attirer, on lui dit : Allons ! va ! courage, donne ! car si tu meurs durant ton apprentissage,
ta bière, comme celle d'un fils de maître, sera
illuminée de quatre beaux cierges et de deux grandes
torches flamboyantes jusqu'aux voûtes. Le jeune
garçon se sent tout glorieux, parce qu'il ne sait pas
encore qu'aux funérailles des maîtres et même des
maîtresses, on allume tout le grand luminaire de la
confrérie, et quelle différence ! Toutefois, je vous dirai que l'apprenti, quand il est fils de maître, ne paye
pour sa maîtrise que cinq sous et deux livres de cire ;
mais, s'il n'est pas fils de maître, il paxe soixante
sous et quatre livres de cire ; que, s'il n'est pas natif
de la ville, il paye quatre-vingts sous et quatre livres
de cire. On ne cesse de parler des fêtes, des réjouissances, des bombances que font les artisans lorsqu'ils passent maîtres. Cependant, à la réception
d'un maître tisserand en linge, le dîner de tous les
confrères, de tous, ne doit coûter que dix sous. Est-ce
trop ? Vous noterez aussi qu'il est défendu à tous les
maîtres d'avoir des concubines, ni dans le château, ni

elle développa l'industrie indigène, qui fabriqua du linge aussi
beau que celui de la Frise, qui avait eu jusque-là le privilége
d'approvisionner nos marchés.—L.

dans la ville, ni même dans les faubourgs, et pour qu'ils obéissent mieux aux statuts, on leur fait promettre, à ceux qui n'ont pas de femme, d'en prendre une. Avouez-le, plusieurs de ceux qui m'entendez, assurément cette condition vous paraîtrait un peu dure.

LA BANNIÈRE DE NOTRE-DAME.

Depuis longtemps, maître, ou, à cause de l'honneur de l'échevinage, messire Lapierre, vous me regardez, vous avez peur que je vous regarde. Vous savez que vous êtes heureux, la conscience vous accuse. Cependant j'en conviendrai, cette économie héréditaire dans les maisons des bourgeois rentés et indépendants fait que vous désirez quelquefois d'être sous la bannière de ceux qui fabriquent ces beaux draps qu'on vous vend quarante-huit sous l'aune, tandis que les gros draps ordinaires vous ne les achetez que onze sous. Eh bien ! il ne tient qu'à vous. Voyez une foule de malheureux qui vous tendent la main ; vous convient-il de prendre leur place ?

Ce sont d'abord les cardeurs, les cardeuses, les peigneurs, les peigneuses : ils sont là depuis le premier coup de vêpres, tous rangés en file sur les pavés du marché ; ils attendent, la plupart en vain, que les fabricants viennent employer leurs longs arçons, leurs beaux peignes d'acier, leurs brillantes cardes, au désir de la loi, purgées de toute laine étrangère.

Les fileurs, les fileuses : dans la belle saison, ils étaient excédés de travail ; dans celle-ci, les travaux languissent ; leurs quenouilles, leurs rouets, leurs bras reposent.

Les retordeurs des fils de laine vous tendent aussi les bras. En voilà plusieurs que les ordonnances empêchent d'aller de grand matin à l'atelier, et en font sortir le soir quand ils voudraient travailler encore. En voilà d'autres qui, pour avoir mal tordu, payent une amende de vingt sous, quoiqu'à les entendre, ils aient bien et très-bien tordu.

Les tisserands surtout vous tendent les bras. Un grand nombre sont apprentis : ils soupent, ils se couchent à la lueur du clair de la lune, et ils donnent cinq sous pour éclairer la chapelle ; ils n'ont que de méchantes chausses, et on les oblige d'en acheter de fort belles au maître valet de l'atelier. Un plus grand nombre sont valets : ils ont fini leur apprentissage, ils vont chercher fortune, c'est-à-dire du travail, de ville en ville. En arrivant, ils payent la bienvenue, et, vous le savez, pour être bienvenu, il faut bien faire boire tous ses camarades, non comme si le marchand vendait, mais comme si le marchand donnait le vin. Ils sont enfin quittes de tout, ils peuvent aller tenir place : ils doivent y être une heure avant le jour, soit en été, soit en hiver, soit avec le beau, soit avec le mauvais temps, la pluie, le vent, le froid, la neige ; ils doivent aller se ranger par ordre avec d'autres centaines de valets autour de la lanterne de la confrérie, à la lueur de laquelle on vient les louer. Ils se mettent au travail : le règlement ne leur donne que trois heures pour le déjeuner, le dîner, le goûter, les bains (1), le sommeil du jour. Leurs gains modiques,

(1) L'usage des bains était général au moyen âge, même

si chanceux, ne leur permettent pas quelquefois de lever un ouvroir; et cependant l'instinct de la nature, au moins aussi irrésistible pour les valets que pour les maîtres, les force à se marier. Alors, à la vérité, leurs enfants sont traités après eux comme fils de maîtres ; mais alors surtout le malheur les poursuit jusqu'aux dernières limites de la vie. O vous qui, pour de misérables intérêts pécuniaires, ne craignez pas de faire sonner aux oreilles des malades leur avant-dernière heure, écoutez et prenez exemple. Dans la rue où je demeure, un jeune valet de ce métier, grand, beau, frais, de toute manière dispos, se fit aimer de la nièce de son maître et l'épousa. Longues années après, quand ses enfants furent en âge d'être reçus valets, sa santé vint lentement et bientôt si rapidement à décliner, que tout le monde désespéra de sa vie. Lui seul ignorait son état ; mais son vieux maître, avare, froid, glacé comme la mort, dont il était le squelette, la ressemblance vivante, se chargea d'éteindre les rayons de l'espérance que Dieu de son divin souffle allume dans le lit du malade. Il s'approche de son valet : « Joseph ! Joseph ! les médecins ont déclaré que Dieu t'appelait visiblement à lui ; dans ce cas nos statuts sont formels : tu n'as qu'à déclarer devant les gardes jurés que, te croyant près de ta fin, « requiers que, moyennant les quatre livres payées

---

dans les classes ouvrières. Les bains publics, qu'on désignait sous le nom d'*étuves*, étaient très-nombreux; c'était, au point de vue de la santé publique, un grand avantage, mais il n'en était pas de même pour la santé morale, car les étuves n'étaient souvent que des lieux de débauche, comme le prouvent les règlements municipaux promulgués à leur sujet dans un grand nombre de villes.—L.

« pour toi, et dix sous, avec une paire de gants, pour
« chacun de tes fils, ils soient reçus valets. » Ah !
c'était alors à voir que ses fils, qui n'avaient point été
prévenus, qui aussitôt se jettent à genoux devant leur
père, le prient, au nom de Dieu, de la Vierge, de tous
les saints, de ne pas faire cette déclaration, de vivre et
vivre longtemps ! Mais les gardes jurés, suivis des
maîtres qu'on avait avertis, entrent. Aussitôt les enfants se lèvent, se jettent au cou de leur père, et, par
leurs embrassements, tâchent de lui fermer la bouche.
Le bon père, les écartant, fait entendre sa voix. La
déclaration est faite et reçue ; ses fils sont valets à
l'instant même. Cependant le couteau de la peur, devenant de moment en moment plus tranchant, plus
large, ne tarda pas à tuer ce pauvre valet dans les
bras de ses pieux enfants. Croyez, messire Lapierre,
que je pourrais vous parler encore d'autres malheurs
des valets de ce métier ; mais c'en est assez, et sans
doute vous les trouvez bien malheureux. Toutefois, ils
le sont moins que lorsqu'ils sont devenus maîtres ; leur
malheur redouble même dès l'instant qu'ils commencent leur chef-d'œuvre. Vous pensez peut-être qu'ils
ont seulement à prouver qu'ils excellent à tisser, à se
servir de leur métier ; ils doivent d'abord prouver
qu'ils sont en état d'en construire tout le mécanisme,
en état d'en faire toutes les pièces ; ensuite ils vont
empreindre leur marque sur le tableau de parchemin
des maîtres (1) ; et cette marque, ils sont obligés de

---

(1) J'ai une peau de mouton assez grossièrement mégissée
qui porte, rangées et par ordre, les empreintes des différentes
marques des maîtres tondeurs de draps de Paris, depuis l'année 1691 jusqu'à l'année 1771. Ces marques sont ordinaire-

là tisser à chaque pièce de drap. Considérez maintenant le petit nombre de leurs métiers : chaque maître
ne peut en avoir que trois, deux larges et un étroit.
Il travaille au métier large : quel immense espace ses
mains n'ont pas à faire parcourir à la navette, qui traverse une chaîne de deux mille quatre cents fils, six
cents de plus qu'au siècle dernier ! Écoutez encore.
Comment feriez-vous, messire Lapierre, si dans les
écheveaux de fil, qui, d'après les règlements, doivent
être composés d'aussi bons et d'aussi beaux fils en
dedans qu'en dehors, il y en avait de qualité inégale?

En loyal échevin champenois, vous me répondrez
que vous n'emploierez pas ces écheveaux. Oui, mais
ce serait pour vous ruiner ; et cependant vous prendriez le parti le plus prudent : car, si vous les em-
ployez, votre drap, devenant de qualité inégale, est
coupé en large et quelquefois même en long ; alors
c'est comme si dans certaines parties il était brûlé ;
le garde vous le brûlerait d'ailleurs tout entier. Il en
est de même des draps épaulés, corsés vers les côtés,
faibles vers le centre. C'est surtout aux lisières que
le tisserand doit prendre garde : il peut faire à sa
volonté des draps gris, de couleur mélangée, de
diverses laines, des gâchés, pourvu qu'il avertisse
par les lisières qui leur sont propres ; il peut même,
en n'y mettant pas de lisières, fabriquer des draps
aussi grossiers, aussi mauvais qu'il voudra, pour lui,
pour ses parents, pour ses amis. Mais je ferai sans
doute mieux de me taire et de laisser parler les sta-

---

ment les lettres initiales du nom du maître tondeur ; elles paraissent faites, en grande partie, avec un emporte-pièce. Nul
doute que cet usage remonte aux siècles antérieurs.

tuts : « Que nul ne soit si hardi, vous disent-ils, de faire travailler à l'un de ces métiers un ouvrier qui n'est ni son apprenti, ni son fils, ni son frère, ni le fils de son frère. Que nul ne soit si hardi, avant d'avoir fini une pièce, d'en commencer une autre. Que nul ne soit si hardi de tisser après l'heure des vêpres une pièce, si ce n'est pour la finir le soir même. » Les statuts défendent encore aux maîtres de travailler en cette qualité si depuis leur réception ils ont travaillé comme valets : alors ils doivent de nouveau être examinés, de nouveau faire leur chef-d'œuvre, de nouveau être reçus. Ah ! messire Lapierre, dans cet état il vous faudrait en passer par là, s'il vous avait plu d'être, comme on dit, d'évêque aumônier. Viennent ensuite les droits de mesurage à la clouière ou mesure fixe, garnie de clous espacés par pieds et par pouces ; viennent d'autres droits lorsque vous achetez les fils, lorsque vous vendez l'étoffe ; viennent les diverses espèces de contributions, et notamment celles pour l'absolution des confrères excommuniés. Que si d'ailleurs vous voulez vous enrichir, ajoutez que la loi vous défend de vous entendre avec les autres maîtres, afin de tenir les draps à un prix élevé ; elle vous ordonne de vendre chacun à votre volonté, qui plus qui moins. Enfin, messire Lapierre, ne vous faites pas tisserand si vous n'êtes chaste : car il vous est défendu de gracieuser les femmes de vos confrères, et même leurs filles, lorsque mariage ne doit s'ensuivre. Ne vous faites pas tisserand si vous n'êtes honnête homme : car, à la première fois que vous avez volé, vous ne pouvez exercer d'un an le métier, et vous le perdez à la seconde. Ne vous faites pas tisserand si vous n'avez de bonnes jambes : car, aux noces de chacun de vos confrères, ils sont bien obligés de vous donner douze deniers, mais vous êtes obligé de les suivre jusqu'à une lieue, ce qui, avec le retour, fait deux, excepté que je me trompe. Si vous n'avez bon estomac, ne vous faites pas tisserand : car les statuts vous disent que, le lendemain de la Fête-Dieu, les dépenses de bouche sont grandes, et, je le répète, vous, bourgeois économe, vous payerez tout comme, que vous ayez ce jour-là appétit ou non, que vous mangiez ou que vous ne mangiez pas.

Les foulons, comme les âmes du purgatoire, dans le grand tableau de la paroisse, vous tendent aussi les bras. Ils vont aussi tenir place une heure avant le jour. Ils vous appellent, vous et tous ceux qui envient leur sort ; ils vous cèderont volontiers leur part de mauvais temps, et encore plus volontiers leur part de travail. On n'envie pas les pauvres foulons quand, durant plusieurs heures, on les a vus fouler, tantôt des pieds, tantôt des mains, tournant, retournant les draps, les foulant, les refoulant, les imbibant, les dégorgeant, maintenant avec de la terre, maintenant avec de l'eau pure. Au premier coup des vêpres, la porte de leur foulonnerie s'ouvre : c'est un pain que, suivant l'usage, leur envoie le maître, et c'est tout. Je ne parlerai pas des foulons des moulins à maillets de bois : ils ne foulent que des draps grossiers ; ils ne sont pas exposés à payer une amende à chaque défectuosité, à chaque barre ; mais aussi n'est-ce pas eux qui portent le beau nom de foulons pareurs de draps, et leurs valets n'ont pas le droit de porter des vestes de quatre sous.

Les tondeurs : voyez-les qui vous appellent aussi, qui vous prient de venir prendre leur place ; ils sont à tondre les draps à mou, humides, les draps à table sèche, secs. A la vérité, ils chantent : c'est qu'ils font semblant d'être contents, et bien sûrement ils enragent, et vous enrageriez bien sûrement comme eux si vous tondiez où retondiez les draps, et qu'on ne vous permît de les tendre, de les étirer, de les carrer qu'avec la machine à poulies, qu'on vous interdît l'essellette ou appareil à madriers, dont la tension, plus douce et plus graduée, occasionne bien moins de cassures d'étoffes. Je ne sais si vous n'enrageriez pas aussi qu'on vous défendît de vous servir de cardes au lieu de chardons ; mais pour cette fois vous auriez tort. Vous enrageriez sans doute aussi qu'on vous défendît d'étendre vos draps le long des remparts de la ville ; vous auriez tort encore.

Les friseurs maintenant vous appellent, et beaucoup plus haut. Ils ne vous auraient peut-être pas appelé au temps passé : peut-être auraient-ils été dignes d'envie dans la nouveauté de leur art ; mais aujourd'hui ils vous cèderaient volontiers leur place, et vous ne la prendriez pas.

Les presseurs vous la céderaient de même. Messire, vous diraient-ils, nos prédécesseurs du siècle dernier pouvaient presser les draps avec des plaques de métal chauffées : alors, c'était sitôt fait! Maintenant, nous ne pouvons faire chauffer même les planchettes ; à peine il nous est permis de les employer. Bientôt les forts papiers seront seuls en usage.

Ah ! messire Lapierre, ah ! messire, quel bon temps que celui de l'ignorance ! Ici, à une de ces veillées de l'hôtel de ville, je trouvai quelqu'un qui se fâchait encore bien plus que les tondeurs, les friseurs, les presseurs : c'était un de ces hommes qui ne travaillent

pas, et que cependant on appelle travailleurs ou du
moins fabricants, bien qu'ils ne fabriquent pas, bien
qu'ils ne fassent que payer, diriger les ouvriers qui
fabriquent. Il me contait ses peines, et le chapitre
était long ; il le termina en me disant : Les statuts de
notre métier sont et sans doute doivent être les plus
sévères. Vous savez que les visiteurs viennent visiter
les laines avant qu'on les carde ; les laines cardées
avant qu'on les file ; les laines filées avant qu'on les
tisse ; les étoffes tissées, avant qu'on les foule ; les
étoffes foulées, avant qu'on les tire aux chardons,
avant qu'on les tonde ; les étoffes tirées aux chardons, tondues, avant qu'on les presse. Vous savez
après quels longs examens ils mettent le sceau de
cire aux draps qui doivent être foulés ; après quels
plus longs examens ils remplacent, à la fin du foulon-
nage, le sceau de cire par le sceau de plomb, qui,
jusqu'à la dernière aune de la pièce de drap, doit en
attester la bonne qualité à l'acheteur ; vous savez
que, sous sa responsabilité, le presseur doit couper
la lisière vis-à-vis les endroits qui lui paraissent
défectueux ; vous savez qu'alors seulement on porte
les draps à la maison municipale de la visitation. Eh
bien ! à toutes ces visites, à toutes ces inspections,
à toutes, les visiteurs, les inspecteurs, et notamment,
lorsque j'étais à Dijon, monseigneur le vicomte
maire de la ville, qui alors était leur chef, ne m'ont
jamais fait aucun reproche, ne m'ont jamais donné
que des éloges. Mes draps valent peut-être mieux que
les draps espagnols ; toutefois, pour les vendre,
même moins qu'ils me coûtent, je suis obligé de les
appeler draps d'Espagne, et non draps de France,
car un homme tant soit peu notable ne voudrait pas

en porter. Les tanneurs se plaignent d'être frustrés de leur gloire : notre gloire est incontestablement bien plus grande ; nous sommes incontestablement plus malheureux. Je le demande à tout le monde, je vous le demande, pouvons-nous être plus malheureux ?

LA BANNIÈRE DE NOTRE-DAME LA RICHE.

Oui, lui répondis-je : car, au lieu d'être fabricant d'étoffes de laine, vous pourriez être fabricant d'étoffes de soie ; au lieu d'être sous la bannière de Notre-Dame, vous pourriez être sous la bannière de Notre-Dame la Riche. Rappelez-vous, je vous prie, ce jeune fabricant établi dans la grande rue. Il faisait des étoffes d'or de cinquante écus l'aune (1). Tout à coup il se vit ruiné par l'ordonnance de 1485 (2), qui

(1) La fabrication des étoffes d'or et d'argent fut naturalisée en France par Louis XI. Ce prince, dans ses dernières années, fit venir d'Orient et d'Italie des ouvriers qui nous initièrent aux procédés de cette fabrication. Ces ouvriers furent désignés sous le nom de *tissutiers d'or*. Les étoffes dites *brocart d'or* étaient portées par les grands personnages et les dignitaires ecclésiastiques, dans les solennités politiques et religieuses. Ils avaient seuls le droit d'en user. — L.

(2) Cette ordonnance fut rendue à la demande des états généraux de Tours, qui s'étaient plaints des progrès du luxe. Charles VIII, oubliant les efforts qu'avait faits Louis XI pour propager en France la fabrication de ce qu'on appellerait aujourd'hui les *articles de haute nouveauté*, défendit à ceux de ses sujets qui n'étaient pas nobles, de porter des habits de drap d'or, d'argent ou de soie, à peine de les perdre et de payer une amende. Les draps d'or et d'argent furent réservés à la haute

interdit les draps d'or et d'argent, et qui même ne
permit de porter des habits de soie qu'aux chevaliers

noblesse ; les habits de soie aux chevaliers possédant 2,000 liv.
de rente, soit environ 42,000 fr. de notre monnaie; les habits
de drap de Damas, de satin ras et de satin figuré aux écuyers.
L'ordonnance de 1485 causa, comme l'indique Monteil, la ruine
d'une foule de fabricants; mais Charles VIII n'est pas le seul
de nos rois qui ait arrêté le progrès industriel par des lois
somptuaires. Louis XIV lui-même, après avoir favorisé certaines fabrications de luxe, leur porta, au déclin de son règne, un
coup fatal en promulguant des ordonnances qui rappelaient
celles de 1485, et qui avaient pour but de limiter à un petit
nombre de consommateurs l'usage des objets sortis des manufactures qu'il avait fondées. Une pareille contradiction paraît
aujourd'hui bien étrange, mais quand on se place pour la juger
au point de vue de l'ancienne monarchie, elle s'explique pour
ainsi dire d'elle-même, et l'on en trouve les causes .

1º Dans l'idée chrétienne qui proscrit toutes les manifesta-
tions extérieures de la vanité et de la coquetterie ;

2º Dans l'erreur économique qui attribue au luxe la ruine des
États ;

3º Dans l'organisation des classes nobles, qui se distinguaient
non-seulement par leurs priviléges, leurs titres et leurs armoiries, mais encore par l'emploi exclusif de certains meubles et
de certains vêtements; et comme les nobles étaient aux yeux
des rois le plus ferme appui du trône, il était naturel que les
rois cherchassent à les satisfaire, en les maintenant pour toutes
choses en dehors du droit commun ;

4º Dans le déficit permanent du budget, qui ne permettait
pas au gouvernement de se procurer, en quantité suffisante,
les métaux précieux nécessaires au monnayage. Les rois restrei-
gnaient, dans l'industrie, l'emploi de ces métaux, afin de se
les procurer à meilleur compte pour les hôtels des monnaies,
en même temps qu'ils forçaient, sous prétexte d'arrêter les
progrès du luxe, ceux qui étaient détenteurs de bijoux ou
d'objets d'orfévrerie, à les porter aux hôtels, où les agents du
fisc les rachetaient à vil prix d'après un tarif qu'ils fixaient eux-
mêmes. — L.

et aux écuyers les plus riches. Il faisait des velours (1) cramoisis, figurés : ce furent ceux que l'ordonnance défendit. Il ne faisait pas de satin, ni de damas figuré : ce furent les étoffes qu'elle permit. Aujourd'hui cette ordonnance, il est vrai, est un peu oubliée ; et cet homme industrieux, qui avait eu tant à se repentir de ne s'être livré qu'à un seul genre de fabrication, s'est mis à faire des velours, des damas, des satins, des taffetas, des samyts, des crêpes de soie de toute espèce. Toutefois il n'a jamais 'pu se relever des désastres de cette terrible année. Maintenant il travaille avec l'argent et pour le compte des autres. Et vous qui vous plaignez qu'en France on ne veut que des draps d'Espagne, considérez que depuis plus longtemps encore on ne veut que des soieries d'Italie, quoique depuis le commencement du siècle nous fabriquions dans le royaume des étoffes de soie ; même quoique Louis XI et ses successeurs y aient appelé des ouvriers, des peintres, des directeurs étrangers. Les grands et les riches prisent encore moins nos soieries que nos draps ; ils s'imaginent, je crois, que nous avons encore moins d'esprit pour les soies que pour les laines.

LA BANNIÈRE DE SAINT MAURICE.

Avant-hier j'avais chez moi assez nombreuse compagnie. On parla de divers métiers, d'abord de ceux

(1) Le velours, *pannum villosum*, villuse ou veluel, était connu au douzième siècle. La règle des templiers leur permettait de s'en habiller en tout temps. — L.

qui ne plaisent pas. Je dis que, si j'étais à prendre
un métier, ce ne serait pas celui des teinturiers que
je prendrais. Eh ! pourquoi cela ? me répondit-on.
Leur art, depuis que l'on distingue le grand du petit
teint, s'élève, ne cesse de s'élever avec la perfection ;
de plus, le parlement a pris, il y a longtemps, les
teinturiers sous sa protection spéciale ; il a, sur ses
vénérables siéges, plusieurs fois grondé les tondeurs
de tondre trop bas ou trop haut, de faire brûler le
drap par la couleur, ou d'empêcher que la couleur
pénètre. N'importe, dis-je ; une autre bannière que
celle de saint Maurice serait la mienne. On voulut
savoir pourquoi. Ce n'est pas, répondis-je, parce que
je serais actuellement forcé à teindre en laine la trame
et en fil la chaîne ; ce n'est pas non plus parce qu'on
ne peut actuellement teindre en noir de chaudière que
la chaîne des étoffes de vil prix, et que la chaîne des
belles étoffes doit être teinte en guesde et reteinte en
garance ; mais c'est parce qu'un règlement renouvelé
depuis peu permet aux tisserands d'avoir chez eux
des valets teinturiers, qu'il leur donne l'avantage de
pouvoir teindre avec toute sorte de matières, excepté
avec la guesde ; c'est surtout parce que ce règlement
est d'un autre siècle, en outre d'une femme, en outre
vieille, en outre veuve, car c'était la reine Blanche.

LA BANNIÈRE DE SAINTE LUCE.

On parla ensuite des métiers qui plaisent. Quelqu'un
qui venait de payer le compte de son riche habillement
dit qu'il était fâché de ne pas être tailleur, que c'était

un excellent métier. Ah! vous n'êtes pas de Meaux, lui dit une autre personne de la compagnie : les maîtres ne peuvent empêcher ceux qui ne le sont pas de faire des habits pour les enfants, ce qui est peu de chose; mais encore même d'en faire pour les seigneurs, ce qui n'est pas peu de chose. Ah! vous n'êtes pas de Tours, lui dit un autre : vous payeriez un marc d'argent pour votre maîtrise. Ah! vous n'êtes pas de la Rochelle, lui dit un autre : vous seriez tenu de donner cinquante livres pour votre cautionnement, de payer toutes les pièces d'habillement mestaillées. Ah! vous n'êtes pas de Poitiers, lui dit un autre : vous verriez s'il est facile de ne pas mestailler, quand vous êtes forcé de tirer d'une aune de drap portant cinq parts de lé deux paires de longues chausses d'homme, avec talon et avant-pied, ou bien quatre paires de chausses de femme ; et vous devez savoir qu'avec les femmes, lorsqu'il s'agit non-seulement de robes, mais même de chausses mestaillées, il n'y a pas à rire. Ah! dit un autre, maintenant à Chinon c'est pis: les chausses d'homme à braies, à loquet, à sangles, à courroies, à double couture, qui sont si compliquées, si difficiles à faire, quand elles sont faites en étoffes neuves et en étoffes vieilles sont arses ; alors feu aux chausses! Vous pouvez dire aussi, ajouta un autre, feu aux pourpoints (1) ! feu aux jacques ! feu aux houppelandes! car à Paris il en est de même, si les pourpoints, les jacques, les houppelandes, les habits de trois,

(1) Le pourpoint est mentionné dès le treizième siècle. C'était une espèce de justaucorps qui serrait le buste et se laçait par devant. Les jacques et les jacquettes, qui rappellent par la forme les tuniques de nos chasseurs à pied, étaient

quatre doubles, rembourrés de laine ou de coton, qui paraissent aujourd'hui venir remplacer les fourrures, ne sont pas faits de bonnes toiles, de bonnes étoffes, sans mélange de neuves et de vieilles, excepté pour les bordures, où l'on peut employer aux habits bourgeois les vieux habits de soie des gentilshommes, parce que, dit paternellement ou maternellement l'ordonnance, ils ne sont en général ni trop râpés, ni trop usés. Et comme d'autres continuaient à s'apitoyer sur le sort des tailleurs, l'homme au riche habillement leur dit : Messires, je ne vois pas que les tailleurs, qui mettent vingt aunes de velours à une robe, soient tant à plaindre. Messire, lui-dis-je, en fait de fournitures, les malheureux tailleurs sont depuis longtemps aguerris.

LA BANNIÈRE DE SAINT SEVER.

La voyez-vous maintenant passer, la bannière de saint Sever ? Écoutez les prières qu'adressent les nombreux confrères à leur puissant et glorieux saint.

Les aumussiers qui font ces antiques couvre-chefs descendant par derrière jusqu'aux talons, ces aumusses d'abord à l'usage des femmes, ensuite à l'usage

---

froncés du corsage et de la jupe. La houppelande affectait les formes les plus variées : les unes s'arrêtaient à la hauteur des cuisses, les autres tombaient jusqu'aux genoux, quelques-unes jusqu'aux pieds. On ajoutait à la houppelande, à la hauteur du collet, une collerette en velours ou en linge, nommée *collière*. — L.

des femmes et des clercs, enfin à l'usage des femmes, des clercs, des laïques et de tout le monde, lui demandent que leurs statuts s'adoucissent : qu'on puisse employer non-seulement les laines tondues dans la bonne saison, mais dans toutes saisons ; qu'elles puissent être filées non-seulement au rouet, mais de toutes les manières ; qu'elles puissent être foulées avec la terre à foulon, non-seulement du pays ; mais de tous les pays ; qu'elles puissent être foulées non-seulement avec les mains, mais encore avec les pieds. Ils lui demandent qu'il leur soit permis de faire non-seulement des aumusses, des bonnets, des coiffettes, des mitaines, des chaussettes, mais encore toute sorte d'ouvrages ; qu'il leur soit permis de travailler non-seulement avec les chardons, avec les petits ciseaux, les petites forces, mais encore avec les cardes, les grands ciseaux, les grandes forces ; que, lorsqu'ils sont reçus maîtres et qu'ils ne peuvent, pour tous ces différents objets de fabrication, faire leur chef-d'œuvre, ils soient reçus maîtres pour la totalité, et non maîtres par fraction de métier, sauf leur promesse d'apprendre ce qui leur reste à savoir, et, en attendant, de ne faire que ce qu'ils font bien.

Les lâcheurs, les lâcheresses de l'aumusserie, lui demandent qu'on ne défasse pas leur ouvrage lorsqu'il leur arrive d'en avoir mal assemblé, mal cousu les diverses pièces à la quille; qu'on ne les force pas à le recommencer ; qu'on ne leur impose point d'amende.

Les chapeliers, contents qu'on leur laisse employer le noir de chaudière et les autres couleurs qui sont interdites aux aumussiers, contents surtout de la nouvelle mode des chapeaux de castor, des chapeaux de

laine frisée (1), lui demandent qu'ils puissent feutr
aussi les agnelins communs, des agnelins de tou
qualité.

Assurément saint Sever, s'il pouvait miraculeuse
ment parler par les lèvres d'or ou d'argent de so
effigie, leur répondrait que les malheurs dont ils se
plaignent tiennent à la perfection de l'art ; que, pour
l'honneur de la confrérie, il ne peut leur accorder
leur demande.

LA BANNIÈRE DE SAINT CLAIR.

On n'est pas surpris des grands progrès de la
peinture, on est surpris des progrès de la broderie ;
mais cet art n'est qu'une peinture à l'aiguille. — Cette

---

(1) La mode des coiffures subit, au quinzième siècle, de
nombreuses variations. On trouve à cette date, pour les coiffures des hommes, l'aumusse, le chaperon, le chapeau, le bonnet, la barette ou béret, la calotte et le mortier. Pour les femmes, la coiffure à la mode éaitt le *hennin* ou bonnet monté sur
une carcasse de laiton ou de carton, qui s'élevait, en se ren-
versant en arrière, à une hauteur de soixante à soixante-dix
centimètres. « On y ajoutait de chaque côté, dit Juvénal des
Ursins, deux grandes oreilles si larges, que quand les femmes
voulaient passer l'huis d'une chambre, il fallait qu'elles se tour-
nassent ou baissassent, ou elles n'eussent pu passer. »
Quelquefois même elles étaient obligées de s'agenouiller à
demi pour passer sous les portes. La mode des perruques,
aussi ridicule que celle des hennins, remonte au quinzième siècle. La couleur blonde étant alors très en vogue, on en teignit
les premières perruques ; et comme il était souvent difficile
de se procurer des cheveux de cette nuance, on employait des
crins de chevaux, auxquels on donnait une teinte artificielle.— L.

jolie confrérie de brodeurs, de brodeuses, qui brodent les collets d'habits, les manches, les robes, les ceintures, les meubles, les tabourets, les chaises, les bancs, les lits, les tableaux, attire bien du monde sous la bannière du saint. Mais quelle peine ! quelle continuité de peine ! Voyez le trait fait au pinceau, le trait fait à l'aiguille : quelle rapidité ! quelle lenteur !

Au jour actuel, les hommes et les chevaux sont couverts d'argent et d'or ouvrés en broderie. Tel grand seigneur porte souvent sur sa manche le travail d'une brodeuse pendant six mois, pendant un an ; il y porte quelquefois la vie des plus jeunes ou des plus délicates (1).

J'aurais mieux aimé entendre dire à un vieux laboureur qu'à un vieux brodeur irrité d'être obligé, faute de pouvoir trouver des aides, à broder jour et nuit pendant les deux ou trois premiers mois qui précédèrent la joyeuse entrée du roi, qu'alors seulement le monde serait bien réglé quand il n'y aurait plus des milliers ou des millions de fainéants dans les châteaux ou dans les maisons des riches, quand tout homme

---

(1) On ne se bornait pas à broder sur les habits des arabesques et des figures ; on y traçait aussi à l'aiguille des vers et des rébus. Il existe dans les comptes de la maison d'Orléans une note des dépenses faites au quinzième siècle pour les perles, au nombre de 960, qui avaient servi à décorer une houppelande. On avait brodé sur les manches les vers et la musique d'une chanson qui commençait par ces mots : *Madame, je suis tout joyeux.* Chaque note était formée de perles. Voir Quicherat, *Séance d'inauguration de l'école des chartes*, 1847, in-8o, p. 30. — L.

pourrait répondre : Je prie Dieu, je combats, je travaille.

LA BANNIÈRE DE SAINT FRANCOIS.

La broderie est une peinture à l'aiguille. La tapisserie est une peinture à la navette, ou plutôt aux na-
vettes ou broches ; elle a encore plus avancé, elle
est plus près de la peinture au pinceau, qu'elle imite
jusque dans ses filets d'or et d'argent. Quels plus
beaux, quels plus grands tableaux de laine que ceux
qui couvrent les murailles de l'église de Saint-Remi
de Reims, de l'église cathédrale, de plusieurs autres
églises (1) ? Ce sont des représentations où viennent
s'offrir nos pontifes, nos rois, nos héros ; ce sont
d'immenses feuillets de l'histoire de France. Chaque
scène, chaque groupe, a au-dessous une inscription
explicative. Mais dans ces tapisseries si artistement
tissées, si vivement colorées, qu'ai-je besoin de lire
lorsque tous les personnages parlent ? Maintenant
qu'on soit de bonne foi, et qu'on me réponde : Quand
on regarde ce beau travail, songe-t-on à la peine de

(1) Suivant Baugier, Mémoires historiques de la Champagne,
article *Rheims*, les tapisseries représentant la vie de saint
Remi furent données à l'abbaye de ce nom par Lenoncourt,
archevêque de Reims, prédécesseur d'un autre Lenoncourt, qui,
en 1531, en donna à cette même abbaye ou d'autres, ou la suite
de celles du quinzième siècle. J'ai vu de semblables tapisseries
de cet âge, entre autres à la cathédrale de Rhodez; elles sont
aussi, comme celles de Reims, à scènes détachées, avec un
écriteau au-dessous de chaque scène.

l'ouvrier? On n'y songe pas. Et à son habileté, à sa science? Pas davantage.

La tapisserie a même avancé pour les restaurations. Il fallait qu'autrefois dans les rentraitures on employât grossièrement le noir sur le blanc, le rouge sur le bleu, puisque les règlements du milieu de ce siècle ordonnent qu'elles soient faites des mêmes couleurs, des mêmes nuances, puisqu'ils ordonnent qu'elles soient «bien filées et nouées aux visages, aux mains, « aux armoiries, escussons et autres choses dange- « reuses. » Le tapissier est obligé de faire pater, garnir de toile les chambres ou tapisseries de serge à tous les endroits fixés par les règlements. Aujour- d'hui on paye beaucoup plus cher les tapisseries garnies de rubans calendrés; c'est que les règlements les interdisent. On ne se plaint pas des tapissiers; au contraire, on les plaint.

LA BANNIÈRE DE SAINT PAUL.

J'avais ouï dire depuis assez long temps que l'état de cordier était surtout jalousé. Cette semaine j'en ai eu une nouvelle preuve ici à l'hôtel de ville, où un courtier disait au maître cordier de la mairie : Perrot, votre grand-père n'était pas pauvre, votre père était riche, vous êtes encore plus riche : je veux changer de métier, faire le vôtre. Vous travaillez pour les hauts châteaux, où sont les puits les plus profonds, et l'on vous paye la corde deux sous la toise. — Oui ; mais sachez qu'elles doivent être de bon chanvre qui n'ait été mouillé, resséché, ressuyé. — Vous gagnez beaucoup avec les cultivateurs à faire les traits de charrue. — Pas tant : ils doivent avoir au moins douze fils. — Beaucoup avec les charretiers, les voituriers. — Pas tant : les chevêtres doivent être de huit fils, et les licous de chanvre doivent être mélangés de poil. Le débat s'étant prolongé, Perrot, impatienté, le termina en disant : Les cordiers, quand nous filons une corde nous ne savons si ce ne sera pas celle d'un pendu : cela ne donne guère envie de prendre trop, de trop gagner. Les cordiers, nous sommes les plus pauvres et les plus honnêtes : notre état convient à peu de monde ; que les courtiers surtout ne s'y trompent pas.

LA BANNIÈRE DE SAINT JEAN PORTE-LATINE.

Il n'est ici personne, messires, qui dans sés archives de famille n'ait du papier du dernier siècle (1)·

(1) Voici résumée, en quelques lignes, l'histoire des différentes matières sur lesquelles on a écrit depuis l'antiquité jusqu'au quinzième siècle. Nous trouvons dans l'antiquité : le papyrus, substance ligneuse, tirée de l'arbuste nommé *cyperus papyrus*, et sur laquelle on écrivait avec une espèce d'encre; les tablettes enduites de cire sur lesquelles on traçait les caractères en creux à l'aide d'un stylet nommé *graphium ;* le parchemin, qui paraît vers le second siècle avant Jésus-Christ, au moment où le papyrus commençait à devenir très-rare, et qui fut inventé, dit-on, par Eumène II, roi de Pergame, ce qui lui a fait donner par les anciens le nom de *charta pergamena*, d'où nous avons fait *parchemin*.

A dater du cinquième siècle de notre ère, l'emploi du papyrus devient de moins en moins fréquent, et cesse complétement

Voyez combien il était grossier, épais, cotonneux, cassant ! Voyez combien le nôtre a la pâte liée, égale, fine, blanche ! Le papier écu de France, tête de mouton, serpent couronné, sera éternellement un monument de l'art, et toutefois il ne coûte que huit sous la main, c'est-à-dire beaucoup moins qu'autrefois le vilain papier. De notre temps, il faut d'ailleurs en convenir, l'abondance des chiffons est bien plus grande. Maintenant tout le monde, nuit et jour, porte sa chemise, au lieu qu'au pauvre siècle passé les riches n'en portaient pas la nuit, et grand nombre des autres n'en portaient pas même le jour. Maintenant le clergé et la noblesse ne fournissent que des chiffons de toile blanche, et le tiers état, qui ne fournissait guère que des chiffons de toile grise ou rousse, fournit aujourd'hui des chiffons de toile blanche et en quantité toujours croissante. L'amélioration de la société offre certains signes imperceptibles, mais infaillibles. S'il est vrai que nos papeteries de Troyes soient les plus anciennes (1), il est incontestable qu'elles ont été les

au onzième. L'usage des tablettes de cire se conserve jusque vers les premières années du quinzième siècle. L'usage du parchemin se maintient au moyen âge pour les chartes, les diplômes, los manuscrits en volumes ; et dans les temps modernes, jusqu'à la Révolution, pour les ordonnances des rois et les actes privés d'une certaine importance.

Le papier de chiffons, connu des Orientaux dès le onzième siècle, est introduit en Europe à l'époque des Croisades ; mais l'emploi ne s'en propage pas avant le treizième siècle, et lors même qu'il se popularise, on ne l'emploie ni pour les actes importants ni pour les livres de quelque valeur. Ce n'est guère qu'à la fin du dix-septième siècle qu'il devient tout à fait usuel. —L.

(1) « Sur la requeste baillée par le doyen de l'église de Troyes...

meilleures ; elles le sont encore. Des douze papetiers
de l'université, quatre sont Champenois, et tous les
quatre de Troyes. Le nom de l'un d'eux est devenu
célèbre : qui aime les belles éditions et qui ne connaît
le nom du papetier Le Bé?

On envie sans doute les papetiers ; mais on envie
bien plus les imprimeurs. Aujourd'hui leur art est
l'art nouveau, l'art brillant ; tout le monde lui en veut,
et cependant tout le monde en veut. Je citerai surtout
les courtiers. Les imprimeurs n'ont pas besoin de
notre ministère : donc, suivant eux, les imprimeurs
sont les plus heureux. Je sais d'ailleurs de bonne
part qu'ils disent souvent que c'est l'état le plus heureux, et qu'ils le changeraient volontiers contre le
leur. Mais, leur demanderai-je, comment donc feriez-
vous pour pouvoir l'exercer? Ah! mes voisins les
courtiers, quoique vous soyez fort adroits, fort habiles, vous n'êtes pas grands grecs, ou plutôt vous
n'êtes pas très-chargés de grec, ni même de latin.
Personne ici n'ignore que vous n'avez pas été à la
grande école. Peut-être me répondront-ils qu'ils auraient des valets bons latinistes, bons grécistes, qui
mettraient bien les points sur les i. A la bonne heure ;

le comte de Champaigne souloit prendre soixante livres tournois
de rente sur les fours de Troyes et sur le moulin à papier appelé
le moulin le Roy, appartenant au dict doyen... » Mardi 6 septem-
bre 1441, Collection intitulée *Minutes-Journal*, conservée aux
archives de la Cour des comptes. Il est très-probable que les
papeteries de Troyes sont les plus anciennes. Le moulin le Roi
continuait à fabriquer au quinzième siècle, puisqu'un jugement
du bailli de Troyes de l'année 1485 enjoint aux papetiers de ce
moulin de fournir un passage aux chevaux et aux voitures
des habitants du voisinage.

mais, leur dirai-je encore, vous avez de nos jours, et vous venez il n'y a qu'un moment de vous en vanter, vous avez porté le courtage aux dernières limites, et sûrement vous entendriez porter de même l'imprimerie à la perfection. Eh! qu'entendriez-vous donc y perfectionner? Entendriez-vous perfectionner le matériel de l'art? Voyons en quoi cela serait possible. On a imprimé d'abord une page comme une estampe, avec une planche gravée; ensuite on a rendu probablement les mots mobiles; ensuite, et probablement bientôt après, on a rendu mobiles les lettres. Ces deux immenses pas sont faits, vous ne pouvez plus les faire. On a essayé successivement toute sorte de matières pour les lettres ou les caractères; on les a gravés, on les a fondus. On s'est arrêté là, et je pense que vous vous y arrêterez aussi. L'encre de l'imprimerie a été inventée en même temps que l'art; elle n'a pu être inventée que grasse, onctueuse, épaisse: il vous serait impossible de l'inventer d'une autre manière. Entendriez-vous perfectionner la presse? Voilà qui était bon du temps du rouleau à la main, mais aujourd'hui nous avons la presse frappante; on n'a pu et vous ne pourrez trouver mieux. Aujourd'hui on ne colle plus deux feuilles l'une contre l'autre; on imprime les deux côtés du papier. Le papier n'a que deux côtés, comment voulez-vous perfectionner le tirage? Pour assembler les feuilles, on a imaginé depuis peu les signatures: vous ne pouvez plus les imaginer. Vous n'êtes pas à temps non plus à imprimer les premiers en caractères les lettres initiales. Aujourd'hui on ne les fait plus à la main, on ne fait pas même ainsi les frontispices : on les imprime comme le reste du livre. Peut-être voudriez-vous rejeter le vieux et monotone caractère romain, et adopter les nouveaux caractères allemands, bien plus près de la véritable image de l'écriture ? Eh bien ! on vous a encore prévenus. Je vous le dis, je le dis à la postérité, il n'y a guère plus de soixante ans que l'imprimerie est en usage ; n'importe, jamais on ne passera Trapperel, Vérard, Simon Vostre (1); je suis tenté d'ajouter : et nos bons imprimeurs de Troyes.

(1) C'étaient les imprimeurs les plus célèbres de la fin du quinzième siècle. Wimpfeling, natif de Strasbourg et contemporain de Gutenberg, s'exprime ainsi sur les origines de l'imprimerie : « En l'année 1440, sous le règne de Frédéric III, un bienfait « presque divin fut accordé à l'univers par Jean Gutenberg, « inventeur d'un nouveau mode d'écrire. Il fut le premier qui « découvrit l'art d'imprimer, dans la ville de Strasbourg. Étant « ensuite allé à Mayence, il y apporta le dernier complément. »

Au reste, soit qu'on donne la priorité à Mayence, soit qu'on l'accorde à Strasbourg, c'est toujours au même homme, à Gutenberg, que l'invention de l'art typographique est attribuée.

L'imprimeur Ulrich Zell, l'historien Palmieri, l'abbée Trithème, tous trois contemporains, l'attestent formellement.

Le récit de Trithème, notamment, contient sur l'origine de l'imprimerie des détails intéressants que ce chroniqueur avait appris de la bouche même de Pierre Schœffer.

« A cette époque, dit-il, ce fut à Mayence, ville d'Allemagne, « près du Rhin, et non pas en Italie, comme quelques-uns « l'ont faussement prétendu, que fut imaginé et inventé par « Gutenberg, cet art mémorable et jusqu'alors inconnu d'im- « primer les livres au moyen de caractères en relief. Guten- « berg, après avoir risqué pour le succès de son invention « presque tous ses moyens d'existence, se trouvant dans le « plus grand embarras, manquant tantôt d'une chose, tantôt « d'une autre, et sur le point d'abandonner par désespoir son « entreprise, put cependant, à l'aide des conseils et de la « bourse de Jean Fust, comme lui citoyen de Mayence, ache- « ver son œuvre. Ils imprimèrent d'abord un *vocabulaire* appelé « *Catholicon*, en caractères écrits régulièrement sur des

. Bien sûrement, mes voisins les courtiers, vous ne voudriez pas être relieurs, vous ne leur portez bien sûrement pas envie. Cependant vous ne manieriez plus autant qu'autrefois le bois : car les couvertures sont devenues bien plus légères, quoiqu'elles soient

« tables de bois et avec des formes composées. Mais ils « ne purent se servir de ces formes pour imprimer d'autres « livres, puisque les caractères ne pouvaient se détacher des « planches, mais étaient sculptés à même, comme je l'ai « dit. D'autres inventions plus ingénieuses succédèrent à ce « procédé, et ils trouvèrent le moyen de fondre des formes de « toutes les lettres de l'alphabet latin. A ces formes ils don- « nèrent le nom de matrices, dans lesquelles ils fondaient des « caractères d'airain ou d'étain, qui avaient la dureté néces- « saire pour supporter toute pression, lesquels caractères » étaient auparavant gravés par eux à la main. En effet, ainsi « que je l'ai entendu dire, il y a environ trente ans, à Pierre « Schœffer de Gernsheim, citoyen de Mayence, qui était gen- « dre du premier inventeur, ce procédé d'impression offrait de « grandes difficultés à son début. Car, avant d'avoir achevé le « troisième cahier de quatre feuilles d'une Bible latine qu'il « s'agissait d'imprimer, ils avaient dépensé plus de quatre mille « florins. Mais Pierre Schœffer, alors ouvrier et ensuite gen- « dre, comme nous l'avons dit, du premier inventeur Jean Fust, « unissant l'habileté à la prudence, inventa une manière plus « facile de fondre les caractères, et compléta l'art, en le por- « tant au point où il est aujourd'hui. Tous trois gardèrent quel- « que temps secrète cette manière d'imprimer, jusqu'à ce « qu'elle fut divulguée par leurs ouvriers, sans l'aide desquels « ils ne pouvaient pratiquer cet art, d'abord à Strasbourg, et « peu à peu dans les autres pays du monde.

« Ce que je viens de dire sur cette ingénieuse merveille « d'imprimer est suffisant. Ses premiers inventeurs furent des « citoyens de Mayence. Or, ces trois premiers inventeurs, Jean « Gutenberg, Jean Fust et Pierre Opilio (Schœffer), gendre de « ce dernier, habitaient à Mayence la maison connue sous le « nom de *Zum-Jungen* qui prit ensuite le nom d'*Imprimerie*, « nom qu'elle conserve encore. »

toujours solidement attachées par des nerfs de parchemin ou de cuir (1), et si vous travailliez pour les gens riches, vous manieriez le damas, le velours. Nos bibliothèques, qui, chez quelques particuliers, s'élèvent, depuis l'invention de l'imprimerie, jusqu'à cent volumes, récréent, par leurs diverses couleurs, les yeux, avant de récréer l'esprit; elles récréent aussi les yeux par les compartiments de maroquin, par les peintures délicates dont sont ornés les plats de la couverture, surtout par les gaufrures imprimées artistement à petits fers sur la couverture et sur les tranches, toutes chargées d'arabesques, de feuillages, de fruits, d'ornements de l'intérieur du livre qui semblent en sortir, ou plutôt déborder. Belles, très-belles reliures! Métier pénible, très-pénible!

---

(1) Tout ce que dit ici Monteil est d'une parfaite exactitude. Parmi les volumes du moyen âge, il en est un grand nombre qui sont, par leur reliure seule, de véritables bijoux. Plus on remonte vers les origines de la monarchie, plus les matières employées pour les couvertures des livres sont rares et précieuses. Charlemagne fit placer sur quelques-uns des manuscrits qu'il faisait exécuter dans les abbayes, des lames d'or et d'argent enrichies de pierres précieuses, et des reliques enchâssées sous du cristal de roche. On peut voir encore aujourd'hui, sous les vitrines de la bibliothèque de la rue de Richelieu, quelques magnifiques échantillons de la reliure carlovingienne. L'or, l'argent, le cuivre doré, furent encore en usage dans les siècles suivants, ainsi que les émaux et l'ivoire sculpté. Mais à dater de la fin du quatorzième siècle jusqu'aux premières années du seizième, on employa généralement les ais en bois, recouverts de velours, de satin, d'étoffes brochées d'or et d'argent, et de cuirs gauffrés. C'était surtout dans les livres d'heures à l'usage des femmes que les relieurs déployaient leur talent.

Messires, oh! combien vous nous plaindriez davantage si je vous disais que la plupart des malheurs de
chaque métier sont communs à tous, que la plupart
des malheurs de chaque classe de notre état sont les
malheurs de toutes!

Malheur des apprentis! Ils doivent être nés de
loyal mariage. *Le bastard d'Arminhac*, tenant son
bâton de maréchal de France; *le bastard de Bour-
goigne*, assis sous les hauts dais, avec ses frères ou
ses cousins les princes du sang; *le bastard d'Orléans* lui-même, proclamé le sauveur de la France, si
les statuts n'étaient changés, ne seraient pas reçus.

Malheur des apprentis! Ils donnent cinq, huit, dix
ans à leur maître.

Malheur des maîtres! Ils ne peuvent avoir qu'un
seul apprenti!

Malheur des valets! Il est grand nombre de métiers
où les valets, ceux même qui ont épousé la fille de
leur maître, ne peuvent leur succéder, où la maîtrise
est rigoureusement héréditaire par succession masculine.

Malheur des valets! Un valet, s'il ne peut donner
la preuve de la plainte qu'il porte contre son maître,
est obligé de continuer à demeurer avec lui, de lui
payer l'amende, et de lui faire bonne mine.

Malheur des maîtres et des valets! Le tribunal est
composé de gardes-maîtres et de gardes-valets.

Malheur des maîtres, des valets et des apprentis !
Le plus grand revenu de certaines villes, c'est le produit des amendes sur les métiers. Un sergent, la
plume au bonnet, l'épée au côté, parcourt la rue ; il
entre à droite et à gauche dans plusieurs boutiques ou
ateliers. Il est tout chargé de longs rubans de parchemin, sur chacun desquels est écrit en tête : « Ce
sont les amendes des serruriers... — Ce sont les
amendes des maçons... — Ce sont les amendes des
boulangers... — Ce sont les amendes des tanneurs...

Ce sont les amendes des drapiers, taxées et tail-
lées par nous, bailli, au receveur, pour les faire cueil-
lir moitié au profit du roy nostre sire, moitié au profit
des jurés. » Là se trouvent tarifées toutes, jusqu'aux
plus petites, les fautes de fabrique : « Paul, cinq sols ;
Jacques, deux sols ; Pierre, deux deniers, un denier,
une maille, une obole. » Du reste, que notre malheur
ne nous empêche pas de le dire, les arts, ainsi continuellement surveillés, repris, punis, amendés, ne
peuvent que faire les plus grands progrès ; et si je
représentais la perfection, ou du moins la perfectibi-
lité, ce serait sous la figure d'un sergent de bailliage,
élevant dans sa main ces longs rubans de parchemin,
dont il épouvanterait la fainéantise, la maladresse ou
la mauvaise foi de tous les métiers.

Malheur des apprentis et des valets ! Quelquefois
ils sont obligés de faire leur chef-d'œuvre, c'est-à-
dire d'ouvrer parfaitement, pendant plusieurs mois,
chez les chefs du métier.

Malheur des apprentis, des valets et des maîtres !
Je rappellerai ces grandes quantités de vin dont on

abreuve les confrères du métier quand on reçoit un
apprenti, un valet, surtout quand on reçoit un maître.
Cette quantité devient plus grande quand celui qui
est reçu n'est pas fils de maître, plus grande quand il
n'est pas natif de la ville. On envie alors notre sort ;
on se garde bien de penser qu'un grand nombre d'artisans sont sobres ; que, lorsqu'ils sont reçus maîtres, ils se gênent pour bien boire afin de bien faire
boire, et que, lorsqu'à leur tour ils reçoivent des maîtres, ils ne se gênent pas moins pour répondre coup
par coup aux nombreuses salutations qu'on leur fait.
Toutefois, j'en conviens, ordinairement tout le vin
est bu.

Malheur des maîtres ! Le malheureux artisan a bu
l'oubli de son dommage, et c'est pour cela que les
vins ont été institués. Le lendemain, à droite de la
boutique de l'ancien maître, s'établit le maître nouvellement reçu, rempli de jeunesse, de force, d'ar-
deur, de désir, qui, sans gêne, sans déguisement,
proclame son habileté, son bon ouvrage, son bon
marché.

Malheur des maîtres ! Le surlendemain, à gauche,
vient s'établir un autre maître, nouvellement arrivé
d'une ville jurée, d'une ville de loi, d'une ville où il y
a des ordonnances de ce métier.

Malheur des maîtres ! Une partie des pratiques de
l'ancien maître se sont changées aux deux nouvelles
boutiques ; une autre partie se change encore, et va
à une nouvelle boutique qui s'ouvre en face, où se

montre un bon gros homme : hier au soir il était serrurier, chaudronnier ; il s'est fait ce matin orfévre, et,
sans apprentissage, sans chef-d'œuvre, il devient
maître ; il a été nommé par lettres du roi, qui, à son
avénement, a droit de mettre un nouveau maître dans
chaque métier. Heureux encore l'ancien maître s'il ne
demeure pas dans certaines villes où l'évêque a ce
même droit (1) !

Malheur des maîtres ! Qu'arrive-t-il, messires,
lorsqu'il y a trop d'ouvriers et pas assez de travail ?
Vous le savez, une partie tombent dans la misère :
nos statuts nous imposent alors le devoir de secourir
nos confrères ; la misère amène la maladie : nous devons accroître nos secours envers eux ; la maladie,
la mort : nous devons les faire enterrer. Ils laissent
des veuves, des orphelins, des orphelines : c'est à
nous à les nourrir ; les orphelins grandissent : c'est
à nous à les élever, à les enseigner ; les orphelines
grandissent : c'est à nous à les doter, à les marier.

Malheurs des maîtres ! Est-ce donc là tous les maux
auxquels notre état est assujetti ? Non certes : n'oubliez pas les marques, les signes publics, outre nos
marques, nos signes particuliers, car aujourd'hui le
tonnelier lui-même est obligé de signer ses ton-
neaux.

(1) Dans le premier volume des Mémoriaux de la Chambre
des comptes, est un accord entre le roi et l'évêque de Paris, où
l'on voit que l'évêque pouvait nommer quinze artisans de
divers métiers, *gaudentes libertate quam ministeriales episco-
porum Parisiensium hactenus habuerunt.*

Malheur des maîtres ! Et oubliez le plus petit article de vos statuts, vous aurez à faire avec les inspecteurs, les maïeurs de la haute et même avec les maïeurs de la basse perche.

Malheur des apprentis, des valets et des maîtres ! Travaillez les jours de repos, vous aurez affaire avec les gardes des fêtes.

Malheur des apprentis, des valets et des maîtres ! Travaillez trop matin, travaillez trop tard, travaillez aux heures des repas, travaillez aux heures où l'on ne doit pas travailler, vous aurez affaire avec les gardes des heures.

Malheur des maîtres, des valets, et surtout des apprentis ! Soyez amoureux, galant, trouvez beau le beau sexe, vous êtes soupçonné, et alors il ne faut pas de grandes preuves ; et alors vous être chassé, vous perdez la maîtrise ; et alors, si vous êtes malade, vous n'avez droit à aucun secours ; et si vous mourez, je doute même que la confrérie vous enterre.

Malheur des veuves des maîtres ! Si elles se remarient à un homme qui n'est pas du métier, elles perdent aussitôt la maîtrise.

Malheur des apprentis, des valets et des maîtres ! Qu'il ne leur arrive pas de recevoir les excommuniés dans leur atelier, encore moins de travailler avec eux ! qu'ils se gardent de boire à la même table ! il serait même prudent de ne pas boire dans la même taverne.

Malheur des apprentis, des valets et des maîtres ! Vous avez joué aux dés ou autres jeux honnêtes, le soir de Noël, le soir de la Tiphaine : pour certains métiers, en voilà jusqu'à l'année prochaine.

Malheur des maîtres et des valets ! Vous changez de séjour pour échapper à tant de gênes : fort bien; mais, outre qu'elles vous attendent autre part, prenez garde qu'il est assez grand nombre de métiers que vous ne pouvez légalement exercer que dans les principales villes.

Malheur des maîtres ! Irez-vous travailler dans les villages pour venir vendre les objet de votre fabrication dans les villes ? Je vous préviens que vous ne pourrez les exposer en vente que lorsque les gardes du métier les auront visités, en auront approuvé la matière et le travail. Sachez d'ailleurs qu'en certains lieux vous ne pouvez les vendre qu'aux jours de foire, qu'à la halle.

Malheur des maîtres ! Si vous dites : Je réparerai de vieilles œuvres, je les rajusterai, sachez encore que vous ne le pouvez : partout les lois veulent qu'il ne sorte de votre main que du neuf.

Malheur éternel des apprentis, des valets et des maîtres ! Toujours il y aura et de bons et de mauvais statuts : toujours il faudra également obéir et aux uns et aux autres.

Malheur éternel des apprentis, des valets et des maîtres ! On a donné une grande liberté aux arts depuis le siècle dernier : ne pourrait-on leur en donner une plus grande ? Moi, je réponds qu'on a été jusqu'aux dernières limites du possible ; le malheur des artisans ne peut plus diminuer.

Malheur éternel des apprentis, des valets et des maîtres ! Bien des gens nous envient nos priviléges; nous n'en avons pas moins perdu une partie. Autrefois on ne pouvait pas saisir nos outils ; aujourd'hui on peut saisir nos outils, nos personnes. Dans certains métiers, il est vrai, nous sommes exempts de guet. Dans d'autres, il est vrai encore, nous ne payons pas d'impôt sur les matières de fabrication ; dans d'autres même, nous sommes francs de tous impôts, comme les nobles ; mais en France tous les états, sans exception, n'ont-ils pas leurs priviléges ? En est-il un seul qui n'en ait pas ? Le nôtre n'en a-t-il pas le moins ?

Malheur ! malheur éternel des artisans, même des artisans à la suite de la cour ! car, direz-vous, et sans doute dira avec vous tout le monde, les artisans à la suite de la cour sont du moins heureux. Dans les comptes de la maison du roi, de la reine et des princes, on lit de longs chapitres terminés par cet inintelligible et sonore latin : « Summa expensarum brodure, cal- « ciature, cutellerie, aurifaberie, mille, duo millia « librarum turonensium. » Mais d'abord je vous apprends que toutes les sommes portées en belles lettres sur beau parchemin comme payées ne le sont pas toujours ; et je vous apprends de plus que ce sont les courtisans, qui ordinairement ne payent guère bien, qui font principalement travailler les artisans à la suite de la cour. Il y a bien aussi, j'en conviens, des huissiers à la suite de la cour ; mais là, au lieu d'être aux ordres des créanciers, ils sont et seront toujours aux ordres des débiteurs.

Malheur ! malheur éternel des artisans, même des artisans qui ne sont pas à la suite de la cour, mais qui travaillent dans les provinces pour la cour, pour les établissements royaux ou sous l'autorité royale ! Leur sort n'est guère meilleur ; ils ne reçoivent leur salaire qu'après la visite du clerc des ouvriers, du maître ouvrier, du maître des œuvres de la sénéchaussée ou du baïlliage. Lorsqu'il y a pénurie d'argent, les formalités deviennent innombrables, interminables. Il en a été, il en est, et vous n'en doutez pas, il en sera toujours de même.

Je vous conjure, messires, soyez justes envers nous comme envers les autres. Ne portons-nous pas notre malheur écrit, pour ainsi dire, sur notre front ? Examinez, aux montres de guerre que fait la ville, quels sont ceux que vous trouvez les plus mal nourris, les plus mal vêtus, les plus tristes. Ce sont, vous ne pouvez en disconvenir, les artisans, les pauvres, les malheureux artisans. Si vous me dites que presque toute la milice marche sous les bannières de nos métiers, j'en conviendrai volontiers : mais la gloire n'est pas le bonheur. Vous me dites encore que c'est par corporations des métiers que les habitants de plusieurs villes élisent les magistrats ; que, lorsque la tranquillité est menacée, la mairie convoque les chefs des métiers ; j'en conviendrai de même, mais je vous répéterai que la gloire n'est pas le bonheur.

Dans cette ville, on n'appelle qu'une seule rue *la rue des malheureux*. On devrait appeler aussi toutes les rues où demeurent les artisans la rue des malheureux, la rue des plus malheureux.

XVᵉ SIÈCLE

1. Intérieur de cabaret (xvᵉ siècle). — 2. Faïences et poteries, d'après les *Arts somptuaires*.

PIÈCES JUSTIFICATIVES

Les documents contemporains sont le premier et le plus important des éléments de l'histoire. Il est essentiel d'en faire connaître, par une reproduction textuelle, l'esprit et la lettre. Dans les pages qui précèdent, les mots : *ordonnances relatives aux métiers, statuts des métiers* se sont présentés à tout instant. Nous croyons donc intéresser le lecteur en plaçant sous ses yeux deux documents qui lui donneront une idée exacte de la législation industrielle : le premier est une série d'ordonnances municipales relatives aux industries de l'une de nos plus anciennes communes du nord, la commune d'Abbeville ; l'autre est un statut de corporation emprunté aux archives de la même ville. Les ordonnances sont du quatorzième siècle, le statut du seizième.

I

STATUTS DES VAYRIERS-FOUREURS.

Savoir faisons que, sur la requeste à nous faite par les maistres et compaignons du mestier de vayrier et foureur de ceste ville d'Abbeville, ad ce que pour eschever aux frauldes et décepcions que l'en povoit commettre de jour en jour en icellui mestier, il nous pleust, pour le bien et entreténement d'icellui et de la chose publicque, faire et octroyer eddis, ordonnances et estatuts sur le fait du dit mestier, telz qu'il nous plairoit, et eu sur ce conseil et advis à meure délibéracion, nous avons ordonné et estatué, ordonnons et estatuons sur le dit mestier de vayriers et foureurs les pointz et articles cy après déclariez.

1. Et premièrement, que nul ne porra lever le dit mestier de vayrier et foureur en icelle ville comme maîstre ou marchant, s'il n'est filz de maistre ou qu'il ait servy l'espace de deux ans continuellement du dit mestier, avec et en la maison de ung maistre d'icellui mestier, à son pain et à son pot, ou qu'il ait passé maistre du dit mestier en ville de loy, dont premièrement il sera tenu faire apparoir aux maieurs de banière d'icellui mestier par certificacion autenticque ou aultrement deubment.

2. Item, que nul maistre du dit mestier ne porra avoir que deux apprentys avec ses enffants, lesquelz apprentys seront tenus servir leur maistre deux ans continuellement, anchoix qu'ils soient receux à passer maistres d'icellui mestier.

3. Item, que nulz maistre d'icellui mestier ne porra mestre en œuvre aucuns apprentys qui ait demouré avec aultre maistre, jusques ad ce qu'il ait servi son dit maistre l'espace de deux ans contisnuellement.

4. Item, que les apprentis du dit mestier ne porront estre en la maison de leur maistre plus longue espace que de quinze jours, qu'ilz ne paient premièrement ou facent paier par leurs dits maistres la somme de dix solz au pourffit de la confrairie du dit mestier.

5. Item, que nul ne sera receu à passer maistre du dit mestier, qu'il n'ait fait ses apprentissages, ainsy que dessus est dit, passé son chief d'œuvre en la présence des anchiens et nouveaulx maieurs de banière, ausquelz cellui qui voudra estre receu à maistre sera tenu de donner vingt solz ce jour pour leur visitacion, et ce fait les maieurs de banière pour l'année lui assigneront jour de paier son pas qui est et sera de donner soixante solz à tous les maistres du dit mestier, avec la somme de vingt solz qu'il sera tenu de paier pour entretenir la dite confrairie.

6. Item, quant les filz de maistre vouldront passer pour lever le dit mestier, ilz seront tenus de paier seize solz aux maistres et huit solz à ladite confrairie.

7. Item, que nulz de ceste ville ou de dehors ne pourront eulx ne leurs femmes fourrer ne lever le dit mestier de fourage, soit en cambre ou ailleurs, que premièrement ilz ne aient passé maistre par devant les dits maieurs de banière, pour sçavoir s'ilz sont maistres souffissans pour le dit fourage faire et qu'ilz n'ayent payé les drois de la dite maistrise telz que dessus, sur et à peine de vingt solz d'amende.

8. Item, que nulz wantiers, soit homme ou femme ou aultre de quelque estat qu'il soit, ne porront acheter ens la dite ville et banlieue quelques peaulx que ce soit pour les revendre, soient de aigneaulx, de sauvechine crues touchant au dit mestier de vayrier, sur peine et amende de vingt solz, à applicquier à ladite ville.

9. Item, que nul marchant de dehors ne porra deslier pour vendre en la dite ville et banlieue d'Abbeville péleterie faite, sans ad ce appeler les eswars du dit mestier et en la présence de eulx ou de deux d'iceulx

lesquelz visiteront les dites marchandises le jour que les dits marchans leur auront fait sçavoir, et se les dits marchans font le contraire, ilz escherront en amende de trente solz, à applicquier les deux pars à ladite ville et le tierch aus dits eswars.

10. Item, que nul marchant ou vairier de la dite ville et banlieue ne porront deslier fardel, balle ou pacquet où il y ait péleterie, cuir et ouvré pour exposer en vente, sans appeler les wardes du dit mestier pour les visiter, sur et à peine de lx solz d'amende, à applicquier comme dessus.

11. Item, que nul ne porra vendre peaulx fourrées et choses consernans le dit mestier, que elles ne soient bien corroiées, loielles et marchandes et que premier elles ne aient esté eswardées par les wardes du dit mestier qui y seront ordonnés, sur pareille amende, à applicquier comme dessus.

Fait le xxie jour d'aoust l'an mil iiij^c quatre vingtz et nœuf. Ces estatus ont esté fais et concludz par sire Jehan Journe, maieur, plusieurs eschevins et autres conseilliers de la dite ville.

Archives d'Abbeville, Registre des statuts, etc. p. 340.

DES POTIERS DE COIVRE.

1. Item, que, se on treuve un pot de coivre qui ne soit souffisans, que il soit esquatis et depechiés, et paiera xii deniers d'amende cil qui le pot sera.

2. Item, que, si uns viez pos est refais et le goutte n'est boine, le goutte sera brisié hors et paiera xii deniers cieulx qui le pot sera, et depuis le refaice s'il vœult.

DES POTIERS D'ESTAING.

1. Item, que toute fine œuvre d'estain sera merquié deux foiz, par quoy cil qui l'acateront le puissent apperchevoir.

2. Item, se une cane est trouvée et elle n'est de la loy souffisamment faicte, elle sera esquatie, et paiera cilz qui le dicte cane fist deux solz.

3. Item, se un pot de lot est trouvés qu'il ne soit de boin aloy, il sera esquatis et en paiera douze deniers, et de un demi lot vi deniers, et des menuez piechies de cascune iv deniers, et seront toutez esquatiez.

4. Item, se grans plas, platiaux est trouvés qu'il ne soit de boin aloy, il sera esquatis et en paiera douze deniers d'amende.

5. Item, que tous pos de lot poisent iii libres du mains, et les menus pos à l'avenant, sur le dicte amende, et doit avoir d'aloy à le fine œuvre 4 librez au cent, et à celle qui n'est mie fine doit avoir au cent le quarte partie d'aloy, et que chascun pot, soit de lot, de demi lot et de pinte, aient chascun de lisière un pauch oultre le droite mesure estans en nostre esquevinage, et qu'ilz y mettent ung cleu d'estain, en signe de ce, sur l'amende de vingt solz et perdre le poterie.

DES POTIERS DE TERRE ET DU MESTIER DE LE TIEULLERIE.

1. Item, que li potier de terre faicent pos tenans un lot, et que li pot aient deux doiz de lisière par de-

seure le lot, et que chascuns potiers faice se merque el pot, et que taverniers ne prengnent ne acatent pos, se il ne sont merquié de le merque az potiers et le viengnent les potiers renouveler chascun an devers nous.

2. Item, que nulz potiers de terre ne tieulliers dé-livre pos ne tieulle devant ce que les wardes qui ad ce seront mis de par nous les aront veux.

3. Item, que nulz potiers ou tieulliers soient si hardis qu'ils faicent paielles, pos et canettes, ne tieulles qu'il n'y ait ès dis pos, paielles et canettes et tieulles le tierch de forte tere du mains, et qu'il enquerchent leurs dictez tieulles ù premier solier par desseure. Et leur a esté enjoint à tenir, sur le mestier perdre an et jour et sur le amende de le ville.

4. Item, que, pour ce que nous avons les maulles de fer qui est droit patron, lesquelz sont en nostre esquevinage, tant de tieulles, de vaniaux, comme de fetissures, chascuns ait ses maulles telz et sans amen-rier, sur l'amende de LX solz parisis et perdre le mestier an et jour.

5. Item, que toutes manières de tieulles soient faictes, tenues en leur grandeur et sequiés par boine ordenance, bien et souffissamment cuites et non mie arses, et que en chascune tieulle ù blanc de dessoux et de desseure, le plonc soit trouvé fondu de le fournée et que elle ne puist estre ostée ne levée, se n'est par nos wardes que nous y avons commis et commettons chascun an, sur l'amende de LX solz parisis.

6. Item, que la dicte cuiture des dis vaniaux et des dites fetissures soient cuittez et plommées, comme pardessus est dit, bien et souffissamment, sur le dicte amende.

7. Item, que nulz ne soit si hardis qu'il amainice tieulle en Abbeville pour vendre là ù il ait argille, mais soit toute pure de terre, et qui le fera ou amerra vendre en la dicte ville, elle sera fourfaicte et l'amendera par le jugement des maire et eschevins. Car tieulle, là ù il a argille, est fausse et malvaise et brise et ne dure nient.

8. Item, que nul couvreur de tieulle soit si hardis qu'il vende tieulle ne estoffe, car nous et les gens de le ville en sommes et avons esté deceu en plusieurs manières : c'est assavoir que les dis couvreurs acatent maleuvre là ù ils waignent à moitié et en mettent plus en œuvre qu'il ne convient et ostent le tieulle viese dont on se passast bien pour y mettre leur nœuve.

9. Item, que nulz potiers ne puist refaire pos de terre de nulle refaiture qui ne puist souffrir fu et yaue.

10. Item, que nulz potiers puist ouvrer par nuit mais par jour.

DES CORIERS.

1. Item, que nulz coriers faice coroiez estoffées de plonc, d'estain, sur l'amende de le ville e seur les corroyes ardoir, ne que nulz marchans ne les apporte en le ville pour vendre, sur icellez ardoir et sur l'amende de le ville.

2. Item, que nulz coriers n'acate cuir tané pour faire coroies, s'il n'est merquiés du fer de le ville là ù il a esté tanés, et qu'i soit monstrés aux wardes de le ville et du cuir ardoir.

DES CORDOUANIERS.

Primez, que nulz ne mette à saullers de cordouan fors que cordouan, sur l'amende de le ville et sur les solers ardoir.

2. Item, que nulz ne œuvre de cordouan de le hoye, sur l'amende de le ville et sur les derrées et cauchiers perdre.

3. Item, que nulz soit si hardis qu'il conroye cordouan par nuit, sur l'amende de le ville, ne autre cuir au feu de cheminée, sur la dite amende.

4. Item, que nulz vende basenne aveuc cordouan ne à un meismes estal, mais les séparece et vende à 1 estal à par luy.

5. Item, que quiconques fera cauchiers de basenne, il y meche semelles rouges et les vende à par aus ou aveques viese œuvre, sur l'amende de le ville.

6. Item, que tous cordouaniers ou seures conroiecent bien et souffissamment les rives que il metteront as solers ou az housiaux, sur les denrées ardoir et amende de LX solz parisis.

7. Item, que nulz suerres tanece cuir ou faice taner, et que nulz taneur faice solers à se maison ou ailleurs en le dicte ville et banlieue.

8. Item, que tous solers estranges se porront vendre en cette ville, mais que ilz soient boin et loiel.

9. Item, que nulz tannerres, conrreres ne cordouaniers ou suerres ne puist taner ou décopper cuir conré ou à conreier, que il ne soit merquiés du fer de le ville et que le fer demeure jusques au derrain de le pièce de cuir.

10. Item, que tous ceulx qui conroient et conroieront ne conroie à luy mesme, pour pluseurs fraudes qui y poent estre, et aussi deffendons que nulz d'iceulx ne se entremette de le dicte marcandise.

11. Item, deffendons que nulz conreurs de le dicte ville ne conroie cuirs aux taneurs de le dicte ville, se n'est pour leur usage, à peine de LX sols parisis d'amende et perdre le mestier an et jour.

12. Item, que yceulz meismes ne conroient leurs cuirs d'aulz meisme, ne ne vendent cose dont créature se gouverne en boire ne en mengier, ne aussi sieu ne sain, car mult de fraudes et malices y ont esté trouvés, pour ce que leurs cuirs sont et estaient trouvés du meilleur manouvres et espécialement du meilleur sain, et li estrange cuir estoient conré du pieur, qui est en ce déception du peuple, et meismement seroit abhominable cose pour corps de créature pour le flers et crasses à veir.

13. Item, les autres meilleurs par le boin conroy qu'il leur baillent, il apperent mieuldres, et ainsi le dit eswart soit usé et accoustumé à faire en plusieurs aultres bonnez villes.

14. Item, ordenons sur le dicte amende et deffendons que à conrer cuirs de cordouan on ne mette point de sieu, pour ce que li ouvrage n'est mie boin ne pourfitables. Car le sieu fait descéchier le cuir, adurchir et aorbir.

15. Item, se aulcun cuir de queval est tanés en la dicte ville, il soit commandé que sur l'amende il soit à par lui vendus et qu'il y ait différence et descognoissance d'aultre cuir de vacque ne à l'estal là ù on vent les cuirs de vaques tanés, car l'œuvrage qui en est fais n'est ne si boin ne si loiel que de cuir de vacque, et

n'est mie dignes de estre mis en ouvrage ou dit mestier qu'il n'y ait différence et descognoissance, et samlablement, se on en fait solers, que ilz soient par aulcuns signes cogneux et vendus à par aux et autel descognoissance que on fait de basenne à cordouan, et se il est trouvé du contraire, il y ara amende de lx solz.

DES BARBIERS.

Primes, est commandé que aulcun barbier, de quelque condition que il soit, ne doit ne porra faire office de barbier en le dicte ville et banlieue, se il n'est essaiés et esprouvés par les wardes du mestier qu'il soyt ydones et souffisans de le faire, et sur l'amende de lx solz.

2. Item, que aulcun barbier ne faice office du dit mestier, ou cas qu'il sera reputé et nottorement dyffamé de tenir et avoir hostel de bordelerie et maquerelerie, ou quel cas il soit privé du dit mestier à tousjours sans le ravoir.

3. Item, que ilz ne soient si hardis de faire office de barbier, sur le dicte paine, à mesel ne à mesele, en quelque manière que ce soit.

4. Item, ne doivent bachiner aulcuns barbiers en alant par les rues, sur le dicte amende.

5. Item, que le sang lequelz ilz aront en escuielles de chaux qu'ilz aront sainié le matinée soit mis hors de leurs maisons et enfouis en tere dedens l'eure de miedi, sur l'amende.

II

C'EST L'ORDENANCE DE LE CORDERIE.

Primes, nous avons ordené que blans pions que on dist estouppes ne soient mis aveuc blanque canvre, pour les périlz esqiver pour ce que il servent en plusieurs lieux au mestier de le mer.

2. Item, que noir file pelé ne soit recouvers de blanque œuvre.

3. Item, que viese œuvre ne soit mellée aveuc nœuve et que toutez desréez embouquiés du dit mestier soient deffendues et ne aient aulcun effect, et espécialment que fil encauchié ne soit ouvrée, pour les périlz qui s'en poent ensiévir. Car on le poeut mettre en plusieurs engiens et principalement c'est faulz ouvrage.

4. Item, canvre embouquié, canvre moullié et tous fieux moulliés ne soient ouvrez, et que nulz n'en œuvre par pleuve mettre bas de tille dedens blanque tille. Et que on ne vende devant prime au lundi et au jeudi, pour les marchans estrangers et pour le pourfit commun.

5. Item, que quiconques fera le contraire des poins dessus dis il sera condempnés en amende de LX solz parisis et perdera le mestier an et jour.

6. Item, se les dictez desrées de corderie sont trouvées malvaises, ellez seront arses u marquié à le merque de le ville d'Abbeville, ainsi que acoustumé a esté d'anchienneté.

7. Item, que toutez desrées venans de dehors soient veues et rewardées par les wardes de le ville cellez qui au dit mestier appartiennent.

ORDENANCE SUR LES ORFÉVRES ET ORFAVERIE D'ARGENT.

Ordené est que toute orfaverie par desseure dix
estrellins sera faicte de fin argent à l'eswart de Paris,
est assavoir le marc à 5 estrellins d'aloy, et ne porra
aulcune orfaverie de dix estrelins et pardesseure estre
vendue ne délivrée par les orfévres, se elle n'est passée
par l'eswart et merquié de le merque de le ville avec
le merque de l'orfévre, sur LX solz d'amende. Et se
aulcune orfaverie est trouvée en le main des orfévres qui ne soit souffisans pour porter le merque,
elle sera toute escachie, et qui en sera atains par
troiz fois il sera en amende de LX solz parisis et perdera le mestier an et jour.

DES COURRATIERS.

Primes, que nul de courrater s'entremette, s'il n'est
courratier serementés et ne marcande de le marcandise dont il est courratier.

Item, nous commandons aux courratiers de le rue
aux Pareurs que nulz ne délivre draps devant ce que
les wardes les aront veuz et aunés après le vente, et
soient tantost des wardes aunés, par quoy li marchant
n'aient dommage.

C'EST L'ORDENANCE SUR LE MESTIER DE LE TANNERIE.

Primes, tant comme aux wardes du mestier quatre
personnes soient nommées et présentées par les

wardes de l'anée passée au maieur et as eschevins, c'est assavoir deux personnes du mestier de le tanerie et deux personnes de le suerie. Et se le maire et eschevins voient et aperchoivent que ilz ne soient ydones pour l'office faire ou aulcuns d'iceulx, les dis maire et eschevins y poent mettre aultres.

2. Item, que, quand li maires est crées de nouvel à le Saint Bartholomieu, les wardes de l'anée passée rapportent au maieur le fer dont on merque les cuirs, liquelx le warde jusques à tant que nouviaux wardes soient crées et serementés en le manière que dit est.

3. Item, que tout cuir soient merquié en la dite ville du fer, est assavoir quand il sera bien et souffisaument tanés à l'eswart de le dicte ville et non aultrement. Et est deffendu que nulz taneurs ne suers soit si hardis, sur l'amende et sur perdre le mestier an et jour, que sans le dicte merque il vendent ne acatent aulcuns cuirs ou portent hors vendre.

4. Item, pour que ce que on fait du cuir trois pieches, est assavoir dos, uns pans et une creste, quand li cuirs sera bien tanés, cascune des dictes pieches sera merqué du fer devant dit, est assavoir le dos en le queue à le fleur du cuir, les pans au mamelier à le fleur, et le creste ès narines à le fleur et non aultrement.

5. Item, s'il advenait que li cuirs demouraissent entiers, il souffiroit à avoir le dicte merque du dit fer en l'un des dis lieux, et par sanlable manière, que, se les pans et le creste tiennent ensanle, merquiés sera en l'un des deux lieuz dessus dis.

6. Item, se les dis cuirs ou aulcunes d'icelles pieches n'estoient trouvez bien et souffisaument tané par le dit eswart, elles seraient merquiés du dit fer ès lieux

dessus dis par devers le char. Et paiera le taneur pour cascune pièce vi deniers à le ville, et nientmains converra que il le ramende et que il rapporte le dit cuir pardevant les wardes, et soit merquiés en fleur de le dicte merque quand souffisaument sera tanés. Et se le taneur estoit trouvés faisant le contraire ou estre vendus sans avoir le dicte merque, il l'amendera de lx solz et perdera le mestier an et jour.

7. Item, les dictes wardes ne poent ferer ou merquier du dit fer, se les trois des dictes wardez n'i sont du mains. Et ne poent condempner le cuir, se les quatre ou les trois du mains n'i sont ensemble.

8. Item, que nul taneur ne faice soler, ne nulz sueres ne conroieche cuirs.

9. Item, que tous cuirs tanés, merquiés de merque de boine ville là où il a eswart, porront venir en le ville et estre vendus, *après ce qu'ilz auront est eswardés par les wardes de la ville d'Abbeville.*

10. Item, que les dictes wardes yront merquier par les maisons des taneurs deux fois le sepmaine, et yront à l'eure de prime et ne sera nulz si hardis que il soit présent à sen cuir merquier. Et puisque le cuir sera mis devant les wardes pour estre merquiés, il ne porra estre ostés par quelque voie jusques à tant que il sera veux et merquiés à droit et en fleur comme boins, ou à rebours par devers le char, comme dit est.

11. Item, que aulcun taneur ne soit si hardis de taner cuir et basenner ensemble, et se tiengne à l'un des deux mestiers ou de taner ou basenner.

12. Item, que aulcuns conreurs ne soient si hardi de vendre craisses, sieu ne sain ne aussi vergus, vi-

naigrè, moustarde ne aultre mercherie, sur l'amende et sur le mestier perdre an et jour.

13. Item, il est ordonné et statué que tous les bouliotz estans en le rue de le Tennerye seront abatuz incontinent, sur peine de LX solz, et, se les taneur sont délayans, ilz seront abatus par justice. Et ne porront avoir nulles caudières ne grandez paielles pour chauffer eaues, ne mettre alun, fiente de coulon, cendres chaudes ne aultres semblables, sur peyne de perdre le mestier an et jour, le dit alun et amende arbitraire.

14. Item, les dits taneurs seront tenus d'estapler leurs cuirs tanez au lieu et marchié accoustumé deux jours le sepmaine, èsquelz jours ilz ne porront vendre en leurs maisons, sur peyne de LX solz d'amende.

15. Item, est ordonné aux wardes que ilz ne voisent que deux fois le sepmaine, sans le congié du maieur, au lieu ordonné hors leurs maisons, merquier leurs cuyrs, et que les taneurs ne soient point présens à les merquier, et à ce faire aura ung eschevin présent qui aura une clef du coffre où se metent les merques du dit mestier, lequel eschevin sera présent à merquier, se bon lui semble. Et se merqueront hors de leurs maisons exhibés sur tables.

DES BOULENGUIERS.

Primes, du pain, que on le faiche souffissant ainsi que aultrefois on l'a commandé, et qui sera atains qui ne le fera il l'amendera en le volenté des eschevins. Et que nulz ne botisse pain à tavernier ne à aultrui. Et li vendans qui atains en sera il encourra en LX solz de parisis d'amende, se n'est au dimence, du pain qui est demourés de le sepmaine.

2. Item, que nul ne nulle, soit de dehors ne de dedens, porche pain vendre par le ville aux osteux, mais que ilz vendent as estaux ou à corbeille, et que nulz ne bottisse pain.

3. Item, que nulz fourniers ne mangniers ne doinst ne ferine ne paste, ne que varlès ne que mesquine ne maistre ne maistresse ne leur en doinst, sur l'amende de le ville de v solz, et cil ou celle qui l'encusera ara le tierch.

4. Item, que nulz mangniers qui maine ferine ne monte sus ne mèche sen cul sur le sac, sur le dicte amende.

5. Item, que tous boulenguiers que ilz cuisent leurs bingues aveuc le fournée de l'autre pain tout ensamble, et d'ore en avant soit ainsi fait, et commandons aux fourniers que ilz fournient les diz bingues avec aultre pain, sur l'amende de le ville et non aultrement.

6. Item, que nulz boulenguiers ait que un estal aveuc se maison.

7. Item, que nulz boulenguiers porche ne fache porter leur pain la ù on vende vin, chervoise ou goudale, et que nulz ne vende son pain.

8. Item, que on faiche tous pains blans de maille et que nulz ne mette raisne sur sen four, fors que pour le journée.

9. Item, que nulz ne nulle soit si hardis qui vende pain à estal, à essoppe, à maison de tavernier ne à cambier, et que li boulenguiers qui vauldra vendre pain vende à se maison à estal ou as estaux anchiens pour ce ordenés.

10. Item, que nulz boulenguiers ne faiche drapperie en se maison.

11. Item, que quiconque vendera pain de caumons,

qui n'ara wit liv. et demie de pois, il paiera lx solz d'amende sans rien pardonner, et si sera le pain fourfais, et chilz qui renquiérira son pain oultre le feur où il l'a premièrement mis, il paiera lx solz d'amende sans riens pardonner.

12. Item, que nulz boulenguiers ès lieux où il a forges de quevaux ou aultre ne vende pain à se maison.

13. Item, seur l'ensaigne et mestier de boulenguerie et seur le mestier de camberie, pour ce qu'il se doivent faire bon et souffissant pour le pourfit du peuple, selonc le pris et valeur du grain, en est rapporté par le conseil d'Amiens l'ordenance qui s'ensieut

(Sans date, écriture de la fin du quatorzième ou des premières années du quinzième siècle.)

Archives d'Abbeville, *Registre des statuts des corporations d'arts et métiers*, p. 25 à 28.

DES BOUCHIERZ.

1. Item, que nulz bouchierz ne aultres soit si hardis que il tue beste ne conroye char quelle que elle soit, se elle n'est boine et loiele et sans mehaing ou villenie, et que les wardes qui i sont de par le ville les aient anchois veu, et que toutes les bestes soient tuées en le boucherie, et le boucherie soit ouverte très le messe au jour et le char porté dedens pour vendre.

2. Item, que nulz trempeche ses trippes, et que on y mette du sel assès et que elles soient bien cuites, seur perdre le mestier et sur l'amende telle qu'i plaira au maieur et eschevins.

3. Item, que nulz bouchierz ne aultres ne vende

char de truye en le boucherie, s'elle n'est castrée de lait, mais se chil le veult vendre, vende le hors de le boucherie, et qui le contraire fera il sera à LX solz et perdera le mestier an et jour.

4. Item, que nulz ne vende ossi point de char soursemée, ne aiant fy, mort mal ne aultre vilaine maladie.

Archives d'Abbeville, *Registre...* etc.

FIN DU PREMIER VOLUME.

TABLE DES MATIÈRES

INTRODUCTION.

Le travail et les classes laborieuses dans l'ancienne France.

L'INDUSTRIE FRANÇAISE

QUATORZIÈME SIÈCLE

La Bannière de saint Jean Porte-Latine.

PIÈCES JUSTIFICATIVES.

Ordonnances relatives aux métiers.

FIN DE LA TABLE DU TOME PREMIER.

Clichy. — Imprimerie Paul Dupont et Cie, rue du Bac-d'Asnières, 12.

www.ingramcontent.com/pod-product-compliance
Lightning Source LLC
Chambersburg PA
CBHW060138200326
41518CB00008B/1068